茶叶质量安全控制与溯源

周才碧　杨再波　崔宝禄　主　编

西南交通大学出版社
·成　都·

图书在版编目（CIP）数据

茶叶质量安全控制与溯源 / 周才碧，杨再波，崔宝禄主编. —成都：西南交通大学出版社，2020.9
ISBN 978-7-5643-7630-7

Ⅰ. ①茶… Ⅱ. ①周… ②杨… ③崔… Ⅲ. ①茶叶－质量管理－安全管理－教材 Ⅳ. ①TS272.7

中国版本图书馆 CIP 数据核字（2020）第 170512 号

Chaye Zhiliang Anquan Kongzhi yu Suyuan
茶叶质量安全控制与溯源

周才碧　杨再波　崔宝禄 / 主　编

责任编辑 / 牛　君
封面设计 / 原谋书装

西南交通大学出版社出版发行
（四川省成都市金牛区二环路北一段 111 号西南交通大学创新大厦 21 楼　610031）
发行部电话：028-87600564　028-87600533
网址：http://www.xnjdcbs.com
印刷：成都中永印务有限责任公司

成品尺寸　185 mm × 260 mm
印张　18.75　　字数　467 千
版次　2020 年 9 月第 1 版　　印次　2020 年 9 月第 1 次

书号　ISBN 978-7-5643-7630-7
定价　49.80 元

课件咨询电话：028-81435775
图书如有印装质量问题　本社负责退换

编委会

主　编　周才碧　（黔南民族师范学院）
杨再波　（黔南民族师范学院）
崔宝禄　（黔南民族师范学院）

副主编　管俊岭　（广东科贸职业学院）
文治瑞　（黔南民族师范学院）
张凌云　（华南农业大学）
梅　鑫　（黔南民族师范学院）
周小露　（湖南农业大学）

参　编　陈文品　（华南农业大学）
刘　荣　（黔南民族师范学院）
周爽爽　（黔南民族师范学院）
木　仁　（黔南民族师范学院）
陈　志　（黔南民族师范学院）
卢　玲　（贵州经贸职业技术学院）
陈　鹏　（黔南民族职业技术学院）
徐兴国　（黔南州农业农村局）
夏　珺　（黔南民族师范学院）
Dylan O’Neill Rothenberg　（华南农业大学）
杨雪莲　（贵州大学）
周才富　（中共安龙县委办公室）
龙林壁　（都匀市农业农村局）
刘丽明　（湖南农业大学）
罗学尹　（安徽农业大学）
林志伟　（贵州省灵峰科技产业园有限公司）
犹昌艳　（都匀市生产力促进中心）
杨家干　（遵义市农业农村局）
宋应江　（思南县青杠坡镇农业服务中心）
赵幸运　（贵州碧竖科技服务有限公司）

序

我国是发现、栽培茶树，加工、利用茶叶最早的国家。世界各国的栽茶、饮茶大多由我国传播，故中国有“茶的故乡”“茶的祖国”之称。茶是我国南方山区的主要经济作物，茶产业已成为茶区经济发展、茶农增收的支柱产业。如今我国茶叶年产量居世界第一。茶叶品质的优劣通常是决定茶叶价格乃至茶叶经济效益的主要因素，即茶叶的质量问题；另一方面，茶叶作为一种健康的饮品，其安全问题也备受关注。尤其是随着人们生活水平的提高，我国茶产业发展进入重视质量提升阶段，这也是当前无公害茶、有机茶发展规模得到空前扩大的原因。为降低质量安全风险，提高产品召回效率，保障消费者健康水平，在茶产业中实现质量安全可跟踪溯源的追溯系统，对提高茶叶质量管理，增强消费者信心，促进我国茶产业发展具有重要意义。

茶叶质量安全追溯体系是能识别和收集有关茶叶种植、加工、储运和销售过程中的相关活动信息，记录质量安全各项指标的检测信息，采集储藏和销售信息并实现共享的体系。建立高效的茶叶质量安全追溯体系是有效监督、管控茶叶生产全流程的重要手段，可实现对茶叶种植、茶叶加工、茶叶仓储、茶叶流通、茶叶销售全流程的跟踪溯源，具有重要的应用价值和前景。

近年来，随着互联网技术与现代检测技术的发展，尤其是新技术的兴起，如大数据分析、物联网、云技术、互联网风控等，极大地推动了茶叶质量安全追溯技术的发展、更新，提升了其先进性和应用性。目前，集成大数据、云计算、自动识别技术、移动 App 应用技术的农产品质量安全追溯操作系统具有移动便捷、实时监测、高效传输、全程跟踪、分类管理等诸多优点，已经在一些农产品行业得以运用，而基于物联网结合互联网技术在茶叶质量追溯系统设计中得到了最为广泛的运用。但令人遗憾的是，目前业内对于茶叶质量安全控制与检测体系，以及茶叶质量安全追溯体系的构建还缺乏统一的认识，懂茶叶质量控制技术的专业技术人才难以胜任互联网技术的开发与利用。尤其需要指出的是，我国目前关于质量安全及品质控制技术的参考书非常有限，也限制了非茶业专业人士开发溯源体系的可操作性。如今，从事生产一线的年轻学者们结合自己的生产与教学经验编写了《茶叶质量安全控制与溯源》一书，以期为茶业的健康发展略尽绵薄之力。

该书从我国茶叶质量安全概念出发，内容涉及中国与国际茶叶质量安全标准体系比较、中国与国际茶叶质量安全认证体系比较，茶叶加工质量安全评价实务、茶叶质量安全卫生评价方法、茶叶质量安全溯源体系的构建以及茶叶质量安全溯源系统操作实例。本书用大量的篇幅介绍了各种实务操作方法，相信对于茶学专业人士是一本很好的参考书。

由于参与编写本书的作者均为青年教师，可能学识水平及表达能力有一定限制，但该书仍不失为茶叶质量安全控制与溯源体系构建方面一本不错的参考书，希望更多的茶叶从业者通过这本书了解我国茶叶质量安全体系以及茶叶质量溯源体系的现状与方法，不断提高我国茶叶质量与安全水平，助力我国茶业转型升级，为我国茶叶走出国门、走向世界提供绵薄之力。

施晓松

二〇二〇年五月

前 言

本书分为理论篇、实务篇和溯源篇：理论篇包括3章，主要论述茶叶质量安全、茶叶质量安全检验体系和茶叶质量安全控制体系；实务篇包括3章，主要论述茶树育种质量安全评价实务、茶树栽培质量安全评价实务、茶树病虫害防治质量安全评价实务；溯源篇包括2章，主要论述茶叶质量安全溯源体系、茶叶质量安全溯源系统操作实例。

本书以实务篇为主、理论篇为辅，在熟知理论的前提，深入开展相关实验，为茶叶质量安全溯源体系提供检测技术支持；基于茶叶质量安全溯源系统，利用科学方法控制茶叶质量安全源头，实现绿色、安全、可溯源，使消费者购之顺心、吃之放心、品之开心。该书可作为茶树育种学、栽培学、病虫害防治学等实验课的教材，以及茶叶质量安全控制与溯源的理论课教材，还可作为大专院校茶学专业实验、实践教材，以及科学研究的重要辅助资料。

本书获得以下课题资助：贵州省教育厅项目（黔教合人才团队字〔2014〕45号、黔教合KY字〔2017〕336、黔教高发〔2015〕337号、黔学位合字ZDXK〔2016〕23号、黔农育专字〔2017〕016号、黔教合KY字〔2014〕227号、黔教合人才团队字〔2015〕68、黔教合KY字〔2016〕020号、黔教合KY字〔2015〕477号），贵州省科技厅项目（黔科合LH字〔2014〕7428、黔科合支撑〔2019〕2377号、黔科合基础〔2019〕1298号），黔南州科技局项目（黔南科合〔2018〕13号、黔南科合学科建设农字〔2018〕6号），黔南民族师范学院科研项目（QNYSKYTD2018004、qnsy2018001)。此外，特别感谢贵州省灵峰科技产业园有限公司、贵州碧竖科技服务有限公司和贵州云顶茶叶有限公司对本书应用实操部分的大力支持。

由于编者水平所限，书中难免存在疏漏之处，敬请读者批评指正。

编　者

2020 年 5 月

目录

01
理论篇

第一章　茶叶质量安全

第一节　茶叶质量安全概述

一、茶叶质量安全现状

随着人们对营养、健康的关注度不断提高，以及进出口质量标准的日渐严苛，茶叶产品的质量安全面临新的挑战和要求。对此，我国政府制定了一系列相关的政策法规、技术标准，同时采取了许多行之有效的重大举措，加快提升有机农产品认证的权威性和影响力，力争到2020年底实现化肥、农药使用量零增长，使茶业发展进入以提高质量安全为中心的新阶段。

（1）示范区建设取得良好成效。在各茶业主管部门、茶企、茶农的共同努力下，我国茶叶主产区的茶园标准示范区建设逐步扩大，并取得良好成效。

（2）农业部主导的茶叶“三品一标”安全优质农产品公共品牌认证增加。“三品一标”，即无公害、绿色、有机、农产品地理标志，已成为农业发展进入新阶段的战略选择、传统农业向现代农业转变的重要标志，更是当前和今后一个时期茶产品生产、消费的主导方向。

（3）茶叶质量安全状况呈稳中有升态势。通过建设标准化示范区以及推广生态茶园等相关措施，有效地提高了茶叶质量安全水平。2005—2017年农残合格率在95%以上，铅、稀土、感官品质等指标合格率在90%以上；2008—2017年，有机茶产品抽检合格率达97.1%。

（4）相关政策法规和技术标准日趋配套。国家相关部门在保障茶叶质量安全方面采取了一系列举措：① 农业部、质检总局通过随机抽检，及时曝光不合格的产品及其生产单位；② 着力构建质量检测平台，建立各级茶叶质量检测机构；③ 强力控制源头，禁止使用氰戊菊酯、滴滴涕等高毒、长残留农药（具体参见表1-1）；④ 组织实施了2001年“无公害茶叶行动计划”和2010年“全国标准茶园创建活动”等全国性大型行动计划，以及制定相关法规及技术标准。

表1-1　我国茶叶中禁限用农药和化学品名单

农药及化学品名称	公告
六六六、滴滴涕、毒杀芬、二溴氯丙烷、杀虫脒、二溴乙烷、除草醚、艾氏剂、狄氏剂、汞制剂、砷类、铅类、敌枯双、氟乙酰胺、甘氟、毒鼠强、氟乙酸钠、毒鼠硅	农业部公告第199号
甲胺磷、甲基对硫磷、对硫磷、久效磷、磷胺	农业部公告第274号、322号
八氯二丙醚	农业部公告第747号

续表

农药及化学品名称	公告
氟虫腈	农业部公告第 1157 号
甲拌磷、甲基异柳磷、内吸磷、克百威、涕灭威、灭线磷、硫环磷、氯唑磷、三氯杀螨醇、氰戊菊酯	农发〔2010〕2 号
治螟磷、蝇毒磷、特丁硫磷、硫线磷、磷化锌、磷化镁、甲基硫环磷、磷化钙、地虫硫磷、苯线磷、灭多威	农业部公告第 1586 号
百草枯水剂	农业部公告第 1745 号
氯磺隆、胺苯磺隆、甲磺隆、福美胂、福美甲胂	农业部公告第 2032 号
氯化苦	农业部公告第 2289 号
乙酰甲胺磷、乐果、丁硫克百威（2019 年 8 月 1 日起禁用）	农业部公告第 2552 号
溴甲烷、硫丹	农业部公告第 2552 号
氟虫胺（2020 年 1 月 1 日起禁用）	农业农村部公告第 148 号

二、加强我国茶叶质量安全管理的重要意义

近年来，有关茶的质量安全问题频频见诸报道，不仅极大打击了消费者的消费信心和积极性，还严重制约了我国茶产业的快速健康发展。

例如，摩洛哥国家食品卫生安全局于 2019 年 4 月 12 日向世贸组织通报了其食品中农药最大残留限量（MRLs）的第 156-14 号联合令，拟于 2019 年 7 月 1 日起对从我国进口的茶叶执行农药最大残留限量标准；而摩洛哥作为我国最大的茶叶进口国，年进口量一直位列我国出口茶叶国的首位，出口量常年占我国茶叶总出口量的 1/5 左右，仅 2018 年的出口量就达到 77 000 余吨。由此可知，摩洛哥实施茶叶中农药最大残留限量标准，对我国茶叶出口和茶园用药管控的影响是显而易见的。

因此，完善茶叶质量安全溯源体系，对促进茶业的可持续发展，提高茶叶企业竞争力和出口创汇能力，满足人们日益增长的对茶叶营养与保健功能的消费需求，促进茶叶清洁化生产技术水平的提高和茶业的转型升级具有重要意义。

第二节　茶叶质量安全标准体系

一、茶叶质量安全标准体系简介

（一）相关概念

1．标　准

标准是以科学、技术和实践经验的综合成果为基础，经有关方面协商一致制定，由主管

机构批准，在一定范围内获得最佳秩序，对活动或其结果规定共同重复使用的规则、导则或特定性的文件。标准编号用标准代号加发布的顺序号和年号表示，如“GB/Z 21722—2008”中“GB”是标准代号，表示国家标准，“Z 21722”是顺序号，“2008”是发布的年号。

对于产业来说，茶叶标准化建设是质量管理的重要组成部分，有利于提高产品质量和生产效率；对于国家来说，茶叶标准化建设是国家经济建设和社会发展的重要基础工作，对加快发展国民经济、提高劳动生产率、有效利用资源、保护环境、维护人民身体健康具有重要作用，有利于改进产品、过程和服务的实用性，防止贸易壁垒，促进各国科学、技术、文化的交流与合作。

2．标准体系

标准体系是指与实现某一特定的标准化目的有关的标准，按其分级和属性等基本要求所形成科学的有机整体，反映了标准之间相互连接、相互依存、相互制约的内在联系。

（二）标准分类

1．根据标准适用的范围分类

可分为国际标准、区域标准、国家标准、行业标准、地方标准、企业标准、国家标准化指导性技术文件等层次。

（1）国际标准：即国际标准化组织（ISO）等，以及国际标准化组织认可的已列入《国际标准　题内关键词索引》中的一些国际组织制定的、在世界范围内统一使用的标准，主要包括 CAC（国际食品法典委员会标准）、EN（欧洲标准）、EC（欧盟法规）、ISO（国际标准化组织）等。

（2）区域标准：即世界某一区域标准，或由标准组织制定、并公开发布的标准，常见的有欧洲标准化委员会（CEN）发布的欧洲标准（EN）、非洲地区标准化组织（ARSO）发布的 ARS。对于我国缺乏国家标准和行业标准的省、自治区、直辖市来说，区域标准由标准化委员会制定，并报国务院标准化委员会和国务院有关行政主管部门备案，且在公布国家标准或行业标准后即刻废止。

（3）国家标准：即由国家标准团体按照全国范围内统一的技术要求制定，并公开发布的、在全国范围内实施的标准。其他各级标准不得与之相抵触。常见国家标准的代号有中国 CB、美国 ANSI、英国 BS、法国 NF、德国 DIN、日本 JIS 等，我国常见标准有国家标准 GB、国家计量技术规范 JJF、国家计量检定规程 JJG、国家环境质量标准 GHZB、国家污染物排放标准 GWPB、国家污染物控制标准 GWKB、国家内部标准 GBn、工程建设国家标准 GBJ、国家军用标准 GJB。

（4）行业标准：即由行业标准化团体或机构制定，并公开发布的、在某行业范围内统一实施的标准，又称团体标准。常见行业标准有美国材料与实验协会标准 ASTM、英国的劳氏船级社标准 LR 等。对于我国某些缺乏国家标准的行业来说，行业标准是按照全国某个行业范围内统一的技术要求所制定的、专业性及技术性较强的标准，是对国家标准的补充，不得与国家标准相抵触，待国家标准公布实施后相应的行业标准即行废止。所用行业代号由国务院标准化委员会规定，如机械 JB、轻工 QB 等。

（5）地方标准：即由一个国家的地方部门制定并公开发布的标准。对于我国缺乏国家标准和行业标准的省、自治区、直辖市来说，地方标准由省级标准化委员会按照全国范围内统一的产品安全、卫生要求、环境保护、食品卫生、节能等有关要求统一组织制定、审批、编号和发布；在本行政区域内适用，不得与国家标准和行业标准相抵触，且在公布国家标准或行业标准后即刻废止。常见中国地方标准代号由“DB”加上省、自治区、直辖市行政区划代码前两位数字表示，如“DB52”代表贵州省地方标准。

（6）企业标准：即由企业、事业单位按其所需协调、统一的技术要求、管理要求和工作要求自行制定的标准。常见企业标准代号有中国 Q 等。

（7）国家标准化指导性技术文件：某些需要有相应的标准文件引导其发展或使其具有标准化价值的技术，尚不能制定为标准的项目，或采用国际标准化组织及其他国际组织的技术标准的项目，可以制定国家标准化指导性技术文件。常用“/Z”表示，如“GB/Z 21722—2008”。

2．根据标准的性质分类

可分为基础标准、技术标准、管理标准和工作标准。

（1）基础标准：即在一定范围内作为其他标准的基础并普遍使用，具有广泛指导意义的标准。常见基础标准有术语、符号、代号、代码、计量与单位标准等。

（2）技术标准：即对标准化领域中需要协调统一的技术事项所制定的标准。常见技术标准有基础技术标准、产品标准、工艺标准、检测标准以及安全、卫生、环保标准等。

（3）管理标准：即对标准化领域中需要协调统一的、在生产活动和社会生活中的组织结构、职责权限、过程方法、程序文件以及资源分配等管理事项所制定的标准。常见管理标准有管理基础标准、技术管理标准、经济管理标准、行政管理标准、生产经营管理标准等。

（4）工作标准：即对工作的责任、权利、范围、质量要求、程序、效果、检查方法、考核办法所制定的标准。常见工作标准有部门工作标准和岗位（个人）工作标准。

3．根据法律的约束性分类

将国家标准和行业标准分为强制性标准和推荐性标准。

（1）强制性标准：即国家通过法律的形式明确要求对标准所规定的技术内容和要求必须执行，不允许以任何理由或方式加以违反、变更的国家标准、行业标准和地方标准。

（2）推荐性标准：即国家允许使用单位结合自身情况，自愿采用具有普遍指导作用的、不宜强制执行的标准。常在国家标准或行业标准代号后增加“/T”表示，如 GB/T 或 QB/T 等。

4．根据标准化的对象和作用分类

（1）产品标准：为保证产品的适用性，对产品必须达到的某些或全部特性要求所制定的标准，主要包括品种、规格、技术、实验、检验、包装、标志、运输和储存等要求。

（2）方法标准：以实验、检查、分析、抽样、统计、计算、测定、作业等各种方法为对象而制定的标准。

（3）安全标准：以保护人和物的安全为目的而制定的标准。

（4）卫生标准：为保护人的健康，对食品、医药及其他方面的要求而制定的标准。

（5）环境保护标准：为保护环境和有利于生态平衡，对大气、水体、土壤、噪声、振动、电磁波等环境质量、污染管理、监测方法及其他事项而制定的标准。

（三）标准制定

制定标准应遵循三原则：① 要从全局利益出发，认真贯彻国家技术经济政策；② 充分满足使用要求；③ 有利于促进科学技术发展。

制定标准的目的是获得最佳秩序、促进最佳社会效益。最佳秩序，即通过实施标准使标准化对象的有序化程度提高，发挥出最好的功能；最佳效益，即要发挥出标准最佳系统效应，产生理想的效果。

1. 标准的计划

（1）国家标准：根据《国家标准管理办法》规定，由国家标准化行政主管部门在每年 6 月提出下年度国家标准计划项目编制的原则、要求，国务院有关行政主管部门则将编制国家标准计划项目的原则、要求，转发给由其负责管理的全国专业标准化技术委员会或专业标准化技术归口单位。经征求意见后，国务院标准化行政主管部门对上报的国家标准计划项目草案，统一汇总、审查、协调后，下达下年度国家标准计划项目。

（2）行业标准：以农业行业标准的编制为例，依据《行业标准管理办法》，由农业农村部每年根据需要提出《农业行业标准制修订项目指南》，其次由各相关单位根据项目指南提出项目申请，再次由农业农村部各业务司局负责对本行业、本系统的标准制修订项目申请材料进行初审，并提出本行业、系统的标准制修订计划，最后由农业农村部标准化主管司局委托专门的技术机构组成专家组对各业务司局提出的计划进行评审后形成年度计划，根据该计划最终确定年度农业行业标准制修订项目，并以文件形式下达。

（3）地方标准：根据《地方标准管理办法》，对没有国家标准和行业标准而又需要在省、自治区、直辖市范围内统一要求的，可以制定地方标准。省、自治区、直辖市标准化行政主管部门向同级行业行政主管部门和省辖市（含地区）标准化行政主管部门部署制定地方标准年度计划的要求，由同级有关行政主管部门和省辖市标准化行政主管部门根据年度计划的要求提出计划建议；省、自治区、直辖市标准化行政主管部门对计划建议进行协调审查，制定出年度计划。

2. 标准的制定与审查

中国国家标准的制定程序划分为九个阶段：预阶段、立项阶段、起草阶段、征求意见阶段、审查阶段、批准阶段、出版阶段、复审阶段、废止阶段。

对下列情况，制定国家标准可以采用快速程序：

（1）对等同、等效采用国际标准或国外先进标准的标准编制、修订项目，可直接由立项阶段进入征求意见阶段，省略起草阶段。

（2）对现有国家标准的修订项目或中国其他各级标准的转化项目，可直接由立项阶段进入审查阶段，省略起草阶段和征求意见阶段。

由负责标准起草单位对所制定标准的质量及其技术内容全面负责，起草标准征求意见稿，编写“编制说明”及有关附件，经负责起草的单位技术负责人审查后，印发各有关的主要生产、经销、使用、科研、检验单位及大专院校征求意见。负责起草的单位对征集的意见进行归纳整理、分析研究和处理后提出“标准送审稿”“编制说明”及“意见汇总处理表”。国家标准由负责该项目的技术委员会秘书处或技术归口单位审阅，并确定能否提交审查。行业标准（以农业相关标准为例）由农业农村部业务对口司局复核申报材料，提出审定、专家建议并连同有关材料报农业农村部市场与经济信息司。地方标准送审稿由省、自治区、直辖市标准化行政主管部门组织审查，或委托同级的行业行政主管部门、省辖市标准化行政主管部门组织审查，审查形式可会审，也可以函审。

3．标准的审批与发布

国家标准由国家标准化行政主管部门、国务院相应部（局）审批、编号、发布。国家、省（自治区、直辖市）标准化行政主管部门分别负责国家、行业、地方标准的标准出版社出版。标准报批稿的审核时间一般不超过 4 个月，行业标准的发布由行业行政主管部门确定出版单位。地方标准的出版、发行工作由各省（自治区、直辖市）标准化行政主管部门负责。省、自治区、直辖市标准化行政主管部门在发布各自的地方标准后 30 天内，分别向国务院标准化行政主管部门和有关行政主管部门进行标准备案。

4．标准的复审与修订

国家、行业、地方标准的主管部门对实施期满 5 年的标准应进行复审，以确定对该标准采取以下哪一种处理方式：继续有效、修改（通过技术勘误表或修改单）、修订（提交计划项目申请，立项对标准进行修订）或废止。

（四）有关组织机构

1．与茶叶有关的国际组织机构

（1）国际食品法典委员会（Codex Alimentarius Commission，CAC）：简称“食品法典”，是由联合国粮食和农业组织（FAO）、世界卫生组织（WHO）共同建立，以保障消费者的健康和确保食品贸易公平为宗旨的一个制定国际食品标准的政府间组织。自 1961 年第 11 届粮农组织大会通过建立 CAC 组织的决议后，已有 173 个成员国和 1 个成员国组织（欧盟）加入该组织。CAC 下设秘书处、执行委员会、6 个地区协调委员会、21 个专业委员会（包括 10 个综合主题委员会、11 个商品委员会）和 1 个政府间特别工作组。食品法典以统一的形式提出并汇集了国际已采用的全部食品标准，包括所有向消费者销售的加工、半加工食品或食品原料的标准和食品加工的卫生规范（Codes of Practice），其他推荐性措施等指导性条款，以及有关食品卫生、食品添加剂、农药残留、污染物、标签及说明、采样与分析方法等方面的通用条款、准则。已出版的食品法典共 13 卷，内容涉及食品中农残、食品中兽药、水果蔬菜、果汁、谷、豆及其制品、鱼、肉及其制品、油、脂及其制品、乳及其制品、糖、可可制品、巧克力等方面。食品法典已成为全球消费者、食品生产和加工者、各国食品管理机构和国际食品贸易重要的基本参照标准，对食品生产、加工者的观念以及消费者的意识形成巨大影响，并对保护公众健康和维护公平食品贸易做出了不可磨灭的贡献。

（2）国际植物保护公约（International Plant Protection Convention，IPPC）：即 1951 年联合国粮食和农业组织通过的一个有关植物保护的多边国际协议，1952 年生效。国际植物保护公约的目的是确保全球农业安全，并采取有效措施防止有害生物随植物及植物产品传播和扩散。国际植物保护公约为区域和国家植物保护组织提供了一个国际合作、协调一致和技术交流的框架及论坛。由于认识到IPPC在植物卫生方面所起的重要作用，WTO/SPS协议规定IPPC为影响贸易的植物卫生国际标准（植物检疫措施国际标准，ISPMs）的制定机构，并在植物卫生领域起着重要的协调一致的作用。

（3）国际标准化组织/农产食品委员会（ISO/TC34）：即ISO下设的一个技术委员会，主管农产食品类国际标准制修订工作，由13个技术委员会（SC）组成，以“在全世界范围内促进标准化工作的开展，以便于国际物资交流和服务，并扩大在知识、科学、技术和经济方面的合作”为宗旨。ISO/TC34标准体系分13个子体系，由方法标准、指南、技术规范和基础标准组成。从1973年开始正式发布标准，截至2002年12月底，ISO/TC34共发布正式标准603项，含技术报告2项。正式标准中以检测检验方法标准为主，共有456项，占76%；技术规范66项，指南56项，术语定义25项。正在制定的标准166项，专业技术规程4项。

2．中国茶叶质量行政监管体制

茶叶属于农产品的一类，中国农产品质量安全行政管理采取多部门分段和统一相结合的农产品质量监管体制，分别由农业农村部、国家食品药品监督管理总局等组成部门和直属机构进行共同管理。

在中央层次上，国务院设立食品安全委员会，对农产品安全监管工作进行协调和指导。农业农村部负责农产品质量安全监督管理，国家食品药品监督管理总局对生产、流通、消费环节的食品和药品的安全性、有效性实施统一监督管理。新组建的国家卫生和计划生育委员会负责食品安全风险评估和食品安全标准制定。

在地方层次上，由各级地方人民政府统一负责、领导、组织、协调本级行政区域的食品安全监督管理工作，确定本级卫生行政、农业行政、食品药品监督管理部门、质量监督、工商行政管理部门的农产品质量监督管理职责。

二、中国茶叶质量安全标准体系

（一）相关法律法规

1．农产品质量安全法

农产品质量安全事关人民群众身体健康，是社会广泛关注的焦点问题之一。我国农业部自2001年以来，通过全面推进“无公害食品行动计划”，使农产品质量安全水平有所提高。但近两年来，农产品质量安全问题缓慢上升，个别地区安全指标反弹，食用农产品急性中毒事件时有发生，种种情况表明，农产品质量安全形势仍然严峻。2006年4月29日，十届全国人大常委会第二十一次会议审议通过《中华人民共和国农产品质量安全法》，11月1日正式实施。该法的颁布执行将农产品的质量安全赋予了法律意义，更加有效地从源头上保障农产品质量安全，维护公众的身体健康，促进农业和农村经济发展。

《农产品质量安全法》以强化产地检测、源头控制为基本出发点；以加强过程控制、推行标准化生产和规范化管理为主要手段；以质量安全责任追溯制度为突破口，推进产品认证、发布农产品质量安全检测信息，构建起农产品质量安全监管体系，保护消费者的知情权，保障消费安全，提高农产品市场竞争力。

2．食品安全法

2009 年 2 月 28 日第十一届全国人民代表大会常务委员会第七次会议通过《中华人民共和国食品安全法》，最近一次修订是 2018 年 12 月 29 日。本条例的公布施行，将有利于进一步落实企业的食品安全第一责任，强化政府及其有关部门的食品安全监督工作，有效配合食品安全法的实施，从制度上改善我国食品安全状况，切实提高食品安全整体水平。

该条例共有 10 章，内容包括总则、食品安全风险检测和评估、食品安全标准、食品生产经营、食品检验、食品进出口、食品安全事故处置、监督管理法律责任和附则。《食品安全法》具有如下作用：

（1）明确了食品安全监督体制：进一步明确实行分段监管的各部门监管职责，界定卫生、农业、质检、工商、食药等有关部门的具体职责，规定了在分段监管的基础上，设立食品安全委员会，进一步明确了地方政府的领导责任。

（2）建立了食品安全风险检测和评估制度：规定了卫生健康委员会会同其他有关部门制订、实施国家风险检测计划，建立了食品安全风险评估制度，明确了对评估结果不安全的食品有关部门应依据各自职责，采取相关措施，确保停止生产经营，并告知消费者停止食用。

（3）明确了食品安全标准基本原则：规定食品安全标准是强制性标准，除食品安全标准外，不得制定其他食品强制性标准。明确了食品安全标准由卫健委负责制定和公布、国家标准委员会提供编号，强调了有关产品国家标准涉及食品安全国家标准规定内容的，应当与食品安全国家标准相一致。

（4）明确了食品生产经营质量安全规范：确立了食品、食品添加剂生产许可制度，对不符合食品安全标准的食品建立召回制度，明确了食品生产经营者的召回义务，规定了食品生产加工的小作坊和食品摊贩从事食品生产经营活动的具体管理办法由省级人大常务委员会依照《食品安全法》制定。

（5）强化了食品检验工作：规定了除法律另有的规定外，食品检验机构依照有关认证认可规定取得资质认定后，方可从事食品检验活动，设立了食品检验实行食品检验机构与检验人负责制。相关监管部门负责抽样检验的，应当购买抽取的样品，不得收取检验费和其他任何费用。

（6）规范了食品进出口的质量安全监管制度：强化了进口食品、食品添加剂、食品相关产品的监管工作，明确了向我国境内出口食品的出口商或者代理商的备案制度、向我国境内出口食品的境外食品生产企业的注册制度以及出口食品生产企业和出口食品原料种植、养殖场的备案制度，规定了对出口食品实行监督、抽检和进出口食品安全的信息收集、汇总和通报要求。

（7）建立了健全的食品安全事故处置机制：规定国务院组织制定国家食品安全事故应急预案，明确了由县级以上卫生行政部门查处食品安全事故，规定监管部门获知食品安全事故的，应当及时向卫生行政部门通报。

（8）强化食品监督管理机制：规定由地方政府组织本级相关监管部门制定本行政区域的食品安全年度监督管理计划，建立了食品安全信息统一公布制度和生产经营者的食品安全信用档案制度，梳理了现行法律、行政法规规定的行政强制措施。

（9）加大了对违法行为的打击力度：强调了食品生产经营者违反有关法定要求的法律责任，确立了生产不符合食品安全标准的食品或者销售明知是不符合食品安全标准的食品的惩罚性赔偿制度，加大了处罚力度，同时还明确规定了监管部门及其工作人员不作为、乱作为的问责制。

3．其他法律法规

（1）《无公害农产品管理办法》

2002年1月30日国家认证认可监督管理委员会第7次主任办公会议审议通过的《无公害农产品管理办法》，已经在2002年4月3日农业部第5次常务会议、2002年4月11日国家质量监督检验检疫总局第27次局长办公会议审议通过，2002年4月29日国家质量监督检验检疫总局第12号令发布，自发布之日起施行。本办法的制定是为加强对无公害农产品的管理，维护消费者权益，提高农产品质量，保护农业生态环境，促进农业可持续发展。

《无公害农产品管理办法》包括7章，内容涵盖总则、产地条件与生产管理、产地认定、无公害农产品认证、标志管理、监督管理和责罚。

本办法确定了无公害农产品的内涵即产地环境、生产过程和产品质量符合国家有关标准和规范的要求，经认证合格获得认证证书并允许使用无公害农产品标志的未经加工或者初加工的食用农产品。

本办法明确了管理工作：由政府推动，并实行产地认证和产品认证的工作模式。管理及质量监督工作，由农业部门、国家质检部门和国家认证认可监督管理委员会按照“三定”方案赋予的职责和国务院的有关规定，分工负责，共同做好工作。

（2）《中华人民共和国认证认可条例》

《中华人民共和国认证认可条例》分总则、认证机构、认证、认可、监督管理、法律责任、附则共7章78条。

“总则”明确了制定条例的目的，对条例所称“认证”和“认可”进行了界定，同时提出：认证认可活动应当遵循客观独立、公正公开、诚实信用的原则，国家鼓励平等有利的开展认证认可国际互认活动；认证认可国际互认活动不得损害国家安全和社会公共利益，从事认证认可活动的机构及其人员，对其所知悉的国家秘密和商业秘密负有保密义务。

“认证机构”指出，未经批准，任何单位和个人不得从事认证活动。本章规定了设立认证机构应当具备的条件及申请和批准程序，明确提出，境外认证机构在我国境内设立的代表机构不得从事认证活动，认证机构不得与行政机关存在利益关系。

“认证”制定了认证机构活动、认证证书使用的规范，对“列入目录”产品的认证做出了专门规定。本章指出，认证机构应当公开认证基本规范、认证规则、收费标准等信息，应当完成全部认证程序，及时做出认证结论，不得借口拒绝提供本机构业务范围内的认证服务，不得向委托人提出与认证活动无关的要求或限制条件。

“认可”对认可机构及其人员的活动做出了规范。

“监督管理”明确了国务院认证认可监督管理部门和地方认证监督管理部门的职责、权限，规定任何单位和个人对认证认可违法行为都有权举报，两级监管部门应及时调查处理，并为举报人保密。

“法律责任”规定了对各种认证认可违法活动的处罚办法。

“附则”规定，本条例自2003年11月1日起施行。

（3）《有机产品认证管理办法》

2004年9月国家质检总局以第67号令的形式，审议通过了《有机产品认证管理办法》，并于2005年4月1日实施。该办法规定了有机产品认证的相关管理制度，其中包括：有机产品认证机构设立的审批制度、有机产品认证机构的认可制度、有机产品认证检查员的注册制度、有机产品出口管理制度、有机产品进口管理制度、有机产品认证监督检查制度、有机产品认证的国际互认制度等。

（二）农产品质量安全标准体系

农产品质量安全体系的建设是一项系统工程，需要全国人民团结协作和艰苦努力才能完成。健全和完善农产品质量安全体系，应以建立健全统一权威的农业标准体系为基础，以构筑标准化生产体系为突破口，以完善农产品质量安全管理体系为保障，采取积极有效的措施，解决各体系建设中存在的问题，并以系统理论为指导，在突出各体系建设重心的同时，注意协调好各体系之间的关系。

1. 农业标准体系建设方面

主要考虑标准的先进实用、系统配套和贸易发展需要。

（1）要在合理规划的基础上，加大标准清理和修订力度，解决标准陈旧、技术指标落后、配套性和可操作性差、针对性不强、重点不突出等问题。

（2）要参照国际通行做法，将现行强制性标准转化为技术法规。

（3）要积极参与国际标准化活动，对标准实施动态管理。

2. 体系构筑方面

主要考虑构筑具有较强竞争力的农业产业体系的需要。

（1）要积极推进优势农产品区域布局，解决我国农业生产力布局不合理、结构雷同的问题，把各地的资源和区位优势发挥出来。

（2）要进一步加强农业标准化示范区建设，推进优势农产品区域化种植（养殖）和标准化生产。

（3）要大力开展农业产业化经营，发挥龙头企业和农村合作经济组织在标准化生产方面的带动作用，解决“小农户”与标准化生产的矛盾。

（4）要严格规范农业投入品的生产、经营和使用行为，开展清洁生产技术研究，解决常规实用技术的使用与农产品质量安全的矛盾。

（5）要加大环境监管力度，为实施标准化生产、提高农产品质量安全水平创造条件。

3. 在完善农产品质量安全管理体系方面

主要考虑农产品质量安全管理、农业贸易发展的需要。

（1）要健全和完善技术法规体系，以《农产品质量安全法》为核心，制定和修改相关的法律法规，建立风险评估制度、农业投入品登记许可和淘汰制度、例行监测制度、市场准入制度等基本制度，为农产品质量认证、检验检测和监管工作提供法律制度保障。

（2）要在整合现有农产品质检资源的基础上，充分利用 WTO 规则中的“绿箱”政策，加大资金投入，加强检验检测技术研究，提高质检人员素质，并根据合理布局、优化结构、重点投入、满足工作需要的原则，尽快形成层次清晰、布局合理、职能明确、反应快捷的农产品质量检验检测服务体系，为农产品质量安全管理工作和农业贸易活动提供技术支撑。

（3）要建立以产品认证为重点，产品认证（以无公害农产品、绿色食品和有机食品为主要类别）与体系认证（以 GMP、GAP、HACCP 为基本类型）相结合的认证体系，遵循客观性、独立性、权威性、标准化和公开性原则，实行统一的国家认可制度，尽快培育一批运作规范、社会信誉度高、符合国际通行规则要求的农产品认证机构，并努力寻求质量认证的国际合作和国际相互认可，促进农业贸易的开展。

（4）要建立农产品质量安全预警系统、农产品质量溯源系统等长效、稳定的农产品质量安全管理系统，提高预防和控制能力。

（5）要加强对检验检测和认证机构的管理，以规范行为，确保检验检测和认证工作能够客观、公正地进行。

（三）农产品质量安全标准制定情况

随着我国农业生产由数量型向质量效益型的转变，以及人民生活水平的提高，标准对农业经济效益的调节作用日益明显。围绕农业结构调整、农民增收和发展农产品国际贸易，农产品生产者、经营者、消费者和管理者对农业技术标准的需求越来越迫切。自 1999 年我国农业部和财政部启动实施了农业行业标准制（修）订专项计划，围绕名、特、优、新农产品，动植物的病虫害诊断防治，农兽药使用，农兽药等有毒有害物质残留限量，农产品产地环境条件等，以及与农产品质量安全密切相关的关键控制技术，进行标准的制定、修订。其建设内容、管理体系、运行机制均已基本成型，并取得显著的效果。

1．农产品质量安全标准体系框架基本形成

各级农业部门组织从种植业、畜牧业、渔业、农垦、饲料工业、农村工业、农机化、农村能源与环境、高新技术等领域的国家标准、行业标准和地方农业标准的制（修）订，标准范围从原有的农作物种子、种畜禽品种发展到农产品生产的全过程，标准内容从产品标准延伸到关键技术、产地环境、生产加工过程、产品质量安全、包装贮运等环节；另外，为配合“无公害食品行动计划”的实施，农业部门先后组织制定了无公害食品行业标准、绿色食品行业标准和有机食品行业标准。

2．农业标准水平已有很大提高

随着全社会标准化意识的增强和农业科技成果转化的加快，标准的科技含量明显上升，国际标准采标率达 20%以上，与前几年相比已有很大突破。例如，农药、兽药、饲料及饲料添加剂、转基因产品的测定方法标准中，原子吸收光谱技术、液相色谱技术、气相色谱技术、DNA 分析测定技术、氨基酸分析测定技术等高新技术得到了普遍应用。一些标准已达到了国际水平，如我国制定的《橙、柑、橘汁及其饮料中果汁含量的测定》，是我国许多专家协作完成的拥有自主知识产权、达到国际先进水平的标准；我国的小麦标准，其标准内容已与 ISO 国际标准相似，在“容重[①]”这一主要技术指标上，我国标准参数要求远比 ISO 标准要求严

① 注：实为质量，包括下文的恒重、根重、重量、百粒重等。因现阶段我国农林等行业的生产和科研实践中一直沿用，为使学生了解、熟悉行业实际，本书予以保留。——编者注

格得多，水分、杂质指标也都比 ISO 标准要求严格。

3．农业标准化队伍初步建成

农业农村部负责全国农业系统的农业标准化管理工作，部内种植业、畜牧兽医、渔业等相关司局都设有相应的标准化工作机构和人员。地方农业部门也设有相应的标准化管理机构。农业农村部先后筹建了一批专业性的全国农业标准化技术委员会，委员会专家和学者近 1500 人，一大批农业科研、教学、技术推广、质检等机构和人员积极参与农业标准研究、制定、宣传培训和实施监督等工作。近年来，仅参与农业行业标准制修订的首席专家就有 2000 余人，先后有 15000 余名各类专家参与标准制修订工作，初步建成了一支以研究、技术人员为主体，老、中、青相结合的农业标准制修订人才队伍。

4．农业标准国际化

国际食品法典委员会（CAC）、世界动物卫生组织（OIE）、国际植物保护公约（IPPC）标准被确定为国际农产品贸易和争端解决的技术依据。为适应加入 WTO 和农产品贸易一体化进程的需要，近年来我国政府每年选派 50 名以上专家和技术人员参与国际食品法典委员会活动，参与农产品国际质量标准和安全卫生标准的制定工作；自 2001 年，农业部开始对食品法典动态和标准进行系统跟踪、翻译和分析工作，为维护我国农产品国际贸易的合法权益和加大国际标准采用力度奠定了基础。

5．体系运行取得成效

农产品质量安全标准体系建立的过程，也是农产品质量安全标准体系发挥作用的过程。各地通过标准引导农业结构调整，通过示范区建设加快标准实施，通过认证与执法检查推动标准应用，取得明显成效。

农产品质量安全标准体系已成为指导农产品生产、推动农业依法行政、发展农产品国际贸易的重要技术依据，成为提高我国农产品质量、降低生产成本、保护和合理利用农业资源的重要技术保障。

三、欧盟茶叶质量安全标准体系

欧洲联盟，简称欧盟（EU），总部设在比利时首都布鲁塞尔（Brussel），是由欧洲共同体发展而来的，创始成员国有 6 个，分别为德国、法国、意大利、荷兰、比利时和卢森堡。该联盟现拥有 27 个成员国，正式官方语言有 24 种。

（一）相关法律法规

欧盟的立法分为一级立法和二级立法：一级立法属于基础条约；二级立法都是从一级立法派生出来的，包括了条例（Regulation）、指令（Direction）和决定（Decision）。欧盟的技术法规主要由条例、指令和决定等类别的法律文件组成。依据欧盟委员会 1985 年发布的《建立内部市场白皮书》的分类原则，将消除技术性贸易壁垒、实现商品自由流通的技术协调措施（技术法规）分为行业技术协调措施（旧方法指令）和技术协调与标准新方法（新方法指令），并由此构成欧盟的技术法规体系。针对非欧盟成员国输往欧盟的产品适用的是旧方法指令。

从20世纪60年代起，当时的欧共体的食品立法主要采取了针对具体产品的纵向措施和只提出保护消费者基本健康和安全要求的横向措施。截至2015年，欧盟理事会已批准了5个框架指令，分别是：食品控制指令[89/397/EEC，之后被条例（EC）No 882/2004取代]；食品添加剂指令（89/107/EEC）；接触食品的材料和制品指令[89/109/EEC，之后被条例（EC）No 1935/2004取代]特殊营养用途的食品指令（89/398/EEC）；食品标签、广告和说明书指令（2000/13/EC）。在上述5个关于食品安全的框架指令中，涉及茶叶的法规指令主要是“食品控制指令”，而其中与茶叶相关度最高的农残法规则是其子指令《EC396/2005 动植物源性食品及饲料中农药最高残留限量的管理规定》。该指令附录Ⅱ中共涉及茶叶农残限量标准230个、附录Ⅲ中共涉及茶叶农残限量标准216个、附录Ⅴ中共涉及茶叶农残限量标准22个。欧盟法规对茶叶中农残限量要求共468个。

由于欧盟对所有的法规指令均实施动态管理，根据欧盟对贸易的需要及食品安全控制的需要，会不定期对指令进行修订。2012年，欧盟委员会对法规《EC396/2005 动植物源性食品及饲料中农药最高残留限量的管理规定》进行了8次修订，对其附件Ⅱ[制定的农药最大残留限量值（MRLs）的清单]、附件Ⅲ[暂定农药最大残留限量值（MRLs）的清单]中的相关产品的农药残留限量进行了调整，同时还首次公布了附录Ⅴ（残留限量默认标准不为0.01 mg/kg的农药清单）。

（二）茶叶质量安全标准体系

1．检测方法的改变

很多农残很难溶于水，而人们饮茶时只饮用茶汤，很少吃茶渣，因此很难通过饮用的茶汤检测出茶叶的农残，但是出口的茶叶要粉碎检测，导致检出率较高。日本针对进口农产品的新规定《食品中残留农业化学品肯定列表制度》，将把现行的“茶汤检测法”改为“全茶溶剂检测法”，并明确规定设限外农残超标将被视为违法。这一新方法基本上可将茶叶里的所有农药残留检出，茶叶出口商也很可能因违禁而被日本方面追究法律责任。

2．欧盟检测项目逐步增加

欧盟自2000年7月1日实行新的茶叶农残限量标准以来，几乎每年都要加以修订，从而成为对茶叶农残要求最严格的地区。

1988年规定的农残仅6种；2004年初，新增到134项；2006年1月起，增加到210项；2014年8月25日正式实施的EU87/2014指令，欧盟的茶叶检测指标从200多个增加到了480多个，其中还有6个必测指标，含量都不能超过0.1 mg/L。

（三）茶叶质量安全标准制定情况

欧盟是目前世界上农药MRLs标准定得最严格的地区之一。

1．欧盟法规 EU270/2012

欧盟法规EU270/2012于2012年3月26日公布并实施。该法规对附录Ⅱ中的3种农药残留和附录Ⅲ中的5种农药残留限量进行了调整，同时在附录Ⅲ中增加了氟吡菌酰胺（Fluopyram）和甲咪唑烟酸（Imazapic）两种杀菌剂的暂定限量要求，其中茶叶的限量均为

0.01 mg/kg。

2. 欧盟法规 EU322/2012

欧盟法规 EU322/2012 于 2012 年 4 月 16 日公布并实施。该法规对附录Ⅱ中的 2 种农药残留和附录Ⅲ中的 2 种农药残留限量进行了调整，同时在附录Ⅲ中增加了杀菌剂 Pendimethalin（暂无译名）的暂定限量要求，其中茶叶的限量为 0.01 mg/kg。

3. 欧盟法规 EU441/2012

欧盟法规 EU441/2012 于 2012 年 5 月 24 日公布并实施。该法规对附录Ⅱ中的 7 种农药残留和附录Ⅲ中的 13 种农药残留限量进行了调整。其中涉及茶叶的有乙螨唑（Etoxazole）、噻虫胺（Clothianidin）、噻虫嗪（Thiamethoxam）。同时在附录Ⅲ中增加了杀菌剂克线丹（Cadusafos）的暂定限量要求，其中茶叶的限量为 0.01 mg/kg。

4. 欧盟法规 EU592/2012

欧盟法规 EU592/2012 于 2012 年 7 月 4 日公布并实施。该法规对附录Ⅱ中的 2 种农药残留和附录Ⅲ中的 6 种农药残留限量进行了调整。其中附录Ⅲ茶叶中的噻螨酮（Hexythiazox）的标准由 0.05 mg/kg 放宽为 4 mg/kg。

5. 欧盟法规 EU899/2012

欧盟法规 EU899/2012 于 2012 年 9 月 21 日公布，并于 2013 年 4 月 26 日实施。该法规对附录Ⅱ中 17 种农药残留和附录Ⅲ中的 4 种农药残留限量进行了调整。其中涉及茶叶的有三环锡（Azocyclotin and cyhexation）、甲萘威（Carbaryl）、丁硫克百威（Carbosulfan）、二嗪磷（Diazinon）、杀螟硫磷（Fenitrothion）、甲胺磷（Methamidophos）、甲拌磷（Phorate）、腐霉利（Procymidone）、溴丙磷（Profenofos）、五氯硝基苯（Quintozene）、烯虫酯（Methoprene）、伏杀硫磷（Phosalone）和二氯喹啉酸（Quinclorac）。

另外，该法规还公布了法令 EC396/2005 中的附录Ⅴ，即残留限量默认标准不包括 0.01 mg/kg 的农药清单，将附录Ⅱ中的丙硫克百威（Benfuracarb）、敌菌丹（Captafol）、呋线威（Furathiocarb）、已唑醇（Hexaconazole）、久效磷（Monocrotophos）、十三吗啉（三得芬）（Tridemorph）、甲苯氟磺胺（Tolylfluanid）和附录Ⅲ中的甲草胺（Alachlor）、敌菌灵（Anilazine）、苏达灭（丁草特）（Butylate）、敌草索（氯酞酸二甲酯）（Chlorthal-dimethyl）、草克乐（Chlorthiamid）、敌草腈（Dichlobenil）、烯唑醇（Diniconazole）、Flufenzin（暂无译名）、灭草隆（Monuron）、氧化萎锈灵（Oxycarboxin）、毒草胺（Propachlor）、敌百虫（Trichlorfon）、氟乐灵（Trifluralin）、乳氟禾草灵（Lactofen）、灭锈胺（Mepronil）共 22 个农药纳入其中，同时，还对敌草索、Flufenzin（暂无译名）、呋线威、乳氟禾草灵的、灭锈胺、久效磷、灭草隆、毒草胺、敌百虫、十三吗啉（三得芬）、氟乐灵在茶叶中的限量进行了调整。

上述法规的调整实施已经对我国茶叶出口带来了直接影响。据统计，2012 年输欧茶叶量较 2011 年下降 3%，被通报批次达到史无前例的 34 批次，涉及货物均被退运或销毁，对我国茶叶输欧产业冲击巨大。

第二章　茶叶质量安全检验体系

第一节　中国茶叶质量安全检测体系

一、管理机构和职能

我国现在负责农产品安全管理的部门多达 9 个，各部门之间缺乏统一协调。由于职责不清，在生产过程和市场流通中常出现“谁都管”和“谁都不管”的现象。因此我国组建了由相关政府职能部门组成的食品安全委员会，专门负责组织协调政府各主管部门对我国食品安全的监管，并为政府制定食品安全政策提供建议，为企业、事业单位培训食品安全管理人才和提出食品安全保障机制，进行食品安全政策法规知识的宣传和普及，调查评估食品安全状况并提出改进措施。食品安全委员会的成立，从管理的角度为茶叶质量安全提供了强有力的保证。

二、机构类型和组成

为了保障茶叶的安全管理体制，实现生产、加工和销售全过程的有效管理，政府农产品安全管理机构应合理分工。

（1）把现在分布于各部门的食品安全管理机构完全整合在一起，组成一个独立的食品安全管理机构，彻底解决机构重复和管理区域问题。

（2）借鉴美国现有的食品安全管理模式，按照茶叶这一食品类别在各个部门进行分工。该方案改革力度较大，现阶段实施存在一定难度。

（3）在现有的管理体制基础上进行小的调整，依然按照农产品产业链的环节进行分工，服从统一的农产品安全标准体系。

三、机构管理和认可机制

中国地域辽阔、地区间差异明显，缺乏完整的由上到下独立的垂直监管系统，因此必须充分发挥地方食品安全管理体系的作用，由各级政府负责所辖区域的农产品安全监管工作，实行主管领导负责制。凡是存在国家标准的，地方监管机构必须按照国家标准进行检验监测。农产品在地区间的流通，以国家标准或国际标准进行监管，各地不能变相设置阻碍或降低标准。没有国家标准的，各地可以按照地方标准进行监管。

四、体系运行情况

我国在推进和实施茶叶质量安全管理和执法方面，更多的是依据《食品卫生法》和《产品质量法》，部分地区根据需要制定颁布了地方性法规。但《食品卫生法》第五十四条将“种植业养殖业”排除在外，《产品质量法》规范的是“经过加工、制作，用于销售的产品”。

随着“无公害食品行动计划”的全面实施，在工作中明显发现存在法律制度缺失、监管无法可依和无章可循的现象。为了规范农产品质量安全管理工作，于2006年4月29日经十届全国人大常委会第二十一次会议审议通过《农产品质量安全法》，并于2006年11月1日正式实施。到目前为止，《农产品质量安全法》《农业法》《环境保护法》《水气污染防治法》《水污染防治法》《食品卫生法》《产品质量法》等一系列法律法规构成了我国农产品质量安全管理的法律体系，为茶叶质量安全管理提供了法律依据。

第二节　欧盟茶叶质量安全检测体系

一、管理机构和职能

欧盟及各成员国均设立了官方检测检验机构，私人检验机构也起到了重要作用，但大部分得到认可的还是官方检验机构，且官方或官方认可的检测检验属于具有根本重要性而广泛使用的食品管理方式。欧盟国家政府所进行的检测检验是围绕建立HACCP系统而进行的，检验检测可以在可能发生危害的任何环节进行。

二、机构类型和组成

瑞士生态市场研究所（Institute for Marketecology，IMO），是欧盟对有机产品最严苛的认证法规之下的权威认证机构，在全世界享有崇高的声誉。IMO于1990年在瑞士正式注册，是瑞士生态基金会的下属部门，属于政府支持的非盈利组织。按照欧盟834/07和欧洲889/08法规规定，IMO提供有机产品和其交易的认证服务，对产地、加工、包装等环节进行一年一度的专门检测，各项指标均需要达到欧盟标准。同时，IMO获得了美国农业部（USDA）批准，可以根据美国国家有机项目（NOP）从事有机认证。此外，IMO还获得了日本农林水产省（MAFF）的认可，可以根据日本农业标准（JAS）从事有机认证。

三、对完善我国茶叶质量安全检测体系的启示

目前，我们茶业国内认证和国际认证没有接轨，茶叶生产企业在出口产品时会不同程度遭遇技术性贸易壁垒。对此，检验检疫部门建议：一方面，企业要积极主动获取欧盟、美国、日本等国家和组织的有机茶体系认证；另一方面，政府相关部门要形成合力，尽快推动国内外有机茶认证体系的接轨。

从2017年10月1日起，欧盟对我国出口茶叶采取新的进境口岸检验措施，其对10%的

货物进行农药检测，且必须有常规入境文件才被允许通过欧盟指定口岸进入。若该批货物被抽中，则要实施 100%抽样检测。

近几年，我国茶叶生产快速发展，茶树种植面积扩大，茶叶产量不断增长。最新数据显示，2018 年我国茶叶产量达到 261.6 万吨，茶叶出口总量达 36.5 万吨，出口均价 4.87 美元/千克，同比增长 7.27%；但茶叶出口欧盟只占我国出口茶叶的很小一部分，可见我国茶叶符合欧盟标准认证的茶品相对较少。从长远角度看，国外增高技术门槛可以促使我国进一步规范茶叶生产，有助于增强茶叶种植和加工的环保意识；另一方面，欧盟等发达国家频繁提升茶叶以及其他食品、农产品农残标准，相比之下，我国相关检测标准偏低。为此，需要行业以及各相关部门共同努力，应对欧盟对我国茶叶建立的绿色贸易壁垒。

（1）对于出口茶叶企业而言，需要在原料基地建设、企业自检自控能力方面增大投入，严把原料质量安全关，全面掌握茶叶种植场农药使用情况和茶叶原料农残状况，确保茶叶质量符合欧盟要求。

（2）对于农业部门而言，需要尽快完善茶园农药登记制度，加快低毒、低残留农药的研发和替代工作，及时淘汰不符合市场要求的农药品种。同时，加强对茶农用药的指导和检查，避免违规和不合理使用农药。

（3）对于行业协会而言，需要充分发挥行业纽带作用，通过行业协会的宣传、管理和规范，进一步提高企业诚信经营意识，强化行业自律，规范行业经营秩序，从根本上解决企业间相互压价的恶性竞争，维护出口茶叶行业健康发展。

（4）对于技术性贸易措施，对相关政府部门而言，需要建立快速应对反应机制，加强对技术性贸易措施信息的收集、解读和研究，及早发布预警信息。同时，要不断提升社会公共机构的研究和应对能力，引导产业、企业发挥市场主体应对功能。对合理的规则，也要及时跟踪，做好各个环节的消化吸收工作，让企业跟上国际最新发展步伐；对不合理的规则，要尽快做出反应，并及时有效应对。当进口国利用技术壁垒对我国出口茶叶造成影响时，应加大交涉力度，努力消除影响，保护我国茶叶顺利出口。

第三章　茶叶质量安全控制体系

第一节　基本要求

一、在茶园环境方面的基本要求

（一）影响因素

1．空气环境质量

茶园空气环境应符合表 3-1 要求。

表 3-1　环境空气质量要求

项目		日平均	1 h 平均
总悬浮颗粒物 TSP/mg · m^{-3} （标准状态）	（≤）	0.30	—
二氧化硫 SO_2/ mg · m^{-3}（标准状态）	（≤）	0.15	0.50
二氧化氮 NO_2/ mg · m^{-3}（标准状态）	（≤）	0.10	0.15
氟化物（F）（标准状态）	（≤）	7 μg · m^{-3}	20 μg/m^3
		1.8 μg · m^{-3} · d^{-1}	—

注：日平均指任何 1 d 的平均浓度；1 小时平均指任何 1 h 的平均浓度。

2．灌溉水质量

茶园灌溉水质量应符合表 3-2。

表 3-2　灌溉水质量要求

项目		限值
pH		5.5 ~ 7.5
总砷/mg · L^{-1}	（≤）	0.1
总汞/ mg · L^{-1}	（≤）	0.001
总镉/ mg · L^{-1}	（≤）	0.005
铬（六价）/ mg · L^{-1}	（≤）	0.1
总铅/ mg · L^{-1}	（≤）	0.1

续表

项目		限值
pH		5.5 ~ 7.5
氰化物/ mg · L^{-1}	（≤）	0.5
氯化物/ mg · L^{-1}	（≤）	250
氟化物/ mg · L^{-1}	（≤）	2.0
石油类/ mg · L^{-1}	（≤）	10

3. 土壤环境质量

茶园土壤质量应符号表 3-3 要求。

表 3-3　土壤质量要求

项目		浓度限值
pH		4.0 ~ 6.5
镉/mg · kg^{-1}	（≤）	0.30
汞/mg · kg^{-1}	（≤）	0.30
砷/mg · kg^{-1}	（≤）	40
铅/mg · kg^{-1}	（≤）	250
铬/mg · kg^{-1}	（≤）	150
铜/mg · kg^{-1}	（≤）	150

注：重金属均按元素总量计，适用于阳离子交换量>5 cmol(+)/kg 的土壤，若≤5 cmol(+)/kg，其标准值为表内数值的一半。

（二）无公害茶叶

1．产地环境

（1）应选择生态环境良好，远离污染源，并具有可持续生产能力的农业生产区域。

（2）应符合无公害茶叶生产相关标准要求，并经有资质的产地环境检测机构检测评价合格。

（3）茶园与主干公路和农田等的边界应设立缓冲带、隔离沟、林带或物理障碍区，隔离带应有一定的宽度。

2．空气质量

茶园环境空气质量应符合表 3-4 的要求。

表 3-4　茶园环境空气质量要求

项目	限值（日均值）
总悬浮颗粒物（标准状态）$mg \cdot m^{-3}$	≤0.30
二氧化硫（标准状态）$mg \cdot m^{-3}$	≤0.15
氮氧化物（标准状态）$mg \cdot m^{-3}$	≤0.10
氟化物（标准状态）$mg \cdot m^{-3}$	≤7 μg/m（动力法）
	$\leq 5.0\ \mu g \cdot dm^{-2} \cdot d^{-1}$（挂片法）

3. 茶园灌溉水

茶园灌溉水质量应符合表 3-5 的要求。

表 3-5　茶园灌溉水质量要求

项目	限值
pH	5.5 ~ 7.5
总汞/$mg \cdot L^{-1}$	≤0.001
总镉/$mg \cdot L^{-1}$	≤0.005
总铅/$mg \cdot L^{-1}$	≤0.10
总砷/$mg \cdot L^{-1}$	≤0.10
铬（六价）/$mg \cdot L^{-1}$	≤0.10
氟化物/$mg \cdot L^{-1}$	≤2.0

4. 茶园土壤环境质量

茶园环境质量应符合表 3-6 的要求。

表 3-6　茶园环境质量要求

项目	限值
镉/$mg \cdot kg^{-1}$	≤0.30
铅/$mg \cdot kg^{-1}$	≤250
汞/$mg \cdot kg^{-1}$	≤0.30
砷/$mg \cdot kg^{-1}$	≤40
铬/$mg \cdot kg^{-1}$	≤150
氟/$mg \cdot kg^{-1}$	≤1200

（三）绿色茶叶

1．生态环境要求

（1）应选择生态环境良好、无污染的地区，远离工矿区和公路、铁路干线，避开污染源。

（2）应在绿色茶叶和常规生产区域之间设置有效的缓冲带或物理屏障，以防止绿色茶叶生产基地受到污染。

（3）建立生物栖息地，保护基因多样性、物种多样性和生态系统多样性，以维持生态平衡。

（4）应保证基地具有可持续生产能力，不对环境或周边其他生物产生污染。

2．空气质量要求

绿色茶园空气质量应符合表 3-7 要求。

表 3-7　空气质量要求

项目	指标	
	日平均	1 小时
总悬浮颗粒物/mg · m^{-3}	≤0.30	—
二氧化硫/mg · m^{-3}	≤0.15	≤0.50
二氧化氮/mg · m^{-3}	≤0.08	≤0.20
氟化物/μg · m^{-3}	≤1	≤20

注：日平均指任何一日的平均指标；1 h 指任何 1 h 的指标。

3．灌溉水质要求

绿色茶园灌溉水质量应符合表 3-8。

表 3-8　灌溉水质量要求

项目	指标
pH	5.5~8.5
总汞/mg · L^{-1}	≤0.001
总镉/mg · L^{-1}	≤0.005
总砷/mg · L^{-1}	≤0.05
总铅/mg · L^{-1}	≤0.1
六价铬/mg · L^{-1}	≤0.1
氟化物/mg · L^{-1}	≤2.0
化学需氧量（CODcr）/mg · L^{-1}	≤60
石油类/mg · L^{-1}	≤1.0

4. 土壤环境质量

绿色茶园土壤环境质量应符合表 3-9 要求。

表 3-9　土壤环境质量要求

项目	指标
总镉/mg · kg^{-1}	≤0.30
总汞/mg · kg^{-1}	≤0.25
总砷/mg · kg^{-1}	≤25
总铅/mg · kg^{-1}	≤50
总铬/mg · kg^{-1}	≤120
总铜/mg · kg^{-1}	≤50

（四）有机茶叶

1．产地环境要求

（1）远离城镇、工厂、交通干线，附近没有污染源，生态条件良好，具备常规茶园立地条件。

（2）有机茶园种植区与常规农业区必须有不影响有机茶生产且宽于 50 m 以上隔离带，隔离带以山、河流、自然植被等天然屏障为宜，也可以是人工树林和作物。若隔离带上种植作物，则必须按有机方式栽培。

（3）坡地种植茶树要沿等高线或修建梯形田进行栽种。新建茶园坡度不超过 25°，山顶、山脊、梯田之间应保留自然植被，不得开垦或消除，并加强水土保持，可专门种植特定植物用于挡风。

（4）应保持茶园生物群落的多样性，防止大面积耕作带来的病虫草害流行。

2．大气环境质量

大气环境质量应符合表 3-10 要求。

表 3-10　环境空气污染物基本项目浓度限值

序号	污染物项目	平均时间	浓度限值	单位
1	二氧化硫（SO_2）	年平均	20	μg/m^3
		24 h 平均	50	
		1 h 平均	150	
2	二氧化氮（NO_2）	年平均	40	μg/m^3
		24 h 平均	80	
		1 h 平均	200	
3	一氧化碳（CO）	24 h 平均	4	mg/m^3
		1 h 平均	10	
4	臭氧（O_3）	日最大 8 h 平均	100	μg/m^3
		1 h 平均	160	
5	颗粒物（粒径≤10 μm）	年平均	40	μg/m^3
		24 h 平均	50	
6	颗粒物（粒径小于等于 2.5 μm）	24 h 平均	15	μg/m^3
		1 h 平均	35	

3. 土壤环境质量

土壤环境应符合表3-11要求。

表3-11　土壤污染物基本项目浓度限值

序号	污染物项目	浓度限值	单位
1	镉	0.3	mg/kg
2	汞	0.5	
3	砷	30	
4	铅	70	
5	铬	150	
6	铜	50	
7	镍	60	
8	锌	200	

注：重金属和类金属砷均按元素总量计。

4. 灌溉水质量

灌溉水质量应符合表3-12要求。

表3-12　灌溉水质基本控制项目标准值

序号	项目类别		浓度限值
1	五日生化需氧量/mg·L^{-1}	(≤)	100
2	化学需氧量/mg·L^{-1}	(≤)	200
3	悬浮物/mg·L^{-1}	(≤)	100
4	阴离子表面活性剂/mg·L^{-1}	(≤)	8
5	水温/°C	(≤)	35
6	pH	(≤)	5.5～8.5
7	全盐量/mg·L^{-1}	(≤)	1000
8	氯化物/mg·L^{-1}	(≤)	350
9	硫化物/mg·L^{-1}	(≤)	1
10	总汞/mg·L^{-1}	(≤)	0.001
11	镉/mg·L^{-1}	(≤)	0.01
12	总砷/mg·L^{-1}	(≤)	0.05
13	铬（六价）/mg·L^{-1}	(≤)	0.1
14	铅/mg·L^{-1}	(≤)	0.2
15	粪大肠菌群数/个·100 mL^{-1}	(≤)	4000
16	蛔虫卵数/个·L^{-1}	(≤)	2

二、在茶树育种方面的基本要求

（一）影响因素

1．茶树品种

茶树品种需从适制性、抗逆性、高产性、优质性等多种角度考虑进行选择搭配。根据建场生产名优茶类的要求选择具有不同适制性的茶树品种，品种应当具有较强的抗逆性。由于我国茶区纬度跨度较大，南北茶区之间平均气温和最低气温差异很大，所以北部茶区选用的品种还必须具有很强的抗寒能力，防止冬季低温时受冻害而导致严重损失。此外，要选择无性系茶树良种，无性系茶树生长整齐一致，便于机械化操作，而且产量高、品质优，是茶树品种的首选类型。

不同开采期的茶树品种要合理搭配，可有效地缓和茶叶采摘“洪峰”，避免因采摘“洪峰”期产量过大、不能及时采收和加工而造成损失，各良种的比例应按照相对集中、突出重点的原则，选好当地品种和搭配品种。一般当地品种应占70%以上，以早中生品种为主，而搭配品种约占30%。

2．种苗质量

（1）种子的鉴定标准

① 茶籽外壳呈棕褐色、带光泽、子叶肥大、饱满湿润、呈乳白色；

② 茶籽含水量不高于38%，不低于22%；

③ 发芽率不低于85%；

④ 夹杂物不高于2%；

⑤ 茶籽无空壳、霉变、虫蛀和破裂。

（2）茶苗的检验标准

① 茶苗高度不低于25 cm；

② 主茎离地面1寸处直径不小于3 mm；

③ 根系生长正常；

④ 主茎离地面20 cm处已木质化；

⑤ 无危险性病虫害寄生。

（二）无公害茶叶

（1）茶树品种引进应根据国家审（鉴）定，通过品种的区域适应性进行引种推广，适合当地气候、土壤、茶类和抗逆性、适制性强的优质高产良种。

（2）茶树种子、苗木或繁殖材料在生产、储运过程中应保证质量和防止病虫草害的传播，禁止伪劣种子、苗木或繁殖材料的交易与传播，需按照《中华人民共和国植物检疫条例》的规定检验检疫。

（3）用于无公害茶叶生产的种苗，应准确记录其品种中文名。

（三）绿色茶叶

（1）绿色食品茶生产基地选用的茶树品种，除了要求对当地气候、土壤等生态环境和茶类适制性较强以外，还应对当地主要病虫害具有较强的抗性。利用茶树品种对病、虫的抗性尽可能减少生产过程中农药的使用量和用药频度，降低因施药引起的农药残留威胁。多抗茶树品种还应对寒、旱害具有较强的抵抗力。

（2）绿色食品茶生产基地推广的茶树品种应做到多种遗传特性的茶树优良品种合理搭配，即具有品种的多样性，避免种植单一茶树品种。

（3）根据茶树品种审（认）定结论进行推断，引进能适应栽培地环境并保证产量、品质等优良性状的茶树品种。

（4）新建绿色食品茶生产基地应尽可能选用无性系茶树优良品种，为今后高产、优质、低耗、高效生产奠定良好的基础。

（5）为保证引进茶树良种苗木的质量和防止病虫害的传播，从外地引进品种及其种苗运输之前，必须进行苗木质量检验和病虫害检疫。苗木质量检验内容包括种苗的纯度鉴定和定级鉴定。鉴定的抽样可以参照《GB11767—2003　茶树种苗》规定的要求进行，苗木的分级主要根据茶苗的高度、茎粗、着叶数、级分支数量、侧根数量、侧根长度和计算出的品种纯度进行分级，分级标准可参照国家标准 GB11767—2003。

（四）有机茶叶

（1）品种应适应当地的环境条件，并表现出多抗性，并保持遗传多样性的品种搭配。

（2）禁止使用基因工程生产的种子和苗木。

（3）种苗质量。

① 无性系大叶品种扦插苗质量指标见表 3-13。

表 3-13　扦插苗质量指标

级别	苗龄	苗高/cm	茎粗/cm	侧根数/根	品种纯度/%
Ⅰ	一年生	≥30	≥4.0	≥3	100
Ⅱ	一年生	≥25	≥2.5	≥2	100

② 无性系中小叶品种扦插苗质量指标见表 3-14。

表 3-14　扦插苗质量指标

级别	苗龄	苗高/cm	茎粗/cm	侧根数/根	品种纯度/%
Ⅰ	一年生	≥30	≥3.0	≥3	100
Ⅱ	一年生	≥20	≥2	≥2	100

三、在茶园管理方面的基本要求

（一）影响因素

1．栽培环境

（1）光对茶树生育的影响。

茶树喜光耐阴，忌强光直射。光谱成分（光质）、光照强度、光照时间等对茶树生长发育具有重要影响，90% ~ 95%产物通过光合作用形成；光影响茶树代谢状况，同时影响着大气和土壤的温、湿度变化，进而影响到茶叶的产量和品质。

（2）温度对茶树生育的影响。

热量是茶树生育不可缺少的影响因素。光辐射强度的变化直接影响温度变化和茶树的地理分布，制约着茶树生育速度。气温和地温分别影响着茶树的地上和地下部生长。温度对茶树生育的影响，因时间、茶树品种、树龄、茶树生育状况和当时的其他生物环境条件的不同而相应地呈现出不同程度的影响。

（3）水分对茶树生育的影响。

水分既是茶树有机体的重要组成部分，也是茶树生育过程不可缺少的生态因子，影响茶树光合作用、呼吸作用、营养物质的吸收和运输。水分不足或水分过多，都不利于茶树生育。适宜茶树种植的地区年降水量需在 1500 mL 左右、大气相对湿度为 80% ~ 90%、土壤含水量为 70% ~ 90%。

（4）地形地势与海拔对茶园气象因子及茶树生育的影响。

地理纬度不同，其日照强度、时间、气温、地温及降水量等气候因子均不同。纬度较低，年平均气温较高，有利于碳代谢的进行、茶多酚的合成；海拔越高，气压与气温越低，而降水量和空气湿度在一定高度范围内随着海拔的升高而增加，超过一定高度又下降。

在一定海拔范围内，海拔每升高 100 m，气温降低 0.5 °C，空气相对湿度随海拔升高而增加，土壤含水量随海拔升高呈现出增加的趋势；光照强度和光合作用强度均是低海拔高于高海拔，从而影响茶树的物质代谢。

2．茶园施肥

为满足茶树生育所需，促使茶树新梢正常生长，在茶树栽培过程中，根据茶树营养特点、需肥规律、土壤供肥性能与肥料效应，运用科学施肥技术进行茶园施肥。通过合理施肥以最大限度地发挥施肥效应，改良土壤，提高土壤肥力，满足茶树生育需要，提高鲜叶的有效成分含量。

3．茶园土壤管理

茶园土壤为茶树提供生长所必需的水分、营养元素等物质，其性质直接影响到茶树生育、产量和品质。因此，通过茶园土壤管理加强营养元素的供应，提高土壤肥力，加强水土保持，为茶树根系生长提供良好条件。具体包括耕作除草、水分管理、施肥、土壤覆盖和土壤改良等措施。

4．茶树修剪

根据茶树生长发育规律，外界环境条件变化和人们对茶园栽培管理要求，人为地剪除茶树部分枝条，改变原有自然生长状态下的分枝习性，塑造理想的树型，促进营养生长，延长茶树的经济年限，从而达到持续优质、高产、高效的目的。修剪对高产优质茶树树冠的培养具有十分重要的作用，可抑制顶端优势，促使幼龄茶树合轴式分枝的发生，调控茶园树冠结构，控制茶树的生长高度，形成合理的树冠覆盖度。

5．鲜叶采摘

鲜叶采摘既是茶叶生产的收获过程，也是增产提质树冠管理的重要措施。茶树栽培和采摘合理与否等因素决定了茶树新梢生育状况，从而影响芽叶多少与原料质量，进一步决定了单位面积产量的高低与品质的好坏。此外，鲜叶采摘的同时，必须考虑到树体的培养，以维持较长的、高效益的生产经济年限。

（二）无公害茶叶

1．土壤管理

（1）定期监测土壤肥力水平和重金属元素含量，一般要求每2年检测一次。根据检测结果，有针对性地采取土壤改良措施；

（2）采用地面覆盖等措施提高茶园的保土蓄水能力。杂草、修剪枝叶和作物秸秆等覆盖材料应未受有害或有毒物质污染；

（3）采用合理耕作、施用有机肥等方法改良土壤结构。耕作时应考虑当地降水条件，防止水土流失。对土壤深厚、松软、肥沃，树冠覆盖度大，病虫草害少的茶园可实行减耕或免耕；

（4）幼龄或台刈改造茶园，宜间作豆科绿肥，培肥土壤和防止水土流失。土壤pH低于4.0的茶园，宜施用白云石粉、石灰等物质调节土壤pH至4.5~5.5。土壤pH高于6.0的茶园应多选用生理酸性肥料调节土壤pH至适宜的范围；

（5）根据茶树营养特点及土壤的供肥能力，在专业技术人员指导下确定施肥种类、时间和数量。施用肥料的种类以选用有机肥和茶树专用肥为主，根据不同土壤和茶树生长发育的需要可适度地使用化学肥料。禁止直接施用城市生活垃圾，禁止施用工业垃圾、医院垃圾和污染源废弃物。

2．灌排水管理

根据茶树不同生长发育时期的需水规律及气候条件、土壤水分状况，采取保水、灌溉或排水技术措施，注意早春冻害的预防和救护。

3．病虫草害防治

茶树病虫草害防治宜采取农业、生物、物理、化学等综合防治措施。必须施用农药时，应按照 NYT5018 的规定，选用高效、低毒、低残留农药，采用最小有效剂量，确保有效用药安全间隔期，以降低农药残留和重金属污染，保护生态环境。

4．修　剪

根据茶树的树龄、长势和修剪目的采用不同的修剪方法，培养优化型树冠，强壮树势。

（三）绿色茶叶

1．农药使用原则

（1）有害生物防治原则。

① 以保持和优化农业生态系统为基础，建立有利于各类天敌繁衍或不利于病虫草害滋生的环境条件，提高生物多样性，维持农业生态系统的平衡；

② 优先采用农业措施，如抗病虫品种、种子种苗检疫、培育壮苗、加强栽培管理、中耕

除草、耕翻晒垡、清洁田园、轮作倒茬、间作套种等；

③ 优先利用物理或生物措施，如用灯光、色彩诱杀害虫，机械捕捉害虫，释放害虫天敌，机械或人工除草等；

④ 合理使用低风险农药，如没有足够有效的农业、物理和生物措施，在确保人员、产品和环境安全的前提下，配合使用低风险农药。

（2）农药选用。

① 所选用的农药应符合相关的法律法规，并获得国家农药登记许可；

② 应选择对主要防治对象有效的低风险农药品种，提倡兼治和具有不同作用机理的农药交替使用；

③ 农药剂型宜选用悬浮剂、微囊悬浮剂、水剂、水乳剂、微乳剂、颗粒剂、水分散粒剂和可溶性粒剂等环境友好型农药剂。

2．肥料选用

（1）农家肥料。

主要由植物和（或）动物残体，排泄物等含有机物的物料制作而成的肥料。包括秸秆肥、绿肥、厩肥、堆肥、沤肥、沼肥、饼肥等。

（2）有机肥料。

主要来源于植物或动物，经过发酵腐熟的含氮有机物料，其功能是改善土壤肥力、提供植物营养、提高作物品质。

（3）微生物肥料。

含有特定微生物活体的制品，应用于农业生产，通过其中所含微生物的生命活动，增加植物养分的供应量或促进植物生长，提高产量，改善农产品品质及农业生态环境的肥料。

（4）有机-无机复混肥料。

含有一定量有机肥料的复混肥料。其中复混肥料是指氮、磷、钾三种养分中，至少有两种养分标明量，并由化学方法或混合方法制成的肥料。

（5）无机肥料。

主要以无机盐形式存在、能直接为植物提供矿质营养的肥料。

（6）土壤调理剂。

加入土壤中用于改善土壤的物理、化学或生物性状的物料，功能包括改良土壤结构、降低土壤盐碱危害、调节土壤酸碱度、改善土壤水分状况、修复土壤污染等。

（四）有机茶叶

1．土壤管理

（1）多施有机肥，以保持和提高土壤肥力；

（2）土壤肥沃、松软、杂草少、树冠覆盖率高的茶园应实行少耕或免耕。提倡使用蚯蚓等生物来改善土壤结构；

（3）采用绿肥等覆盖茶园土壤，以利于水分保持，促进土壤微生物、动物的活动。没有病虫害茶树的修剪枝叶应返回茶园，用土壤覆盖。

2．肥料使用

（1）禁止使用和混配化学合成肥料；禁止使用含有毒、有害物质的垃圾和污泥等。

（2）农家肥料施用前须经无害化处理；农家肥料宜就地生产就地使用，外来农家肥料应确认符合有机种植要求后才能使用。

（3）商品化有机肥、有机复混肥、叶面肥料、微生物肥料污染物含量应符合表 3-15 要求，并经有机认证机构颁证或认可。

表 3-15　商品肥污染物的限量要求

项目	限量/mg · kg^{-1}	项目	限量/mg · kg^{-1}
六六六	0.20	总砷（以 As 计）	25
滴滴涕	0.20	铅（以 Pb 计）	50
镉（以 Cd 计）	0.20	铬（以 Cr 计）	90
总汞（以 Hg 计）	0.15	铜（以 Cu 计）	50

（4）叶面肥料最后一次喷施必须在采摘前 15 d。

（5）所有有机或无机（矿质）肥料，须按有机生产规范使用，防止因施肥造成环境和茶叶污染。

（6）宜使用的肥料见表 3-16。

表 3-16　有机茶园选用有机肥

肥料类型	主要品种
农家肥料	人畜禽粪尿、绿肥、农作物秸秆、其他（腐殖酸类肥料、饼肥、沼气液肥和残渣等）
无机（矿质）肥料	矿物钾肥、矿物磷肥（磷矿粉）、煅烧磷酸盐（钙镁磷肥、脱氟磷肥）、石灰、石膏、焦泥灰
微生物肥料	根瘤菌肥料、固氮菌肥料、磷细菌肥料、硝酸盐细菌肥料、复合微生物肥料
叶面肥料	硫酸锌水溶液、鱼粉的发酵产物

3．病虫害和杂草防治

（1）遵循防重于治的原则，从茶树和有宜生物整个生态系统出发，综合运用各种防治措施，创造不利于病虫草滋生或有利于各类天敌繁衍的环境条件，保持茶园生态系统的平衡和生物多样化，减少各类病虫草害所造成的损失。

（2）优先采用农业措施，包括选用抗病虫品种、培育壮树、加强栽培管理、中耕除草、间作套种等措施防治病虫害。

（3）利用灯光或色板诱杀、机械捕捉、饲养天敌等物理方法防治害虫。

（4）采用机械或人工方法防除杂草。

4．农药使用

（1）禁止使用与混配化学合成杀虫剂、杀菌剂、杀螨剂、除草剂和植物生长调节剂；

（2）应采用病毒、真菌、性信息素等生物农药；

（3）部分植物性农药只有在病虫害大量发生，生物与物理防治不能满足需求时才能使用。矿物源农药应严格控制在非采茶季节使用；

（4）有机茶园宜使用的农药见表 3-17。

表 3-17　有机茶园选用农药种类

农药类型		农药名称
微生物源农药	农用抗生素	浏阳霉素、华光霉素、春雷霉素、多抗霉素（多氧霉素）等
	活体微生物农药	白僵菌、苏云金杆菌、核型多角体病毒、颗粒体病毒、绿僵菌
动物源农药		性信息激素、互利素等
		寄生性、捕食性的天敌动物，如赤眼蜂、瓢虫、捕食螨、各类天敌及昆虫病原线虫等
植物源农药		除虫菊素、苦参素、苦参碱、鱼藤酮、植物油乳剂等
		印楝素、苦楝、川楝素等
矿物源农药		硫悬浮剂、可湿性硫、石硫合剂、机油乳剂等

5．鲜叶采摘

（1）鲜叶采摘应严格遵守安全间隔期规定。

（2）手工采茶宜采用提手采，保持芽叶完整、新鲜、匀净，不夹带鳞片、茶果与老枝叶。

（3）采用清洁、通风性良好的竹编网眼茶篮或篓筐盛装鲜叶，防止鲜叶不通风变坏。

（4）采茶机械应使用无铅汽油和机油，防止污染鲜叶、茶树和土壤。

6．鲜叶运输

（1）鲜叶应及时运抵茶叶初加工厂，运输过程中应采取有效措施防止变质和混入有毒、有害物质。

（2）盛装鲜叶的容器应采用通风、无毒、无味、易清洁的材料制作，相关材料应符合国家相关规定。

（3）运输鲜叶的车辆与工具应清洁、卫生、无异味，不能与有毒有害有异味及易污染的物品混装、混运。

7．检验与标识

（1）应定期对鲜叶的农药残留、重金属进行检测、监控。检测、监控工作可根据不同要求由种植者、茶叶加工企业分别进行，但应确保每年至少进行一次检测。

（2）采下的鲜叶应按茶园地块号进行标识，并制作质量（身份）保证卡，随运输车辆送往茶叶初加工企业。质量（身份）保证卡，上应标明茶园地块名称、采摘日期、采摘数量、采摘人等内容。

第二节 茶叶质量安全控制

一、危害源头

1．大 气

茶园空气环境标准状态下，总悬浮颗粒物、二氧化硫、二氧化氮分别不超过 0.30、0.15、0.10 mg/(m^3 · d)，氟化物不超过 7 μg/m^3 · d。而农村城镇化、产业化工化及农药不正常使用和汽车尾气等，已导致我国农村空气质量日趋下滑，C、N、S、F 等有毒氧化产物（主要有 CO、SO_2、NO、NO_2、HF 及 SiF_4 等）及 Pb 等重金属含量显著上升，已逐步成为影响农产品正常生长和人类食品健康的强有力挑战。

2．水 体

茶园灌溉水质量要求总砷、总汞、总镉、铬（六价）、总铅、氰化物、氯化物、氟化物、石油类分别不得超过 0.1、0.001、0.005、0.1、0.1、0.5、250、2.0、10.0 mg/L。而如今茶园植保和灌溉用水已逐渐被污染，企业化工和居民生活污水是最主要污染源头，其污染物主要包括有机氯、有机磷等高残剧毒农药，Pb、Hg、Zn 及 As 等重金属，大肠杆菌等微生物以及黄曲霉等生物毒素。

3．土 壤

茶园土壤质量要求镉、汞、砷、铅、铬、铜分别不超过 0.30、0.30、40、250、150、150 mg/kg，而土壤污染具有隐蔽性、滞后性、累积性、不可逆转性及难以治理性，对茶园的危害性更大，常见污染方式有：

（1）大气及水体的污染物，被茶园土壤所吸附沉积。

（2）安全不达标的肥料和非正确的施肥方式容易造成重金属、有机物、放射性元素及细菌等污染，从而在土壤中日益富集并逐步被茶树体所吸收。

4．生产环境和作业流程

在茶叶生产环节中，茶树育种、栽培、管理及茶叶加工等过程中，种植资源性能不达标、安全系数欠稳定和茶园管理材料（供水、肥料、农药等）不合格、操作规范不科学，以及生产设备陈旧、作业环境简陋和工艺流程不规范，均是茶园及茶叶污染的重要来源途径，导致茶叶中重金属和微生物含量的超标。

二、危害因子

为了防止茶叶农药残留、重金属、氟含量、残次物、粉尘、微生物及生物毒素等危害物超标，我国相关标准对茶园环境的空气、水体、土壤等，茶树育种过程中的种源、基质、辅材等，以及茶园管理过程中的水源、肥源、农资等进行了系列规定，旨在于规避茶叶生产过程中的大气、水体、土壤等危害源头。

1．农药残留

农药残留是指在茶叶中残留的微量农药污染，包括有机磷农药、拟除虫菊酯农药及其他农药等。农药残留仍是目前我国茶叶质量安全最重要的问题之一，GB2763—2012《食品中农药最大残留限量》等相关标准的涉茶部分，对茶叶中使用农药种类及其允许的最高残留限量均有严格的规定，并不断扩展茶叶农药残留项目检测范围。

常见茶叶农药残留超标来源：

（1）茶园环境中的空气、水体、土壤等含量超标；

（2）茶树育种过程中的种源、基质、辅材等含量超标；

（3）茶园管理过程中的水源、肥源、农资等含量超标。

2．重金属

重金属主要是指茶叶中的铅和稀土，稀土元素是镧系元素及其密切相关的钪和钇共 17 种元素，且在茶树体内有累积效应。重金属超标多数来源于茶园供肥，其中氨肥和钾肥较少，以磷肥居多；主要包括 Pb、Cu、Hg、Cr、Cd、Zn、Mn 及 As 等，其中 Cd 毒性最强，对人体伤害性也最大。Pb 主要来源于汽车尾气、尘土及加工过程中相关器械；Cu 主要来源于铜质揉捻机；多数重金属主要来源于冶炼、电镀、印染、油漆等化工废弃物，包括工厂生产过程中的废水、废气和产品使用后的废渣。GB2762—2012《食品中污染物限量》规定茶叶中的最高允许限量铅为 5 mg/kg，稀土为 2 mg/kg；长期的重金属超标会对人体的脑细胞、肝脏、视觉神经、骨骼及心血管等造成一定程度的危害，有的甚至会导致癌变。

常见茶叶重金属超标来源：

（1）茶园环境中的空气、水体、土壤等含量超标；

（2）茶树育种过程中的种源、基质、辅材等含量超标；

（3）茶园管理过程中的水源、肥源、农资等含量超标。

3．氟含量

茶树是典型的聚氟植物，随着茶树鲜叶成熟度的提高，叶片氟含量显著增加，其中老叶的氟含量常常达到 1000 mg/kg 以上。

氟对人体健康有双重性，适量的氟有益于健康，如牙膏中添加氟防止龋齿；但氟摄入过量则可中毒，如出现氟斑牙和氟骨症，导致人体骨骼密度过高、骨质变脆。不同国家对每天氟的摄入量有一定的标准，如美国规定为 1.5 ~ 4.0 mg/d，日本规定为 2.1 ~ 2.3 mg/d，WHO 规定为 2.5 ~ 4.0 mg/d，中国规定为 3.0 mg/d。而黑茶，特别是砖茶相对粗老，可导致氟含量超标，国家标准 GB19665 规定砖茶氟含量 MRLs 值为 300 mg/kg。

常见茶叶氟含量超标来源：

（1）茶园环境中的空气、水体、土壤等含量超标；

（2）茶树育种过程中的种源、基质、辅材等含量超标；

（3）茶园管理过程中的水源、肥源、农资等含量超标。

4．微生物及生物毒素

常见微生物及生物毒素包含大肠杆菌、沙门氏菌、志贺氏痢疾杆菌、肝炎病毒及黄曲霉毒素等，主要源于欠规范的生产工艺、不清洁的作业工具和缺乏卫生意识的生产操作人员，多发生于一些规模较小、生产机械化不高、自动化作业程度低的中小型作坊式加工厂。

常见茶叶微生物及生物毒素超标来源：

（1）茶叶生产环境中的空气、水源、辅料等含量超标；
（2）茶叶生产过程中不规范、不清洁；
（3）茶叶储藏环境不卫生。

5．残次物和粉尘等

茶中残次物为生产过程中夹带的茶类物质，主要包括茶树粗老部分及残老余片等，且其重金属、农药残留和微生物含量均偏高；茶叶中磁性物为金属类非茶类二次污染物，主要包括细铁丝、微小的铁钉和螺母以及碎铁屑等，已将其检测纳入茶叶质量检测标准并且制订了严格的限量指标。

常见茶叶残次物和粉尘等超标来源：
（1）茶叶生产环境中的空气、水源、辅料等含量超标；
（2）茶叶生产过程中不规范、不清洁。

6．其他类危害物

其他类危害物主要包括聚氯联苯（PCB）、聚氯二苯并二噁英（PCDD）、聚氯二苯并呋喃（PCDF）、二噁英、硝酸盐、亚硝酸盐等；此外，某些人体所需微量元素（如氟）超过一定限量后也会对人体产生一定的危害性。

常见茶叶其他类危害物超标来源：
（1）茶园环境中的空气、水体、土壤等含量超标；
（2）茶树育种过程中的种源、基质、辅材等含量超标；
（3）茶园管理过程中的水源、肥源、农资等含量超标；
（4）茶叶生产环境中的空气、水源、辅料等含量超标；
（5）茶叶生产过程中不规范、不清洁。

三、应对措施

（一）企业方面

1．加强产地环境监控，改善茶园生态环境

从茶园及周边环境的安全检测抓起，确保茶叶质量安全；一是无三废企业；二是生态环境良好，生物多样性丰富；三是茶园土壤的重金属、农药残留及基本理化性状符合相关要求，一般每2年检测一次。

2．加强生态防控技术，减少农药化肥使用

加强茶园生态环境建设、维持茶园生态平衡，提高茶树抗逆性；配合采摘、修剪和耕作等农业技术，采用茶尺蠖病毒、茶毛虫病毒、Bt制剂、苦参碱等生物农药，以及色板诱捕器和杀虫灯等机械物理措施，加强生态防控技术，减少化学农药使用；根据茶树营养特性和土壤养分现状，有针对性地施肥，且确保肥料的质量安全、施入量适度。

3．优化茶叶加工环境，实现清洁化生产

加大对茶叶加工厂的改造和升级，优化生产环境，合理布局厂房，及时更新设备，完善管理制度，培训从业人员，形成茶叶清洁生产的标准化、制度化，实现茶叶加工过程清洁化，确保茶叶产品质量安全。

4．企业狠抓质量关，全面提升茶产品质量

着力点于茶产品质量的提升，实现茶产业可持续发展。从源头搞好茶叶种植区域布局，明确各茶类的适应区，引导农民种植户科学发展；潜心研究市场，积极应对市场需求，通过规范栽培管理和加工技术，提高茶叶品质。加快绿色食品茶、有机茶的生产，严格按照国际通用的有机茶生产标准，全面加强茶叶的质量、安全、卫生管理，积极推广农业生物和物理防治病虫害技术，开展 HACCP 食品安全保证体系等建设。

5．坚持产学研一体化，提升茶叶品质

依托科研单位、大专院校等科技人员和企业技术力量，以龙头企业为重点，鼓励支持企业成立研发中心，努力提高行业整体创新实力。

（二）政府方面

1．建立茶叶质量安全法律法规体系，完善茶叶质量安全监管体系

健全的法律法规是确保茶叶品质安全的强有力保障，我国通过实施了《农产品质量安全法》《食品安全法》《食品中污染物限量》和《食品中农药最大残留限量》，对茶叶的农药残留、重金属及微生物等限量标准都做了相应规定。

通过设立茶企业质量档案，促使企业建立茶叶原料可追溯台账，按照制作工艺流程进行操作。督促企业在成品茶上市前主动将样品茶送质监、主管部门检验，张贴证明商标地理标志专用标识、SC 标志。规范茶叶生产、加工、销售各环节，确保产品质量；鼓励企业、茶农创建绿色食品茶、有机茶园基地，引导支持企业（茶叶加工作坊）开展申报 SC 认证。

2．强化茶叶质量安全危害评估体系和风险预警机制

完善茶叶质量安全危害评估体系和风险预警机制，可有效预测某一新产品或行为给市场即将带来的一系列正负面影响，避免一些不必要的损失，提升在行业中的竞争力。近年来因对茶叶磁性物和硫丹、三氯杀螨醇及八氯二丙醚等超标重视上的不足而造成的较大损失，就是一个典型的教训。加强对相关涉茶行业的一些新工艺、新产品的质量危害评估和风险预警，控制好各环节质量安全控制工作，适时关注国内外茶叶相关检测项目指标及限量调整动态，从而确保茶叶的生产、流通等环节中质量安全。

3．打造实施科技兴茶工程

通过对现有的茶科研机构、人力、物力资源进行有效的整合，突出茶叶科研机构、基地建设、茶叶科技人员的培训以及茶科技的推广和应用，以茶叶科技的推广和应用为纽带，构建茶叶科研体系。全面加大茶农及茶叶制作人员科技培训力度，强化科学种茶、制茶意识，提高茶园管理和茶叶制作水平。加强基地建设，鼓励以资金、技术入股等形式参与开发茶叶生产加工、茶文化旅游多功能于一体的茶叶研发基地，为茶叶科研提供支撑。

4．推广茶叶标准化示范园区建设

通过基地示范，树立样板，集中示范，增强科技显示度，具有辐射带动效应；加速成果推广转化进程，更好地发挥科技引领与带动作用，切实提高茶叶科技的贡献率。

02 实务篇

第四章 茶树育种质量安全评价实务

实验一 茶树一般形态特征观察

一、实验目的

（1）认识茶树树型、树姿等形态特征，观察茶树各器官植物学特征，比较各器官形态与茶树品种、年龄、环境等因素的关系。

（2）掌握叶片的外形及其特征对于研究其生育规律、生物学特征、识别真假茶叶。

二、实验原理

茶树品种不同，其树姿、树形、叶片等性状特征各异。

（1）树型：灌木型、半乔木型、乔木型；

（2）树姿：直立型（分枝角度<35°，近似直立，树冠紧凑）、披张型（分枝角度≥45°，枝条侧向伸展，树冠松散）、半披张型（35°<分枝角度<45°，树冠椭圆形）；

（3）叶片：锯齿、茸毛、叶尖、叶形、叶脉、叶片大小等。

三、实验材料与设备

1．实验材料

标本照片或幻灯片（各种鱼叶、鳞片、真叶及变态叶标本、不同树形茶树等），福鼎大白、云南大叶种两个品种茶树。

2．实验设备

卡尺、直尺、解剖针、手持放大镜。

四、实验方法

1．茶树树形树姿的观察

分别随机取福鼎大白、云南大叶种两个品种茶树 3 株，调查其树形和树姿，填入表 4-1。

2．茶树叶片的观察

调查福鼎大白、云南大叶种两个品种茶树的新鲜叶片，每个品种随机取 3 片叶，用放大镜观察锯齿着生情况、叶脉延伸情况、侧脉的分布状态、特征、数量等；另外取新鲜叶片 1 片，放置于 70 ~ 80 °C 的热水中浸泡 10 ~ 15 min，取出后用手斜撕，在撕口处留有白色的下表皮，用放大镜观察茸毛的着生状态。

将以上观察结果填入表 4-1。

五、结果分析

（1）完成表 4-1 并分析不同品种间的分类特征、不同茶树品种的生物适应性、生长发育状况等内容。

表 4-1　不同茶树品种树型及叶片形态观察表

项目	品种 1				品种 2			
	1	2	3	平均	1	2	3	平均
树形								
树姿								
叶长/cm								
叶宽/cm								
叶型								
茸毛								
叶脉对数								
叶形指数								
叶色								
叶缘								
叶尖形状								
叶基形状								
叶质								
锯齿								

六、注意事项

（1）随机选取；

（2）精确测定。

实验二　茶树根系观察

一、实验目的

了解茶树根系植物学特征，掌握其结构、形态等特征，比较茶树根系形态与茶树品种、年龄、环境等因素的关系。

二、实验原理

根是茶树的基本器官，吸收土壤中水分和无机盐，供给地上部分生长所需的养分，且因茶树品种、生长环境不同，其生物学特征各异。常用整体植物根系测定法和局部生长根系测定法。局部生长根系测定法，一般用一定体积土壤内根系重量，或一定土壤剖面上露出的根系数目来表示，凡吸收根系多而重者，生长发育良好。

三、实验材料与设备

1．实验材料

植株高度约 50 cm 的田间茶苗，福鼎大白、云南大叶种两个品种茶树。

2．实验设备

带盖子的铝盒、铁铲、托盘、直尺、剪刀、放大镜、小锄、铁锹、恒温干燥箱等。

四、实验方法

1．整体植物根系的观察

（1）取样：取具有代表性的茶树根系，根轴位于土段的中部，断面光滑，且垂直于地面。

注：若在野外，需要挖掘至少 1 m 才见其原状土。

（2）清洗。

① 土段土质为砂土或壤土：直接浸入水池中直到土壤水分饱和，约 12 h，晾干，备用；

② 土段土壤黏粒含量较高：于 100 °C 恒温干燥箱中烘干土段（整个），再浸入焦磷酸钠溶液，冲洗，晾干，备用；或土壤以水饱和，－25 °C 低温下冷冻，冲洗，晾干，备用。

（3）根系摄影及测定：于黑色背景上直接拍照；或根系放在水中自然伸展，摄影效果更佳；或先制成干根标本后再进行拍摄。

注：干根标本可测定其长度和分布形态，或测定和分部位测定用于干物重的量和体积。

2．局部生长根系的观察

选取三处具有代表性地段，离根颈 10 ~ 20 cm，量 30 cm^2，用小锄、手锹把根土分层取出，淘洗，晾干，于 105 °C 烘箱烘到恒重，再比较根重、各种根系比例和层次分布等。

注：根系测定次数与时期有关，一般一年可测定 1 ~ 2 次，即春季生长开始前或秋季生长结束后。

五、结果分析

（1）完成表 4-2 至表 4-4 鉴定不同茶树根系的生物学特征并分析不同茶树品种的分类特

征、不同茶树品种的生物适应性、生长发育状况等内容。

表 4-2　不同品种茶树根系长度特征记载表

采集地点：　　　　　　　　　　　　　　　　　　采集时间：

序号	品种名称	根系类型	第一剖面根系数目/个			第二剖面根系数目/个			第三剖面根系数目/个			剖面根系平均数目/个		
			上层	中层	下层	上层	中层	下层	上层	中层	下层	上层	中层	下层

表 4-3 不同品种茶树根系重量特征记载表

采集地点：　　　　　　　　　　　　　　　　　　采集时间：

序号	品种名称	根系类型	第一剖面根重/g			第二剖面根重/g			第三剖面根重/g			剖面平均根重/g		
			上层	中层	下层	上层	中层	下层	上层	中层	下层	上层	中层	下层

表 4-4 不同品种茶树根系类型特征记载表

采集地点：　　　　　　　　　　　　　　　　　　采集时间：

序号	品种名称	根系类型	第一剖面粗、细根/个			第二剖面粗、细根/个			第三剖面粗、细根/个			剖面平均粗、细根/个		
			上层	中层	下层	上层	中层	下层	上层	中层	下层	上层	中层	下层

注：粗根≥0.5 cm，细根<0.5 cm。

六、注意事项

（1）随机选取；

（2）精确测定。

实验三　茶树分枝习性观察

一、实验目的

了解茶树树冠形成的基本情况，为修剪、采摘提供依据。

二、实验原理

分枝是茶树有机体最基本的特征之一，其因茶树品种类型不同、分枝形式不同、自然生长状态下不同茶树年龄、采剪不同等，茶树分枝的长度、粗细、密度和角度等分枝特点各异。

三、实验材料与设备

1．实验材料

自然生长和栽培型茶树，福鼎大白、云南大叶种两个品种茶树。

2．实验设备

钢卷尺、测微尺、量角器等。

四、实验方法

1．茶树不同分枝形式及其特点观察

（1）单轴分枝：取自然生长幼年茶树或由根颈部抽出的徒长枝，观察主干、侧枝、主茎顶端继续不断向上生长的特点。

（2）合轴分枝：取成年期茶树枝条，观察主干顶端下面的腋芽代替顶芽继续生长，侧枝较好发育，树冠呈现的开张状态。

2．自然生长状态下不同年龄茶树的分枝形式的观察

取自然生长状态下不同年龄茶树，观察分枝层次、每层次枝条的粗细、长短和数目及第一层与最上面一层分枝的粗细、长短和数目的变化。

注：茶树每年积累一层分枝，8 年左右基本固定，不同年龄茶树的分枝层次、每层次枝条的粗细、长短和数目随着年龄而增长，皮色由青—红棕—灰褐的转变，皮孔增大而形似皱纹。

3．采剪对分枝的影响

取已经修剪与未修剪茶树各一株，观察采剪后茶树在分枝方式、粗细、长度及角度等方面的差异，并比较强壮生产枝与节结枝（鸡爪枝）的形态特征。

注：一般未经修剪的茶树分枝稀疏不壮、树冠凌乱、采摘面小；修剪过的茶树分枝多而粗壮，枝条粗度随着高度有节奏的逐渐变细、树冠大而浓密、采摘面大。

4．不同品种类型分枝特性观察

取乔木型、灌木型和小乔木型茶树品种各一个，比较各品种的分枝部位、数目、角度及分枝习性的差异，并将结果填入表 4-5 中。

五、结果分析

（1）完成表 4-5，分析不同茶树品种分枝特性，不同分枝形式的生物学特征、不同茶树

品种的生物适应性、生长发育状况等内容。

表 4-5　不同品种茶树分枝习性记载表

采集地点：　　　　　　　　　　　　　　　　　　　　　　　　　　采集时间：

品种	树高/cm	最底层分枝高度/cm	各层分枝情况											
			1			2			3			4		
			数目	直径	角度	数目	直径	角度	数目	直径	角度	数目	直径	角度

六、注意事项

（1）随机选取；

（2）精确测定。

实验四　茶树生殖器官形态观察

一、实验目的

了解主要茶树品种的花器官结构与开花结实习性，掌握调查茶花开放结实习性的方法。

二、实验原理

茶树花的性状主要受遗传因素控制，在种内或变种内较为稳定，但由于长期演化发生各种变化，造成花结构的多样性。茶树花属完全花、两性，由花托、花萼、花梗、花瓣、雄蕊和雌蕊组成，着生于茶树新梢叶腋间，单生或数朵丛生，花期在 9—12 月，其中 10—11 月为盛花期，长达 100 ~ 110 d，是进行有性杂交的器官，也是茶树分类学上的重要指标。

（1）花柄：花柄短，绿色，不同品种长短不一，一般为几毫米。

（2）花萼：位于花的最外层，有 5 ~ 7 片，呈覆瓦状叠合，绿色或绿褐色，近圆形，长 2 ~ 5 mm，基部广阔肥厚，光滑带革质，少数有毛。花受精后，萼片闭合包裹子房越冬，一直到果实成熟也不脱落，称“萼片宿存”。

（3）花冠：呈白色、乳白色、少数粉红色，由 5 ~ 9 片组成，也有多至 20 余片的，花冠上部分离而基部联合，与雄蕊外轮合生在一起。

（4）雄蕊：数目很多，一般在 200 ~ 300 枚，由花丝和花药组成，3 ~ 5 个花丝结合成组，花丝白色或粉红色，排列成数圈，花药由两个花粉囊构成，内含无数花粉粒。

（5）雌蕊：由子房、花柱和柱头组成。花柱顶部为柱头，自花柱 1/2 或 1/3 处分裂；因品种而异，有 2 ~ 6 裂，花柱基部膨大部分为子房，分 3 ~ 5 室，每室 4 个胚珠，子房上大都生茸毛，极少数无茸毛。

茶果是茶树种子繁殖的器官，为蒴果，直径一般为 1.3 ~ 1.7 cm，外表光滑呈绿色，成熟时为褐色；其形状与种子粒数有关，球形（1 粒）、肾形（2 粒）、三角形（3 粒）、方形（4 粒）、梅花形（5 粒）。种子由种皮和胚组成，棕褐色或黑褐色，有近球形、半球形和肾形。

三、实验材料与设备

1．实验材料

福鼎大白、云南大叶种两个品种茶树的花、果实。

2．实验设备

盖玻片、显微镜、载玻片、徒手切片设备、直尺、放大镜等。

四、实验方法

1．茶树花的观察

（1）随机分别选取 3 株福鼎大白、乌王种两个品种茶树，每个品种采 10 朵正常开放花朵，观察茶树花的形态结构，根据观察结果，画一朵完整的茶树花并注明主要部位。

（2）描述花冠颜色、外形、花萼颜色等，将观察结果填入表 4-6 中。

（3）测量花萼、花柱长度、花柄长短、花朵大小、雄蕊数量、花瓣、柱头分裂数、分裂长、雌雄蕊长度比值等，并将结果填入表 4-6 中。

2．茶树种子的观察

随机分别选取 3 株福鼎大白、乌王种两个品种茶树，每个品种采正常茶果 10 个，观察其形状、颜色，然后拨开果皮观察每果的种子数及其颜色、形状、大小等，将结果填入表 4-6 中。

五、结果分析

（1）根据观察结果，填写表 4-6：

表 4-6　不同茶树品种花果形状调查表

品种		品种 1			品种 2		
编号		1	2	…	1	2	…
花冠大小/cm							
花色							
花梗长度/cm							
萼片	片数						
	颜色						
	是否有茸毛						

续表

品种		品种1			品种2		
编号		1	2	…	1	2	…
雌蕊	花柱长						
	分叉数						
	分叉部位						
雄蕊数							
子房是否有茸毛							
♀/♂比值							
茶果形状							
种子形状							
种子颜色							
种子大小							

（2）不同茶树品种花果形态比较

根据表4-6，比较福鼎大白、鸟王种两个品种茶树花器官结构的差别。

六、注意事项

（1）以上各项调查如受条件限制，根据各地品种、气候等因素选择在开花盛期进行，茶树花的观察以及果实成熟期在10月中下旬至12月中下旬。

（2）部分调查项目必须连续进行，应严格按规定时间调查，以便于分析比较。

实验五　中国茶树优良品种的识别

一、实验目的

了解主要品种的优良性状，掌握识别品种主要特征的方法。

二、实验原理

茶树品种的经济性状和性状特征，一般通过植株形态、分枝状况、芽叶特点、适制性能、产量情况和生物学特性等表现，可利用记数、称重、化学分析等方法进行区分。

三、实验材料与设备

1．实验材料

根据各地实际情况，选用当地主要良种5～10个，如福鼎大白茶、福云6号以及黔眉系列等。

2．实验设备

相机、卷尺、放大镜、记录本、铅笔、调查表、天平、镊子、计算器。

四、实验方法

每 3 人一组，选取各品种 5 株有代表性的茶树进行观察，填写表 4-7、表 4-8。

五、结果分析

（1）填写调查表（表 4-7）。

表 4-7　茶树优良品种主要性状调查表

品种名称	品种来源	育成方式	繁殖方式	树形	树姿	分枝密度	生长势	萌发期	抗寒性	抗旱性	抗病性	抗虫性	产量	适制性	备注

（2）比较各品种主要性状的异同点及判断良种的主要指标（表 4-8）。

表 4-8　茶树优良品种主要性状的异同点及判断良种的主要指标

品种名称	嫩梢						定型叶片						
	发芽密度(个/0.5 m^2)	一芽三叶长/cm	一芽三叶重/g	持嫩性	嫩叶色泽	芽茸	叶长/cm	叶宽/cm	叶面积/cm^2	叶片大小	叶形	叶片着生状	叶面特征

六、注意事项

（1）因条件限制，以上各项调查可选择进行。

（2）部分调查项目必须连续进行，应严格按规定时间调查，以便于分析比较。

（3）调查的各指标时所选取的对象应具有代表性。

（4）每个指标至少测量 5 次。

实验六　茶树单株选择技术

一、实验目的

理解氯仿发酵原理及方法，掌握选择茶树优良单株的方法。

二、实验原理

单株选择法又称为系统选择法，即从茶树原始群体中选择出性状优异、具有育种潜力的单株，经鉴定扩繁等成为茶树良种。茶树的产量、品质和抗逆性，是茶树各种性状和特性综合作用的结果，存在不同程度的相关性。根据相关程度拟定出各主要性状的评分标准，逐项评定总分超过标准品种或满60分以上者，可列为初选单株。

鲜叶中多酚类存在于液泡中，多酚氧化酶存在于原生质的叶绿体内，两者由细胞膜相隔，正常情况不会发生生化反应；利用三氯甲烷（氯仿）熏蒸一、二片嫩叶，氯仿分子进入茶叶内后，使细胞膜变性，多酚类从液泡内扩散到原生质，与多酚氧化酶接触，产生氧化作用；茶树鲜叶发酵性能与红茶品质密切相关，可依据鲜叶变色深浅和速度来确定其发酵性能。

三、实验材料与设备

1. 实验材料

供选择的原始材料要求是青壮年茶树，或台刈后1～2年的茶树，或在幼年茶园或种质苗圃中选取成年茶树。

2. 实验设备

钢卷尺、记录本、放大镜、铅笔、恒温培养箱、天平、脱脂棉花、具塞玻璃试管、标签、白瓷盘等。

四、实验方法

1. 单株选取

（1）根据茶树综合性状逐株进行筛选，并选出茶园优良单株约10株；同时，选取同龄标准品种一株作为对照，并按茶树单株选择评分试行标准（适制红茶）进行评分（详见表4-9），每个指标重复5次。

（2）对初步入选单株，逐项调查有关性状，填写优良单株性状调查表（详见表4-10），并按表4-9进行评分，每个指标重复5次。

表4-9　茶树单株选择评分试行标准（适制红茶）

行株编号：

单株编号：

调查项目			评分标准		
植株性状	树高	性状表现/cm	>100	60～100	<60
		评分	3	2	1
	树幅	性状表现/cm	>120	80～120	<80
		评分	5	4	3
	树姿	性状表现/cm	半开展	开展	直立
		评分	3	2	1

续表

调查项目			评分标准		
新梢性状	新梢长度	性状表现/cm	>20	10～20	<10
		评分	6～8	3～5	1～2
	着叶数	性状表现	>7	4～7	<4
		评分	3	2	1
	叶片着生状	性状表现	上斜	半上斜	水平或下垂
		评分	3	2	1
定形叶片性状	叶片大小	性状表现/cm	>25	20～25	<20
		评分	6～8	3～5	1～2
	叶片颜色	性状表现	黄绿、淡绿	绿	深绿、紫绿
		评分	3	2	1
	叶片质地	性状表现	柔软	一般	硬脆
		评分	6～8	3～5	1～2
	光泽性	性状表现	强	一般	弱
		评分	3	2	1
	叶面隆起性	性状表现	隆起	微隆起	平
		评分	3	2	1
芽	密度	性状表现	密	中	稀
		评分	10～12	6～10	4～5
	茸毛	性状表现	多	中	少
		评分	6～8	3～5	1～2
	色泽	性状表现	黄绿、淡绿	绿	紫绿
		评分	3	2	1
	1/3*长	性状表现/cm	>10	5～10	<5
		评分	5	4	3
	1/3*重	性状表现/g	>1.0	0.5～1.0	<0.5
		评分	5	4	3
	发酵性	性状表现	棕红	棕黄	黄绿
		评分	8～10	6～8	3～5
抗逆性	抗虫性	性状表现	强	中	弱
		评分	3	2	1
	抗病性	性状表现	强	中	弱
		评分	3	2	1
	抗寒性	性状表现	强	中	弱
		评分	3	2	1

表 4-10　优良单株性状调查表

行株编号：

单株编号：

调查项目							
植株性状	树高	性状表现/cm					
		评分					
	树幅	性状表现/cm					
		评分					
	树姿	性状表现/cm					
		评分					
新梢性状	新梢长度	性状表现/cm					
		评分					
	着叶数	性状表现					
		评分					
	叶片着生状	性状表现					
		评分					
定形叶片性状	叶片大小	性状表现/cm					
		评分					
	叶片颜色	性状表现					
		评分					
	叶片质地	性状表现					
		评分					
	光泽性	性状表现					
		评分					
	叶面隆起性	性状表现					
		评分					
芽	密度	性状表现					
		评分					
	茸毛	性状表现					
		评分					
	色泽	性状表现					
		评分					

续表

调查项目							
芽	1/3*长	性状表现/cm					
		评分					
	1/3*重	性状表现/g					
		评分					
	发酵性	性状表现					
		评分					
抗逆性	抗虫性	性状表现					
		评分					
	抗病性	性状表现					
		评分					
	抗寒性	性状表现					
		评分					

2．发酵性能鉴别

（1）取具塞试管（根据入选单株数量确定），管底放入一小团脱脂棉，并滴氯仿 10 滴（相当于 0.4 mL），立即加塞静置 5 min，使管内充满氯仿蒸气。

（2）采下各入选单株一芽二叶，取第一叶（即顶芽下第一叶）投入试管内，立即加塞横放在白色瓷盘内，静置于 30 ~ 35 °C 恒温培养箱中，30 ~ 60 min 后，观察叶色变化情况，并按氯仿发酵性能分级标准（表 4-11）评定级别，每个单株重复 3 次。

表 4-11　氯仿发酵性能分级标准

级别	叶色变化情况
一级	发酵性能好；叶色棕红；均匀明亮；变色速度快
二级	发酵性能中；叶色棕黄；叶背变色较好；叶面呈棕色或棕绿色
三级	发酵性能差；叶色黄绿；变色速度慢

五、结果分析

计算各初步入选单株总分，将超过标准品种或 60 分以上的植株列为初选单株，进行挂牌标记，便于进一步观察鉴定。

六、注意事项

（1）因限于季节和实验时间，无法对各种特征进行全面调查，故评定分数仅作为参考，在实际生产过程中，应根据不同季节进行多次评选。

（2）关于评分标准，应根据原始材料的具体情况加以拟订，每一性状的给分标准，取决于该性状对茶叶产量、品质的影响程度。

（3）各项数据的样本大小及选择单株时的边缘效应。

实验七　茶树种质资源调查、收集、保存

一、实验目的

学习和掌握茶树品种性状调查项目及测量标准，初步了解优良品种的性状特征。

二、实验原理

根据茶树来源、繁育方法，将品种分类为地方品种、群体品种、育成品种（有性繁殖品种和无性繁殖品种），且每一品种都具有一定的形态特征和一定的经济性状；形态特征是认识品种的基础，经济性状是在生产上应用时选择的条件。

三、实验材料与设备

1．实验材料

福鼎大白茶和云南大叶种。

2．实验设备

卷尺、放大镜、螺旋测微尺、粗天平、计算器。

四、实验方法

在茶树种质资源圃中，随机调查福鼎大白茶和云南大叶种两个品种各 5 株，逐一如实填写表 4-12、表 4-13。

五、结果分析

表 4-12　茶树优良品种主要性状调查表

品种	项目										
	来源	树型	树冠	树龄	分枝密度	生长势	萌发期	抗寒性	抗病性	抗虫性	产量/kg	适制性

续表

品种	项目											
	嫩梢						成熟叶					
	发芽密度	一芽三叶长/cm	一芽三叶重/g	持嫩性	嫩叶色泽	茸毛	叶长/cm	叶宽/cm	长宽比	叶面积/cm^2	叶片大小	叶面

表 4-13　茶树种质资源调查表

种质名称和俗名		调查编号	
产原地	省（区）　县（市）　乡（镇）　村　组		
海拔/m		经纬度	
土壤		植被	
种质类型	遗传材料 品系 选育品种 地方品种 引进品种 野生 近缘植物 其他		
繁殖方式	无性繁殖　种子繁殖	分布密度	
树型	灌木　小乔木　乔木	树姿	直立　半披张　披张
树高/m		树幅/m	
基部干径/m		胸部干经/m	
叶长/cm		叶宽/cm	
叶面积		叶片大小	小　中　大　特大
叶形	近圆 卵圆 椭圆 长椭圆 披针形		
叶色	黄绿 浅绿 绿 深绿	叶质	柔软　中　硬
叶身	内折　平　背卷	叶面	平　微隆　隆起
叶基	楔形　近圆形	叶尖	急尖　渐尖　钝尖　圆尖
叶缘	平 微波 波	锯齿	浅　深　密　疏　锐　钝
芽叶色泽	玉白 黄绿 浅绿 绿 紫绿 红 紫红		
芽叶茸毛	无 少 中 多 特多	发芽密度	稀 中 密
一芽一叶期	月　日	一芽二叶期	月　日
一芽三叶期	月　日		月　日
一芽三叶百芽重/g		花柱开裂数	2～5 裂　5 裂以上
花冠直径/cm		花白色泽	白　微绿　浅红
花瓣长、宽/cm		花瓣数	
果实大小（直径、果高）/cm		果实性状	球形　肾形　三角形　四方形　梅花形
种子直径/cm		种子性状	球形 半球形 锥形等
种皮色泽	棕色　棕褐色　褐色	百粒重/g	
病虫害		抗寒、耐旱	
采集活体种类	穗条 种子 苗	采集人	
采集日期		调查人	
调查日期		天气	晴　阴　雨

六、注意事项

（1）所有调查项目可分次完成，且根据指标决定调查时间；
（2）观测叶片时，应采取当年生定型叶片 10 片以上；
（3）观察芽叶时，应随机观察 10 个以上一芽二叶。

实验八　茶树标本的采集与制作

一、实验目的

（1）掌握蜡叶标本的采集、压制及整理和消毒技术。
（2）学习植物保色浸渍标本制作法。

二、实验原理

1．蜡叶标本

蜡叶标本，即直接压制后的干标本，压制好的标本经消毒可长期保存。

注：一般每标本采集 3 ~ 5 个，且有代表性的完整标本，不足 40 cm 的整株挖取，高大茶树则分段采集（每段长度不超过 35 cm）；采集时间根据具体需求进行，花果为 10—12 月、花蕾为 7—10 月，而芽叶枝条随时可取。

2．浸渍标本

浸渍标本是指用于需保持芽叶的鲜活状态或无法压制的果实等，常用一些化学药品进行浸渍而成的标本。

根据具体目的，选择不同药品进行浸渍：
（1）为保绿，常用硫酸铜、醋酸铜溶液；
（2）为防腐，常用甲醛、亚硫酸、酒精等；
（3）若花果为黄色，可选用甲醛、甘油、氯化锌等。

三、实验材料与设备

1．实验材料

福鼎大白茶树品种。

2．实验试剂

0.3%升汞（氯化汞）胶水或胶水、硫酸铜、石蜡、亚硫酸、蒸馏水或高纯水、无水乙醇。

3．实验设备

标本夹、枝剪、透明硫酸纸或薄膜、标本纸或吸水纸、铅笔、标签、标本瓶、采集箱、台纸、解剖刀或针线、量筒、烧杯、小纸袋等。

四、实验方法

1．蜡叶标本

（1）标本采集。

分别采取有代表性的、完整健康的福鼎大白茶树品种枝条 2 枝或花果 2 颗，挂上标签，并注明茶树品种、采集时间、采集人及采集地点。

注：若采集样品多或离驻地远，可放入采集箱带回。

（2）标本的压制和整理。

每两个样本之间放置 2 ~ 3 层标本纸，所有采集样本在标本夹中全部整齐地放置好后，用绳索把标本夹捆紧捆平，置于通风处吸水干燥。

注：一般 2 周内即可完全干燥，但刚压标本需每天更换干燥的标本纸 1 ~ 2 次，随后隔 1 ~ 3 d 更换一次。

（3）标本消毒。

将（2）制备的标本反面向上平放于吸水纸，用毛笔均匀涂抹 0.3%升汞乙醇溶液，待渗透标本即可盖上吸水纸，置于阳光下暴晒 10 ~ 15 min。

注：对于花果等重要部分，需多涂抹几次。

（4）标本上台纸。

将（3）制备的标本取出置于台纸适中位置，利用白纱线在标本相应的地方缠绕后穿到台纸背面打结。

注：台纸右下角预留为标签贴放处（一般大小为 8 cm × 2 cm）

（5）保存。

对于长期保存的标本，需在标本上面覆一层透明硫酸纸或薄膜，有利于防尘和减少磨损。

2．浸渍标本

（1）配制浸渍液

① 浸渍液 A：硫酸铜 85 g、亚硫酸 28.4 mL，蒸馏水或高纯水 2485 mL；

② 浸渍液 B：亚硫酸 284 mL，蒸馏水或高纯水 3785 mL。

（2）标本采集。

同蜡叶标本采集。

注：若外出采集，则需提前配制浸渍液。

（3）浸渍。

采集的材料全部浸于浸渍液 A 中，静置 3 周后转浸于浸渍液 B。

（4）保存。

把标本容器装满浸渍液，用石蜡密封，即可长期保持标本原有的色泽和状态。

五、结果分析

（1）将福鼎大白茶树品种，分别制作 1 份蜡叶标本和 1 瓶浸渍标本，并如实填写表 4-14。

表 4-14　茶树标本的标签

标本号：	鉴定人：
采集号：	海拔：
标本名称：	采集日期：
种名：	馆藏单位：
采集人：	对应的资源考察调查记录表编号：

（2）根据福鼎大白的蜡叶标本与浸渍标本特点，比较两者的优缺点。

六、注意事项

（1）压制蜡叶标本时，叶片需要整平，不要重叠；并把 1 ~ 2 片叶背朝上，便于叶背特征观察；花可以纵切后平压，或花托朝上平压。

（2）换纸时要小心，避免损坏标本。

（3）涂抹消毒液时，需边涂边盖吸水纸，防止药液蒸发。

（4）暴晒时，防止标本被风吹坏。

（5）用过的标本纸可晾干后继续使用。

实验九　茶树花粉的采集、保存及生活力测定

一、实验目的

掌握花粉生活力的测定方法，了解不同品种花粉生活力差别，提前判断杂交效果及杂交结实率。

二、实验原理

常用于测定花粉生活力的方法有发芽法和染色法两种。

（1）发芽法是把花粉接种在培养基上，置于适宜温度下培养使其发芽。

（2）染色法是把指示剂加入花粉，具有生命力的花粉呼吸作用产生的氢或氧与指示剂发生显色反应，色深、变色快则表示生命力强。常用指示剂为 2,3,5-氯化三苯基四氮唑（TTC），其氧化状态是无色的，被氢还原时成红色的 TTF。

三、实验材料与设备

1．实验材料

福鼎大白、云南大叶种两个品种茶树的花粉。

2．实验试剂

（1）琼脂固体培养基：称取 1.2 g 琼脂、8 g 蔗糖和 3 mg 硼酸，定容至 100 mL，并调节 pH 为 5.5。

（2）2,3,5-氯化三苯基四氮唑：用 0.2 mol/L 磷酸缓冲液（pH 7.2）加入一定量的蔗糖溶液（参考该种植物花粉离体萌发培养基浓度），配制成 1%红四氮唑溶液。

3．实验设备

培养皿、显微镜、镊子、滴瓶、载玻片、显微测微尺等。

四、实验方法

1．花粉收集

收集福鼎大白、云南大叶种两个品种茶树含苞待放茶花，分别置于培养皿中，每品种采 10 ~ 20 朵花；晾至开花散粉时，用手指轻轻将花粉敲下或用毛笔将花粉刷下即可。

注：一般提前 1 d 进行花粉收集，若需短时保存，应将花粉放入干燥器中，置于低温条件下保存。

2．花粉生活力测定

（1）发芽法。

① 倒平板：在无菌条件下，于培养皿（9 cm）中加入 20 mL 琼脂固体培养液，琼脂凝固后，备用。

② 用毛笔在盖玻片（18 mm×18 mm）均匀涂上一层花粉，倒扣于培养基上，每皿 6 片，再盖一湿滤纸（直径 9 cm）；于 25 °C 恒温培养箱中培养 20 h 后，置于显微镜下选择 3 个具有代表性的视野观察花粉发芽数量；同时，利用显微测微尺测定花粉管长度。

（2）氯化三苯基四氮唑法（TTC 法）。

用毛笔将花粉均匀涂抹于载玻片上，加 1 ~ 2 滴 TTC 溶液，盖上盖玻片置于 35 °C 恒温箱中培养 15 min，于低倍显微镜下观察；花粉被染为红色的活力强，淡红的次之，无色则表示花粉无活力或不育。

五、结果分析

（1）根据花粉发芽数量，计算福鼎大白、云南大叶种两个品种茶树的花粉发芽率；结合花粉管长度，比较两个品种的花粉生活力。

（2）根据花粉被染色情况，判断福鼎大白、云南大叶种两个品种茶树的花粉生活力。

（3）比较发芽法和染色法评判茶树的花粉生活力的优缺点。

六、注意事项

（1）TTC 溶液现用现配，否则应装入棕色瓶置于阴凉黑暗处，若溶液变红则表示已变质。

（2）染色温度一般为 25 ~ 35 °C。

实验十　茶树种子生活力快速测定

一、实验目的

（1）了解种子活力的基本概念，掌握快速测定种子活力的方法。

（2）熟悉氯化三苯基四氮唑（TTC）法及红墨水法测定种子活力的方法及其计算。

二、实验原理

一般通过测定种子的发芽率，间接判断种子生活力，常见的方法有 TTC 测定法、红墨水染色测定法。

1．TTC 测定法

无色的 2,3,5-三苯基氯化四唑（2,3,5-triphenyl tetrazolium chloride，TTC）会被氢还原为红色、不溶性的 TTF（反应方程式如下）有生活力的种子进行呼吸代谢产生氢，TTC 被还原为 TTF 使种子胚染色，可根据染色的部位以及染色的深浅程度来判定种子的生活力。

2[H]　　+ HCl

TTC（无色）　　TTF（红色）

注：种胚生活力衰退或部分丧失生活力，则染色较浅或局部被染色。

2．红墨水染色测定法

生活力的种子胚细胞的原生质具有半透性，可选择吸收外界物质的能力；把种子浸入红墨水，若种子失去活性，染料进入细胞内使胚部染色，可根据色泽深浅、变色快慢来判断种子的生活力。

三、实验材料与设备

1．实验材料

福鼎大白、云南大叶种两个品种茶树种子

2．实验试剂

3% TTC 溶液、0.1% BTB 溶液、1% BTB 琼脂凝胶、红墨水 5%。

3．实验设备

电热恒温培养箱、培养皿、镊子、单面刀片、垫板（切种子用）、烧杯、棕色试剂瓶、解剖针、搪瓷盘、pH 试纸等。

四、实验方法

1．TTC 测定法

（1）将茶树新种子、陈种子或死种子，用温水（30 °C）浸泡 2 ~ 6 h，使种子充分吸胀。

（2）随机取种子 2 份，每份 100 粒，沿种胚中央准确切开，取每粒种子的一半备用。

（3）把切好的种子分别放在培养皿中，加 TTC 溶液，以浸没种子为度。

（4）放入 30 ~ 35 °C 的恒温箱内保温 30 min。也可在 20 °C 左右的室温下放置 40 ~ 60 min。

（5）保温后，倾出药液，用自来水冲洗 2 ~ 3 次，立即观察种胚着色情况，判断种子有无生活力。

2．红墨水染色测定法

（1）浸种：取不同种子，一部分用沸水煮 5 ~ 10 min，作为死种子，另一部分用凉水浸泡一昼夜，吸胀备用。

（2）染色：取已吸胀种子 100 粒，用 5%红墨水染色。

（3）结果观察：经过 5 ~ 8 min，倒出红墨水，多次用清水清洗后观察胚的颜色，凡是胚部不着色的为生活良好的种子，有略带红色的说明生活力较弱，都染红的说明无生活力。

五、结果分析

根据实验数据，采用以下公式计算福鼎大白、云南大叶种两个品种茶树种子活力：

种子活力（%）=胚不着色的种子数或有活力的种子/供试种子×100%

六、注意事项

（1）TTC 溶液最好现用现配，如需贮藏则应贮于棕色瓶中，放在阴凉黑暗处，如溶液变红则不可再用。

（2）染色温度一般以 25 ~ 35 °C 为宜。

（3）判断有生活力的种子应具备的特征：胚发育良好、完整、整个胚染成鲜红色；子叶允许有小部分坏死，但其部位不是胚中轴和子叶连接处；胚根尖虽有小部分坏死，但其他部位完好。

（4）判断无生活力的种子应具备的特征：胚全部或大部分不染色；胚根不染色部分不限于根尖；子叶不染色或丧失机能的组织超过 1/2；胚染成很淡的紫红色或淡灰红色；子叶与胚中轴的连接处或在胚根上有坏死的部分；胚根受伤以及发育不良的未成熟的种子。

（5）对于不同作物种子生活力的测定，所需试剂浓度、浸泡时间、染色时间不同。

实验十一　茶树组织培养方法

一、实验目的

掌握植物组织培养的原理，熟悉组织培养操作方法。

二、实验原理

细胞全能性，即每一个细胞（除生殖细胞）均包含有整套的遗传物质，在一定条件下，具有通过分裂增殖、分化，形成一个新的完整个体的能力。一般细胞分化程度越高，脱分化和再分化的能力越弱；通过调整外源激素水平控制基因开闭，使已分化的细胞和组织重新获得分裂能力，进而再分化成新植株。

三、实验材料与设备

1．实验材料

外植体：福鼎大白、龙井 43 两种茶树品种茎尖若干。

2．实验试剂

MS 培养基、赤霉素、细胞分裂素、生长素、蔗糖、琼脂、维生素、升汞、吐温 80、无菌水、1 mol/L NaOH、1 mol/L HCL 等。

3．实验设备

无菌操作台、剪刀、烧杯、镊子、无菌瓶、无菌盘、臭氧发射器、酒精灯等。

四、实验方法

1．培养基制备（表 4-15）

（1）愈伤培养基配方为：1/2 MS+2 mg/L 2,4-D +1.5 mg/L KT+30 g/L 蔗糖+7.5 g/L 琼脂（pH 5.8）；

（2）芽分化培养基配方为：1/2MS+3 mg/L BAP +1 mg/L IAA+30 g/L 蔗糖+7.5 g/L 琼脂（pH 5.8）。

注：诱导愈伤的培养基需要较高的生长素（2,4-D）比例，而诱导芽再生和芽分化的培养基需要较高的细胞分裂素或激动素（如 BAP、GA 等）比例。

表 4-15 MS 培养基配方表

大量元素	浓度/ $mg \cdot L^{-1}$	微量元素	浓度/ $mg \cdot L^{-1}$	有机物质	浓度/ $mg \cdot L^{-1}$
NH_4NO_3	1900	KI	0.83	肌醇	100
KNO_3	1650	H_3BO_3	0.83	烟酸	0.5
$CaCl_2 \cdot 2H_2O$	1900	$MnSO_4 \cdot 4H_2O$	6.2	盐酸吡哆醇	0.5
$MgSO_4 \cdot 7H_2O$	440	$ZnSO_4 \cdot 7H_2O$	22.3	盐酸硫胺素	0.1
KH_2PO_4	370	$Na_2MoO_4 \cdot 2H_2O$	8.6	甘氨酸	2.0
		$CuSO_4 \cdot 5H_2O$	0.025	蔗糖	30 g/L
		$CoCl_2 \cdot 6H_2O$	0.025	琼脂	7 g/L
		Na_2EDTA	37.25		
		$FeSO_4 \cdot 7H_2O$	27.85		

2．培养基灭菌

将配置好的培养基分装到三角瓶中，于 121 °C 高压锅中灭菌 30 min。

3．外植体灭菌和接种

（1）将福鼎大白、龙井 43 两种茶树品种茎尖分别切成带芽的茎段，放入加有少量洗洁精的三角瓶中，转子搅拌 30 min；

（2）取出外植体，用大量水冲洗，再加入 5%次氯酸钠浸泡 20 min；

（3）取出外植体，用无菌水冲洗 3 次以上，再加入 70%乙醇灭菌 20 s，并加速将其取出用无菌水冲洗 2～3 次，备用；

（4）镊子夹取外植体，再用无菌滤纸吸干，并适当切去破裂部分后，插到培养基；每个品种接种 10 瓶，每瓶 10 段，标号待培养。

注：若外植体为无菌苗，可直接将其切分后接种。

4．培　养

（1）25 °C 恒温培养箱，光照条件为 12 h 光照/12 h 黑暗；

（2）7～10 d 后，可观察到外植体的生长；视培养基干燥程度和外植体生长情况，每 30～40 d 更换 1 次培养基进行继代培养。

注意：制作人工种子时，可适当降低温度，有利于胚状体休眠。

五、结果分析

根据两个品种的发芽或生根数量，进行方差分析，计算各种品种的发芽率或生根率及其差异显著性。

注：采用 SAS 9.2 软件对数据进行统计分析，所有数据均以 $\bar{x}\pm$std 表示，$P>0.05$ 表示差异不显著，$0.01<P<0.05$ 表示差异显著，$P<0.01$ 表示差异极其显著；Origin9.0 软件作图。

六、注意事项

（1）在操作过程中，所有物品均需灭菌；

（2）熟练掌握操作技巧，保证操作过程快速完成；

（3）若培养瓶内部分外植体已有菌污染，可将未染菌的部分转接。

实验十二　茶树诱变育种技术

一、实验目的

熟悉茶树诱变育种的原理，掌握茶树诱变育种的方法。

二、实验原理

用物理、化学因素诱导动植物的遗传特性发生变异，再从变异群体中选择符合人们某种要求的单株/个体，进而培育成新的品种或种质的育种方法。

三、实验材料与设备

1．实验材料

福鼎大白、云南大叶种两个品种茶树的茶籽或插穗。

2．实验设备

CT、核磁、放疗设备、X 光等设备。

四、实验方法

1．辐照处理

种子辐照剂量 0、9.3、18.6、27.9、37.2 和 55.9 Gy，剂量率为 0.56 Gy/min，各处理均为 50 粒茶籽，重复 2 次，辐射后立即播种；

插穗辐照剂量为 0、5.7、9.5、13.3、17.1、20.9、28.5 Gy，剂量率为 0、0.29、0.57、0.86、1.14、1.43 Gy/min，各处理插穗为 60 株，重复 5 次，辐照后立即扦插。

辐照后的茶籽和插穗均于当年年底调查成株率，苗高、叶片和根系生长情况。

2．理化复合处理

将茶籽先进行辐照处理（辐射条件同 1），分别浸泡于浓度为 0、0.2%和 1.0%的 DES 和 EMS 水溶液中处理 24 h 和 48 h，再取出用流水冲洗干净后立即播种，各处理均为 50 粒茶籽，重复 2 次。

处理后于当年年底调查成株率，苗高、叶片和根系生长情况。

3．生理、生化测定

（1）叶片自由基含量采用 ESR 法测定；

（2）超氧物歧化酶活性采用极谱氧电极法测定；

（3）其他生理、生化项目，参考《茶叶生理生化实验手册》。

五、结果分析

（1）根据突变数量，计算福鼎大白、云南大叶种两个品种茶树的突变率；

（2）比较福鼎大白、云南大叶种两个品种茶树的突变率大小。

六、注意事项

操作过程注意防辐射，严格按照操作步骤。

实验十三　茶树嫁接繁育技术

一、实验目的

了解茶树嫁接的原理及其影响因素，掌握茶树嫁接的基本技术。

二、实验原理

茶树嫁接依靠接穗与砧木形成层分生细胞组织的亲和力和愈合共生作用,形成新的植株；把优良性状母树的枝芽（接穗），接到另一植株（砧木）上，使该植株（砧木）具有母树植株的形态及性状，常用于低产或有性繁殖茶园改造。

三、实验材料与设备

1．实验材料

福鼎大白、乌王种两个品种茶树，优良性状母树的枝芽。

2．实验设备

枝剪、手锯、竹片、嫁接穗、嫁接刀、专用嫁接膜或保鲜膜、白色透明塑料袋等。

四、实验方法

1．接穗选取

接穗与插穗类似，接穗基部要求两个向内斜面楔形、内薄外厚不平衡对称。

2．砧木处理

选取长势一致的福鼎大白、乌王种两个品种茶树各 10 株，将茶树地上部分离地 5 ~ 10 cm 去除，沿砧木切面中心垂直下劈形成两道切缝，要求切缝长于接穗削面、外侧楔形槽，切面略斜面状。

注：若砧木较大，可横竖十字交叉切下两刀。

3．嫁　接

用扁平竹签插入切缝中间，使切缝张开；将接穗薄侧向内、厚侧向外，分别嵌入福鼎大白、乌王种两个品种茶树楔形槽，使接穗外侧与砧木外侧的形成层对齐，取出竹夹夹紧接穗。

注：嫁接避开烈日、高温、浓雾、强风等天气，以及雨后土壤水分过多等环境。

4．固　定

接穗与砧木交接处用嫁接膜或保鲜膜扎紧，再罩上透明塑料袋套保湿。

注：可用培土袋扎紧。

5．嫁接后初期管理

（1）补接：嫁接约 15 d 后，检查接穗成活情况；若有变黄叶片脱落，应重新嫁接。

（2）拆袋：嫁接约 25 d 后，新梢萌发伸长至袋顶，及时在袋顶开洞，让新梢自然破袋生长；待新梢老熟后拆袋，并视接口愈合情况，适时拆除罩袋。

（3）除芽：及时除去砧木面上萌发的不定芽。

注：一般在嫁接新梢旺盛生长后，不定芽较少。

（4）水分：高温干旱时，注意淋水，保持土壤水分。

（5）施肥：嫁接后，第一次新梢停止生长前不需要施肥，至新梢树冠定型前仍以多施薄施有机肥为主。

（6）护梢：罩袋拆除后，常在每个新梢旁边用小绳捆上全枝固定新梢。

五、结果分析

根据福鼎大白、乌王种两个品种茶树的嫁接成活数量，比较两者的成活率。

六、注意事项

（1）茶树嫁接方式有劈接、切接、插皮接、芽接等方式，其中劈接接缝紧密，有利于愈伤组织形成，因而成活率较高。

（2）原则上一年各季均可进行嫁接，但以夏、秋为佳，不仅接穗来源多，而且伤口愈合快，新梢萌发快。

（3）技术要求“大、准、快、平、紧”，“大”即砧木与接穗间形成层接触面大；“准”即砧木与接穗形成层对准接触，“快”即嫁接中各环节要快，“平”即接口削面切削平滑，“紧”即接口要接紧或绑紧。

实验十四　茶树扦插繁育技术

一、实验目的

熟悉茶树短穗扦插技术原理，掌握茶树短穗扦插技术要点。

二、实验原理

扦插繁殖是植物繁殖的方式之一，是通过截取一段植株营养器官，插入疏松润湿的土壤或细沙中，利用其再生能力，使之生根抽枝，成为新植株。扦插属于无性生殖。可选取植物不同的营养器官作插穗，按取用器官的不同又有枝插、根插、芽插和叶插之分。

三、实验材料与设备

1．实验材料

福鼎大白茶树品种、基肥。

2．实验试剂

α-萘乙酸、酒精。

3．实验设备

竹帘、遮阳网、塑料薄膜、水壶、锄头、天平、枝剪、筛子、量筒。

四、实验方法

1．制　穗

（1）插穗母本选取。

以当年生半木质化、生长健壮、无病虫害、壮年或台刈 1～2 年的茶树为母株，并在剪穗前 10～15 d 进行打顶，促进枝条成熟和腋芽发育。

（2）剪取插穗。

要求插穗为一芽一叶一节，穗长 3～4 cm；芽、叶完整无伤，剪口断面略斜，上端剪口与叶片伸展方向平行。

注：一般一穗一节，节间过短时也可两节一穗。

（3）插穗处理。

常用外源激素有生根粉、α-萘乙酸、3-吲哚丁酸、2,4-苯氧乙酸、增产灵、三十烷醇、赤霉素等，处理方法如下：

① 穗基部浸喷法：将插穗基部 1～2 cm 浸在生长素溶液中，以不浸过叶柄为度，α-萘乙酸 30 mg/L 浸 3～5 h 或 100 mg/L 浸 12～24 h，再用清水冲洗立即扦插；

② 插穗基部速沾法：扦插时将插穗下剪口切面在浓度为 500～1500 mg/L 药液中快速沾一下立即扦插；

③ 土壤处理法：将浓度为 100 mg/L 药液均匀淋在扦插苗圃地上后立即扦插。

2．扦　插

（1）苗圃地扦插法。

① 苗地选择。

要求土地疏松、微带酸性、保水力强、通气性好、水源充足、地势平坦。

② 苗圃的整理。

首先一般分两次进行深耕，第一次深耕深度为 25 cm，同时施用基肥，以腐熟的堆肥、厩肥等有机肥为好，每亩（1 亩＝666.7 m^2）施厩肥 1000～1500 kg 和过磷酸钙 10～15 kg，或施菜饼 100～150 kg 和过磷酸钙 10 kg；第二次深耕深度为 15 cm，配合进行做畦，畦宽 1～1.5 m、畦高 10～15 cm，畦的长边以夏朝东西、春秋朝南北为宜。

③ 铺心土和镇压划行。

苗床上铺 5 ~ 7 cm 黄壤心土，再平整床面、紧结泥层。

④ 搭阴棚。

阴棚有高棚、低棚和斜棚两种。常用平顶低棚，棚高 25 ~ 40 cm，透光率 20% ~ 30%，覆盖材料可用竹帘、稻草及聚乙烯砂网或遮阳网。

⑤ 扦插方法。

先湿润苗床心土，待稍干不粘手时，按品种叶片长度划出插穗行距，一般中小叶种 8 cm、大叶种 10 ~ 12 cm；再将插穗短茎 2/3 按顺风方向稍微倾斜插入土中，使叶片和叶柄露出土面，稍稍压实泥土。

（2）营养钵扦插法。

① 填土。

填入含复合肥或有机肥的底土 15 cm。再铺上一层 5 ~ 7 cm 红壤或黄壤心土，压实。

② 整地。

畦宽 1 ~ 1.5 m、畦高 10 ~ 15 cm，畦的长边以夏朝东西、春秋朝南北为宜，再将营养钵紧密排列于畦上。

③ 扦插。

每钵 2 ~ 3 株，按苗圃地扦插法进行。

④ 茶苗出圃。

将营养钵整个移走，注意定植时需剪烂薄膜。

3．苗圃管理

（1）视季节、天气情况，晴天早晚各淋一次水，夏秋季每天要早、午、晚各淋一次水，以浇匀浇透为宜，待发根后每天浇一次，雨季要注意排渍水。

（2）插穗生根开叶后，视天气情况，晚上需揭棚打露；并用 0.5%硫酸铵溶液进行追肥，注意少量多次、由稀到浓，以 1 个月施肥一次为宜，且用清水洗净叶面；苗高 15 cm 后，需撒施一次腐熟厩肥。

五、结果分析

随机取福鼎大白品种茶树插穗 20 根，分别用α-萘乙酸 800 mg/L 及清水（对照）浸泡插穗下剪口 1 h 立即扦插；观察以后的发根、成活情况，并将结果填入表 4-16，比较α-萘乙酸 800 mg/L 及清水（对照）浸泡处理的优缺点。

表 4-16 外源激素处理对茶树扦插效果调查

处理	成活情况			愈合发根情况		
	调查株数	成活数	成活率/%	调查株数	愈合株数	发根数
α-萘乙酸						
对照（CK）						

六、注意事项

（1）插穗剪取时要求芽叶完整、无病虫，剪口平滑，腋芽饱满。

（2）插穗是否成活还受外界环境因子的影响，主要包括温度、湿度、光照和土壤性质。发根最适宜温度为 20 ~ 30 °C，要求腐殖质含量少的红黄壤心土，持水量为 70% ~ 80%、pH 为 4.0 ~ 5.5，初期遮光率为 60% ~ 70%较好。

（3）扦插后要注意水分管理，特别是扦插初期。

实验十五　茶树有性杂交技术

一、实验目的

（1）了解几个主要茶树品种的花器官结构与开花结实习性。

（2）掌握调查茶花开放结实习性。

（3）要求初步掌握茶树有性杂交的技术。

二、实验原理

茶树有性杂交技术是茶树育种工作中常用的一种种质资源创新的有效方法，可按照育种目标，通过两个或两个以上遗传性不同的亲本植株进行人工有性杂交，从而获得具有双亲（或两个以上亲本）优良性状的茶树种质，为选育新品种提供有利条件。

三、实验材料与设备

1．实验材料

两个或两个以上遗传性不同的茶树亲本植株，如福鼎大白、龙井 43 等。

2．实验设备

花粉收集瓶、培养皿、镊子、纸牌、铅笔、毛笔、解剖剪刀、枝剪、薄膜或硫酸纸袋（8 cm × 10 cm）、回形针或大头针、记录本等。

四、实验方法

1．选择母本植株，套袋与去雄

根据杂交组合，从母本品种中选择生长健壮的成龄茶树作母本，并做好标记；待授粉母本植株花朵须在未开放之前套袋，也可与去雄同时进行。

注：套袋时，一般宜选短枝上发育正常的花朵，以利于提高杂交结实率；去雄时，先用镊子或剪刀，轻轻将全部花药去掉，再套上隔离袋。

2．采集花粉

根据杂交组合，从父本品种中采集含苞待放的花蕾若干朵，装入纸袋或培养皿，并标注储藏于阴凉干燥处；静置一夜，将成熟花粉收集于棕色小瓶内，备用。

3．授　粉

通常在去雄后 1 ~ 2 d 内，选择于晴朗无风的天气进行授粉，并在 8 ~ 10 h 内授粉完毕，填入表 4-17。

注：授粉前，先去袋，再用毛笔将父本花粉轻轻地涂在柱头上，迅速套上隔离纸袋。

4．后期处理

授粉一周后，可去袋逐日检查。若柱头呈褐色干枯状，则不必再套纸袋，便于受精后的子房在自然条件下充分发育；若整个花朵已凋谢，则收回、保存标签，便于后期查阅。

注：对于已受孕花朵，还须继续观察记录其落果情况与结实率等；当果实成熟时，不同杂交组合的茶籽，应分别采收、贮藏，并及时考种、播种等。

五、结果分析

（1）整理调查表。

（2）确定杂交组合与操作顺序，授粉 30 ~ 50 朵花，并按时调查各杂交组合的授粉情况、受精率、结实率等，填写表 4-17。

表 4-17　茶树有性杂交调查

杂交组合：

编号	套袋日期	去雄日期	授粉日期	是否受精	幼果脱落日期	是否结实

六、注意事项

（1）去雄与授粉工作，必须认真细致，否则容易损伤花朵，影响受精率。

（2）由于同一母本植株的花朵开放时期不同，授粉工作必须逐日进行，所以每天应采集父本花粉，使之保持较高的生活力。

（3）当授粉工作结束后，应将母本植株上未经杂交处理的花朵和花蕾全部摘除干净，以利杂交幼果的发育，并便于调查结实率。

实验十六　茶树溶液培养方法

一、实验目的

了解茶树对矿质元素的吸收和利用情况，掌握茶树水培技术，为研究茶树营养生理提供有利条件。

二、实验原理

茶树溶液培养的方法有水培、砂培、雾培等。茶树溶液培养是一种利用化学试剂配制成的、含有各种必需元素的营养液培养茶树的方法，有利于研究矿质元素对茶树生活的重要性和必需性。

三、实验材料与设备

1．实验材料

福鼎大白、龙井 43 茶苗。

2．实验试剂

$(NH_4)_2SO_4$、NH_4NO_3、KH_2PO_4、K_2SO_4、$CaCl_2 \cdot 2H_2O$、$MgSO_4 \cdot 7H_2O$、$FeSO_4 \cdot 7H_2O$、NaF、$Al_2(SO_4)_3 \cdot 10H_2O$、$MnSO_4 \cdot 4H_2O$、$H_3BO_3$、$Na_2MoO_4 \cdot 2H_2O$、$CuSO_4 \cdot 5H_2O$、$ZnSO_4 \cdot 7H_2O$。

3．实验设备

充气泵、水桶。

四、实验方法

1．培养准备

（1）水培母液配置（500 mL）

（2）水培液准备：按照表 4-18、表 4-19 比例进行稀释混匀，用 NaOH/HCl 调节 pH 至 5.5，分装于 6 个水培箱中，编号备用。

表 4-18　水培母液表

药品	水培要求/10^{-6}	母液体 1000X	称重/g
$(NH4)_2SO_4$	30	30000	15
NH_4NO_3	10	10000	5
KH_2PO_4	3.1	3100	1.55
K_2SO_4	40	40000	20
$CaCl_2 \cdot 2H_2O$	30	30000	15
$MgSO_4 \cdot 7H_2O$	25	25000	12.5
$Al_2(SO_4)_3 \cdot 10H_2O$	10	10000	5
NaF	4.2	4200	2.1

表 4-19 其他微量成分表

药品	水培要求/10^{-6}	母液体 1000X	称重/g
H_3BO_3	0.1	100	0.05
$MnSO_4 \cdot 4H_2O$	1.0	1000	0.50
$Na_2MoO_4 \cdot 2H_2O$	0.05	50	0.025
$CuSO_4 \cdot 5H_2O$	0.025	25	0.013
$ZnSO_4 \cdot 7H_2O$	0.1	100	0.05

2．茶苗处理

选取健康的、长势一致的福鼎大白和龙井 43 两种茶树品种茶苗各 30 株，流水洗净，剪去部分地上部和根系，分别植于 6 个水培箱中，每个品种 3 个水培箱，每个水培箱 10 株，置于 25 °C、85%湿度条件下充气培养。

注：若进行可控制元素实验，可先将茶苗植于通用培养液培养 7～14 d，再进行处理，以减少实验误差。

3．培养观察

一般水培约 7 d 后，茶苗地上部出现正常落叶；待茶苗恢复生长后，约每 15 d 更换 1 次培养液，并记录各种茶苗的成活数量。

五、结果分析

根据各种茶苗的成活数量，进行方差分析，计算各种茶苗的差异显著性。

注：采用 SAS 9.2 软件对数据进行统计分析，所有数据均以 $\bar{x} \pm std$ 表示，$P>0.05$ 表示差异不显著，$0.01<P<0.05$ 表示差异显著，$P<0.01$ 表示差异极其显著；Origin 9.0 软件作图。

六、注意事项

（1）培养液（营养液）含有植物必需的营养成分。

（2）各营养成分必须以植物可利用的形态供应。

（3）各种营养液的水势不能太低，以防止植物脱水。

（4）各种营养成分按一定比例配比。

（5）培养液必须有与植物相适应的 pH，而要经常调整。

（6）保持根系通气，以维持根系正常的呼吸代谢。

（7）经常更换培养液，一般每周更换一次。

实验十七　茶树品种抗逆性研究

一、实验目的

了解茶树抗性机理，掌握茶树抗性测定方法。

二、实验原理

茶树受害后质膜半透性改变，使细胞的内含物产生外渗；受害越严重，外渗量越大。将受冻（旱）害的组织浸于蒸馏水中，离子大量渗透出，可借助电导率评价茶树抗性。

三、实验材料与设备

1．实验材料

福鼎大白、乌王种两个品种盆栽茶树各6盆。

2．实验试剂

蒸馏水或高纯水。

3．实验设备

电导率仪、25 mL 试管、试管架、25～50 mL 离心管、滤纸、移液器、恒温水浴锅、真空泵、干燥器、天平、打孔器、打孔器或手术刀、水浴试管架等。

四、实验方法

（1）福鼎大白、乌王种两个品种盆栽茶树各6盆，分为两组（每组每3盆），一组正常灌溉，一组干旱处理。

（2）旱害发生后立即取样，流水冲洗除去表面污物，用蒸馏水或高纯水冲洗1～3次，再用滤纸吸干叶片表面的水。

（3）分别将叶片打孔，取圆片（不要大叶脉）充分混匀。

（4）称取圆片1.000 g两份，放入25 mL试管中，立即加入20 mL蒸馏水，将圆片完全浸入，盖上试管塞。

（5）试管25 °C恒温水浴1.5 h（期间摇动数次）后，测定电导率，记为 A。

（6）将圆片100 °C水浴中煮沸15 min，冷却至室温，再于25 °C恒温水浴平衡10 min后摇匀测定电导率，记为 B。

五、结果分析

（1）分别测定福鼎大白、乌王种两个品种盆栽茶树的相对电导率，计算细胞膜破坏程度或伤害度，计算公式如下：

$$相对电导率（\%）=\frac{A}{B}\times100$$

$$伤害度（\%）=(L_t - L_{CK})/(1 - L_{CK})\times100$$

式中　L_t——处理叶片的相对电导率；

L_{CK}——对照叶片的相对电导。

（2）比较福鼎大白、鸟王种两个品种盆栽茶树的抗性强弱。

六、注意事项

（1）旱害或冻害发生后，立即取样。

（2）保持圆片完全浸于蒸馏水。

实验十八　茶树品种适制性研究

一、实验目的

了解小量制茶在茶树栽培育种过程中的作用和意义，掌握小量制茶方法。

二、实验原理

对于无性系品种，茶树品种性状特征一致性好，通过该品种少量芽叶进行样品制备，即可了解该茶树的适制性和干茶品质。小量制茶是茶树育种和栽培过程中常用的实验方法，也是研究栽培措施对茶叶品质影响及茶树品种选育过程中早期鉴定的重要手段。

三、实验材料与设备

1．实验材料

福鼎大白和鸟王种两个品种茶树鲜叶。

2．实验设备

纱布、蒸馏水、转子揉切机、发酵箱、干燥箱等。

四、实验方法

（1）采摘福鼎大白和鸟王种两个品种茶树鲜叶各 7.5 kg。

（2）取两个品种茶树鲜叶各 2.5 kg，分别在室温条件下进行萎凋，重复 3 次；待青臭味消失（6 ~ 8 h，含水量 62%），再进行揉切。

（3）置于发酵箱中，35 °C 发酵 2 ~ 3 h，每隔 30 min 翻拌一次。

（4）待发酵叶果香显露、色泽黄红时，120 °C（预热）干燥至 6 ~ 7 成干，摊凉 30 min 再 103 °C 烘至足干（含水量 6% ~ 7%）。

（5）茶样适当冷却后，置于干燥器中保存，备用。

（6）对上述茶样进行感官审评。

五、结果分析

（1）通过观察两个品种茶树鲜叶的发酵难易程度，初步确定其适制性。

（2）根据感官审评结果，进一步确定两个品种的适制性。

六、注意事项

（1）干燥后的茶样，需适当冷却后才装袋贮藏。

（2）茶叶机械按程序操作。

实验十九　茶树种苗带病检验技术

一、实验目的

了解茶树种苗带病的特征及检验基本原理，掌握常用茶树种苗带病检验技术。

二、实验原理

茶树种苗带病表现为黑斑、白斑、褐斑、紫斑、霜霉、赤霉等不正常斑点、霉点及虫瘿和虫孔等特征，常用肉眼、培养、洗涤等方法进行检验。

三、实验材料与设备

1．实验材料

福鼎大白、鸟王种两个品种茶树的茶籽或扦插苗，蒸馏水等。

2．实验设备

显微镜、带刻度的离心管、试管、离心机、烧杯、三角烧瓶等。

四、实验方法

1．肉眼法

随机取不少于 50 粒（或株）福鼎大白、鸟王种两个品种茶树茶籽（或扦插苗），用肉眼或借助放大镜直接观察带黑斑、白斑、褐斑、紫斑、霜霉、赤霉等不正常斑点、霉点及虫瘿和虫孔等特征，重复 3 次，填写表 4-20。

表 4-20　茶树茶籽或扦插苗肉眼检验带病情况

品种	取样数（粒/株）	带病（粒/株）	肉眼检验带病情况				备注
			重复 1	重复 2	重复 3	平均值	
福鼎大白							
乌王种							
总结：							

2. 培养法

随机取 20 粒或 3 ~ 5 片怀疑带有不正常斑点、霉点及虫瘿和虫孔等特征的福鼎大白、乌王种两个品种茶树茶籽或扦插苗枝叶部分，用蒸馏水洗净，置于培养皿中加适量无菌水的滤纸上，于 25 °C 恒温培养 24 ~ 48 h，待表现出症状后用显微镜检查鉴定，重复 3 次，填写表 4-21。

表 4-21　茶树茶籽或扦插苗培养检验带病情况

品种	取样数（粒/片）	带病（粒/片）	培养检验带病情况				备注
			重复 1	重复 2	重复 3	平均值	
福鼎大白							
乌王种							
总结：							

3．洗涤法

（1）洗种。

随机取 20 粒或 3 ~ 5 片怀疑带有不正常斑点、霉点及虫瘿和虫孔等特征的福鼎大白、乌王种两个品种茶树茶籽或扦插苗枝叶部分，分别放在 50 mL 三角瓶中，加入 10 mL 蒸馏水剧烈振荡 5 ~ 10 min，洗下茶籽或扦插苗枝叶部分表面附着物，洗涤液倾入离心管中。

（2）离心沉淀。

以 1000 ~ 1500 r/min 离心 5 min，使附着物完全沉淀。

（3）制备孢子悬浮液。

取底部附着物 1 mL，吸净多余蒸馏水，再加入 1 mL 蒸馏水，制成均一悬浮液。

（4）测所用吸管 1 mL 蒸馏水的滴数（A），连续测 3 次，求平均滴数，操作时注意持吸管的方向务须垂直水平面，否则所测滴数不准。

（5）求盖玻片所含视野数（D）

① 求盖玻片面积（B）

$$B = 长 \times 宽$$

② 求所用物镜和目镜下视野的面积（C）

$$C = \pi R^2$$

式中　R——视野半径，用镜台测微尺量测。

③ 求盖玻片所含视野数（D）

$$D = B/C$$

注意：计算时，B、C 面积单位要统一。

（6）悬浮液中的附着物数

吸取充分摇匀的悬浮液于载玻片上，盖上盖玻片，再用显微镜检查附着物数，重复 3 次，填写表 4-22。

$$E = F \times B/(\pi R^2)$$

式中　E——每滴悬浮液中所含的附着物数；

F——10 个视野的平均孢子数；

B——盖玻片面积（B = 长 × 宽）；

R——视野半径，用镜台测微尺量测。

表 4-22　茶树茶籽或扦插苗洗涤检验带病情况

品种	取样数（粒/片）	带病（粒/片）	洗涤检验带病情况				备注
			重复 1	重复 2	重复 3	平均值	
福鼎大白							
乌王种							
总结：							

注：B、R 单位要统一；平均每粒或片的附着物数就等于一滴悬浮液中的附着物数（E）与所用吸管 1 mL 蒸馏水的滴数（A）之积，再除于茶籽或扦插苗枝叶部分的粒或片。

五、结果分析

（1）根据上述数据，计算肉眼法、培养法、洗涤法检验福鼎大白、乌王种两个品种茶树的茶籽或扦插苗带病率。

（2）比较肉眼法、培养法、洗涤法检验带病率的优缺点。

（3）比较福鼎大白、乌王种两个品种茶树的茶籽或扦插苗带病率。

六、注意事项

因为盖玻片下孢子悬浮液层有厚度，所以查数孢子要注意调节显微镜的微动螺旋，以免漏掉不同层次内的孢子，此外，为了避免倾向性，转换视野时，眼睛需离开目镜。

实验二十　茶籽（扦插苗）品质检验、包装与贮藏

一、实验目的

了解茶籽（扦插苗）品质检验、包装与贮藏的要点，掌握茶树种苗的质量分级、检验、包装与贮藏的方法。

二、实验原理

（1）茶籽品质主要包括种径大小、百粒重、每 500 g 粒数、含水量、发芽率、净度等指标，评价标准如表 4-23、表 4-24 所示。

表 4-23　大叶品种茶籽质量指标

级别	种径大小/cm	百粒重/g	每 500 g 粒数	含水量/%	发芽率/%	净度/%
Ⅰ	>1.5	>130	<320	40 ~ 25	>75	99.5
Ⅱ	1.5 ~ 1.2	130 ~ 100	320 ~ 420	75 ~ 60	75 ~ 60	99.5
Ⅲ	<1.2	<100	>420	<75	<60	98.0

表 4-24　中小叶品种茶籽质量指标

级别	种径大小/cm	百粒重/g	每 500 g 粒数	含水量/%	发芽率/%	净度/%
Ⅰ	>1.3	>120	<415	>40	>85	99.5
Ⅱ	1.3 ~ 1.1	120 ~ 100	415 ~ 500	40 ~ 22	85 ~ 75	99.5
Ⅲ	<1.1	<100	>500	<22	<75	98.0

（2）扦插苗品质主要包括苗龄、苗高、径粗、侧根数、品种纯度等指标，评价标准如表 4-25、表 4-26 所示。

表 4-25　无性系大叶品种扦插苗质量指标

级别	苗/年	苗高/cm	径粗/mm	侧根数/条	品种纯度/%
Ⅰ	一年生	≥35	≥4.0	≥3	100
Ⅱ	一年生	35 ~ 25	4.0 ~ 2.5	3 ~ 2	99

表 4-26　无性系中小品种扦插苗质量指标

级别	苗龄（年）	苗高/cm	径粗/mm	侧根数/条	品种纯度/%
Ⅰ	一年生	≥30	≥3.0	≥3	100
Ⅱ	一年生	30 ~ 20	3.0 ~ 1.8	3 ~ 2	99

（3）穗条品质主要包括品种纯度、穗条利用率、穗条粗度、穗条长度等指标，评价标准如表 4-27、表 4-28 所示。

表 4-27 大叶品种穗条质量指标

级别	品种纯度/%	穗条利用率/%	穗条粗度/mm	穗条长度/cm
Ⅰ	100	≥65	≥3.5	≥60
Ⅱ	100	≥50	≥2.5	≥25

表 4-28 中小叶品种穗条质量指标

级别	品种纯度/%	穗条利用率/%	穗条粗度/mm	穗条长度/cm
Ⅰ	100	≥65	≥3.0	≥50
Ⅱ	100	≥50	≥2.0	≥25

三、实验材料与设备

1. 实验材料

福鼎大白和乌王种两个品种茶树的茶籽、穗条、扦插苗。

2. 实验试剂

0.1% ~ 0.2%靛蓝洋红。

3. 实验设备

解剖刀、天平、测量盘、铜夹、恒温箱、铝盒、木箱、烧杯、测量、发芽盘等。

四、实验方法

随机取福鼎大白和乌王种两个品种茶树的茶籽或扦插苗或穗条，测定其含水量、发芽率、品种纯度、合格率等。

（一）茶籽质量检验

1. 外形检验

（1）纯洁率的测定。随机取茶籽 1000 g，拣出茶籽中的泥沙、石子、果皮等夹杂物，重复 3 次，计算其纯洁率：

$$纯洁率（\%）= 纯洁茶籽质量/供试茶籽质量 \times 100\%$$

（2）茶籽千粒重和大小的测定。随机取茶籽 100 粒，称其重量，将结果乘 10 得平均千粒重，重复 3 次；将称好千粒重的茶籽密集排于测量盘上，计算 100 粒茶籽的长度（或用游标卡尺测量每粒茶籽的直径），求茶籽的平均直径，重复 3 次。

2. 内质检验

（1）茶籽合格率测定。将外形检验后的茶籽取 50 粒，用铜夹轧开外壳，若种仁干瘪、起皱纹、不饱满、呈淡黄色、有臭味的均挑出淘汰，重复 3 次，计算合格率：

合格率（%）=（样品数 - 淘汰数）/样品数 × 100%

（2）茶籽含水量测定。取（1）剥去外壳的茶籽 30 粒置于铝盒（干质量记为 A）中，称取质量（记为 B），将种仁切成薄片，105 °C（预热）至恒重为止，称取质量（记为 C）；重复 3 次，计算其茶籽含水量：

$$茶籽含水量（\%）=（B-C）/（B-A）\times 100\%$$

（3）茶籽活力测定。取（1）剥去外壳的茶籽 20 粒，浸入蒸馏水中吸胀种皮后，再剥去内壳种皮；浸入 0.1%靛蓝洋红中 3 ~ 4 h，取出蒸馏水冲洗 2 ~ 3 min，检查种仁（子叶）和胚染色情况，若胚未染色、子叶未（或轻度）染色则表示具有生命活力；重复 3 次，计算如下：

茶籽活力率（%）= 未染色茶籽数/供试茶籽数 × 100%

（4）温砂法测定发芽率。在发芽盘底面铺一层吸水纸，再铺上层细砂，取（1）剥去外壳的茶籽 50 粒均匀埋入，喷水使细砂湿润，并置于 25 ~ 30 °C、85%恒温箱培养 7 d，重复 3 次，计算其发芽率：

茶籽发芽率（%）= 发芽粒数/样品总粒数 × 100%

将上述质量检验结果填入表 4-29。

表 4-29　茶籽质量检验记录

品种	纯洁率/%	茶籽千粒重/g	茶籽直径/ mm	合格率/%	含水量/%	活力率/%	发芽率/%

（二）扦插苗质量检测

无性系品种纯度即鉴定无性系品种种性的一致性程度，其计算公式为：

$$S(\%)=P/(P+P')\times 100\%$$

式中　S——品种纯度，%；

P——本品种的苗木株数，株；

P'——异品种的苗木株数，株。

（三）包装与贮藏

起苗宜在栽种季节，应在遮阴背风处进行检验和分级；常见包装方法有散装及木箱、箩筐等盛装运输苗木，应及时种植或假植。

五、结果分析

（1）根据上述测定数据，评价福鼎大白和鸟王种两个品种茶树茶籽质量分级，比较两个品种的等级。

（2）根据上述测定数据，评价福鼎大白和鸟王种两个品种茶树扦插苗质量分级，比较两个品种的等级。

六、注意事项

（1）扦插苗，注意保湿透气，防止重压和风吹日晒。

（2）调运前应按国家有关规定进行检疫，持《植物检疫证书》。

实验二十一　茶树 DNA 提取技术

一、实验目的

掌握茶树 DNA 提取和分析方法，了解茶树基因组 DNA 提取的意义。

二、实验原理

植物基因组 DNA 存在于细胞核中，DNA 提取须先用去垢剂温和裂解细胞及溶解 DNA，再用酚和氯仿使蛋白质变性，离心去除变性蛋白质和其他大分子，最后用乙醇沉淀 DNA，并溶解于适当体积的无菌水中。此外，还需用琼脂糖凝胶电泳检测 DNA 质量。

三、实验材料与设备

1．实验材料

福鼎大白、云南大叶种两个品种茶树。

2．实验试剂

（1）CTAB 抽提液：2% CTAB；100 mmol/L Tris HCl（pH 8.0）；20 mmol/L EDTA（pH8.0）；1.4 mol/L NaCl；1% PVP。

（2）氯仿-异戊醇：24∶1

（3）RNaseA 母液（10 mg/ mL）：将 RNaseA 溶于 10 mmol/L Tris HCl（pH 7.5）、15 mmol/L NaCl 中，100 °C 加热 15 min，冷却后分装于 1.5 mL 离心管中，－20 °C 保存。

（4）无水乙醇、70%乙醇、液氮。

（5）无菌水。

（6）5×TBE 缓冲液：用适量水溶解 Tris 54 g、硼酸 27.5 g，并加入 0.5 mol/L EDTA（pH 8.0）20 mL，定容至 1000 mL。

（7）溴化乙啶（10 mg/mL）：100 mL 水中加入 1 g 溴化乙啶，磁力搅拌数小时至完全溶解。移至棕色瓶中，室温保存。

（8）6×上样缓冲液：0.25%溴酚蓝、40 g/100 mL 蔗糖水溶液。

3．实验设备

电子天平、1.5 mL 离心管、水浴锅、液氮罐、台式高速离心机、电泳仪、紫外透射仪、水平电泳槽、微波炉或电炉、高压灭菌锅、陶瓷研钵、移液器、枪头及枪盒。

四、实验方法

1．DNA 提取

（1）取 1.5 mL 离心管，加入 0.5 mL CTAB 抽提液于 65 °C 水浴预热，备用。

（2）两个品种茶树幼叶分别剪碎置于研钵中，加入液氮固样并磨成粉状。

（3）将上述粉状 50 ~ 100 mg，分别移入（1）中，剧烈摇动混匀，置于 65 °C 水浴保温 3 ~ 5 min。

（4）加入等量（0.5 mL）氯仿-异戊醇，充分混匀。

（5）常温 12000 r/min 离心 30 s，吸取上清液于新离心管（1.5 mL）。

（6）重复步骤（5）和（6）一次。

（7）加入两倍体积（1 mL）的无水乙醇，颠倒混匀；稍离心，使 DNA 附于管壁。

（8）弃去上清液，再用 70%乙醇 1 mL 洗一次，并弃去液体，于室温下晾干。

（9）加入 200 ~ 400 μL 无菌水（含有 RNaseA 20 μg/mL）溶解 DNA 沉淀。

2．DNA 检测

（1）稀释电泳缓冲液的制备（0.5 × TBE）：将 5 × TBE 稀释 10 倍，待用。

（2）琼脂糖电泳凝胶的制备：在 0.5 × TBE 溶液中加入 0.7g/ mL 琼脂糖，加热融解、不时摇匀，冷至 50 ~ 60 °C，再加入溴化乙啶至终浓度为 0.5 μg/mL，小心将胶倒入安装好的胶槽中。

（3）安装电泳槽：待胶完全冷却凝固后拔出梳子，将胶放入电泳槽中，加入 0.5 × TBE 至液面恰好超过胶板。

（4）加样：取 5 μL DNA 和与 1μL 上样缓冲液（0.5 × TBE）混匀，再加入样品槽中。

（5）电泳：加样完后，控制电压 1 ~ 5 V/cm；DNA 从负极向正极移动，当溴酚蓝移至胶前沿 1 ~ 2 cm 时，停止电泳。

（6）观察：在 254 nm 长波紫外灯下或使用凝胶成像系统观察电泳胶板，DNA 存在处显示橘红色荧光条带。

注：观察时应戴上防护眼镜或有机玻璃面罩，以免损伤眼睛。

五、结果与分析

根据福鼎大白、云南大叶种两个品种茶树 DNA 提取和检测结果，比较两者的差别。

六、注意事项

（1）枪头及离心管应高压灭菌后使用。

（2）操作时应戴上一次性手套，在加样时应注意更换枪头，以防止互相污染。

（3）溴化乙啶（EB）是强诱变剂，具有中等毒性，配制和使用时都应戴手套。凡是污染了 EB 的容器和物品都应专门处理后才能清洗或丢弃。

实验二十二　茶树品种真假鉴别及多态性（RAPD）分析

一、实验目的

了解 RAPD（Randomly amplified polymorphic DNA，RAPD）技术的原理，并掌握基于 RAPD 技术对茶树品种多态性分析方法。

二、实验原理

DNA 分子水平上进行多态性检测是茶树分子生物学的重要技术之一。

RAPD 技术建立于 PCR 基础上，利用一系列不同的随机引物，对目标基因组 DNA 进行 PCR 扩增和聚丙烯酰胺或琼脂糖电泳分离，再经 EB 染色来检测扩增产物 DNA 片段的多态性，即可悉知目标基因组相应区域的 DNA 多态性。

三、实验材料与设备

1．实验材料

本地常见茶树品种；

2．实验试剂

（1）随机引物（10 碱基）（5 μmol/L）；

（2）Taq 酶、10 × PCR 缓冲液、$MgCl_2$（25 mol/L）；

（3）dNTP：每种 2.5 mol/L；

（4）5 × TBE 缓冲液：用适量水溶解 Tris 54 g，硼酸 27.5 g，并加入 0.5 mol/L EDTA（pH 8.0）20 mL，定容至 1000 mL；

（5）溴化乙啶（10 mg/mL）：100 mL 水中加入 1 g 溴化乙啶，磁力搅拌数小时以完全溶解，移至棕色瓶中，室温保存；

（6）6 × 上样缓冲液：0.25%溴酚蓝，40%（*W*/*V*）蔗糖水溶液；

（7）其他试剂：无菌水、石蜡油。

3．实验设备

移液器、台式高速离心机、PCR 仪、高压灭菌锅、电泳仪、水平电泳槽、微波炉或电炉、紫外透射仪、电子天平、1.5 mL 离心管、枪头及枪盒、与 PCR 仪相配的薄壁 PCR 管。

四、实验方法

1．DNA 提取

参考茶树 DNA 提取技术。

2．DNA 检验

参考茶树 DNA 提取技术。

3．RAPD 反应

（1）在 25 μL 反应体系中，加入 1 μL（约 50 mg）模板 DNA，1 μL（约 5 moL）随机引物，10×PCR 缓冲液 2.5 μL，$MgCl_2$ 2 μL，Dntp 2 μL，Taq 酶 1 单位，加 dd H_2O 至 25 μL，混匀稍离心，加 1 滴矿物油（视 PCR 仪而定），反应程序如表 4-30 所示。

表 4-30　RAPD 反应程序

模板 DNA	1 μL（约 50 ng）
随机引物	1 μL（约 5 pmol）
10×PCR 缓冲液	2.5 μL
$MgCl_2$	2 μL
dNTP	2 μL
Taq 酶	1 U
加 dd H_2O 至	25 μL

（2）PCR 循环参数为 94 °C 预变性 2 min，再进入 40 个循环：94 °C 20 s，36 °C 30 s，72 °C 30 s，最后 72 °C 处理 10 min。

（3）取 PCR 产物 15 μL 加入 3 μL 6×上样缓冲液于 1.5%琼脂糖胶上电泳。

五、结果分析

1．品种真假鉴别

根据 RAPD 反应，观察检测品种的特异性条带有无即可。

2．品种多样性分析

根据电泳条带记录各引物和品种的条带情况，采用 RAPD 分析软件将已有数据表转换成 rapd 可识别的数据格式，构建系统发育树。

六、注意事项

（1）枪头及离心管应高压灭菌后使用。

（2）操作时应戴上一次性手套，在加样时应注意更换枪头，以防止互相污染。

（3）溴化乙啶（EB）是强诱变剂，具有中等毒性，配制和使用时都应戴手套。凡是污染了 EB 的容器和物品都应专门处理后才能清洗或丢弃。

实验二十三　基于多组学研究茶树花色形成机理

一、实验目的

了解转录组、代谢组及蛋白组的相关知识，掌握基于转录组、代谢组及蛋白组研究茶树花色变化机理的方法。

二、实验原理

新一代 RNA-Seq 测序技术具有高通量、易操作、可定量等优点，广泛应用于植物抗病机制领域差异表达基因检测、新基因鉴别和基因功能分析等方面研究，取得了较大突破。代谢组学是以高通量、高灵敏度的现代分析仪器为硬件基础、全面的定性定量研究植物体内源性代谢产物变化规律的学科。研究采用 RNA-Seq 技术，对植物组织转录组进行分析，旨在对植物组织发生过程差异表达基因进行功能注释和代谢途径分析，为植物种质资源的选育提供参考依据；利用代谢组学分析从整体上检测茶树花发育过程中代谢产物的变化，并着重于花青素合成中基因的调控和产物的变化分析；蛋白质是生物体生理功能的执行者和生命活动的体现者，研究植物生长条件下蛋白表达变化情况，对阐述植物响应环境变化分子机制具有重要的作用。

三、实验材料与设备

1．实验材料

茶树粉色和白色花瓣（图 4-1）。

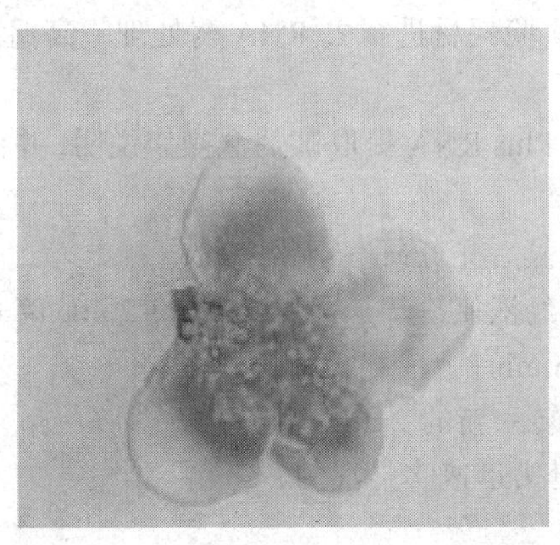

图 4-1　茶树花瓣

2．实验试剂

甲醇，色谱纯；乙腈，色谱纯；乙醇，色谱纯；标准品，色谱纯；交联聚乙烯吡咯烷酮（Polyvinylpyrrolidone cross-linked，PVPP）；苯甲基磺酰氟（Phenylmethylsulfonyl fluoride，PMSF）；乙二胺四乙酸（Ethylene diamine tetraacetic acid，EDTA）、三氯乙酸（Trichloroacetic acid，TCA）、碘代乙酰胺（Iodoacetamide，IAM）、2-D Quant Kit（GE Healthcare）、二硫苏糖醇（D, L-Dithiothreitol，DDT）、低分子量 Marker（97，66，43，31，20，14 kD）、脱色液（25% Ethanol，8% Acetic acid）、染色液（0.2% Coomassie blue R-250，10% Acetic acid，50% Formic acid）、Bradford Protein Assay Kit 试剂盒、8-plex i TRAQ 标记试剂盒（Applied biosystems）、四乙基溴化铵（Tetraethylammonium bromide，TEAB）、甲酸（Formic acid，FA）、胰蛋白酶（TPCK-Trypsin，Promega）、乙腈（Acetonitrile，ACN）等。

RNAplant Plus RNA 提取试剂盒（TIANGEN BIOTECHCO，LTD）、ReverTra Ace qPCR RT Kit 和 SYBR® Green Realtime PCR Master Mix-Plus qRT-PCR 试剂（TOYOBO 公司）等。

注：标准品以二甲基亚砜（DMSO）或甲醇作为溶剂溶解后，– 20 °C 保存，质谱分析前用 70%甲醇稀释成不同梯度浓度。

3．实验设备

冷冻离心机 Centrifuge 5804R（Eppendorf 公司）；电泳仪；DYY-in 型稳压仪；紫外凝胶成像系统（Bio IMAGING SYSTEM）；SMA3000 分光光度计；PCR 仪（Personalcycler，Bionietra 公司），qRT-PC 仪器，Roche LightCycler 480 Ⅱ；RNA 质量检测，Agilent Technologies 2100 Bioanalyzer、Illu mina Cluster Station 和 Illu mina Hi Seq™2000 系统；LTQ-Orbitrap HCD、LC-20AB HPLC Pump system、LTQ Orbitrap Velos（Thermo）、Nano Drop 分光光度计等。

四、实验方法

（一）转录组

1．RNA 提取

预先用 DEPC 水对枪头、EP 管、研钵等实验耗材进行去 RNA 酶处理，高温高压灭菌 2 次，烘干备用。

Total RNA 提取参照 TIANGEN RNA plant Plus RNA 提取试剂盒操作说明，并根据实际情况略做调整。具体步骤如下：

（1）将样品置于预冷的研钵，迅速加入液氮后充分研磨至粉末状；

（2）将研磨得到的粉末，快速转移至预先经液氮冷却、无 RNase 的 2 mL 离心管，加入提取试剂 1 mL，颠倒混匀，涡旋，室温静置 5 min；

（3）4 °C 12000 r/min 离心 2 min，上清液转入新的 2 mL 离心管；

（4）加 0.5 倍体积的 5 mol/LNaCl，并用枪头迅速吹打混匀；

（5）加 0.5 倍体积的氯仿，颠倒混匀。

（6）4 °C 12000 r/min 离心 15 min，将上层水相转移至新离心管；

（7）重复（5）（6）步骤；

（8）加入 1 倍体积异丙醇，充分混匀，室温静置 10 min；

（9）4 °C 12000 r/min 离心 15 min，弃上清，加入 75%乙醇 10 mL；

（10）4 °C 8000 r/min 离心 5 min，弃上清，室温晾干 5 min；

（11）加入无 RNase 水，用枪头反复吹打，使 RNA 充分溶解，冻存于 – 80 °C。

2．建库测序

提取 RNA 并建库测序的流程如图 4-2 所示：

高质量的 RNA 是整个项目成功的基础，为确保 RNA 的质量，使用以下方法对样品进行检测，合格后方可进行建库。

（1）琼脂糖凝胶电泳：分析 RNA 的完整性及是否存在 DNA 污染；

（2）NanoPhotometer 分光光度计：检测 RNA 纯度（OD260/280 和 OD260/230）；

（3）Qubit 2.0 荧光计：高精确度测量 RNA 浓度；

（4）Agilent 2100 生物分析仪：精确检测 RNA 完整性。

3．构建文库

检测样品合格，并启动 RNA 文库构建，在 Illu mina 平台 HiSeq2500 开始测序。通过 Oligo（dT）磁珠与 mRNA 的 ployA 尾结合，富集真核生物的 mRNA，然后将 mRNA 随机打断。以片段化的 mRNA 为模版，使用 6 碱基随机引物，在 M-MuLV 逆转录酶体系中合成 cDNA 第一条链。随后用 RNaseH 降解 RNA 链，并在 DNA polymeraseI 体系下，以 dNTPs 为原料合成 cDNA 第二条链。纯化后的双链 cDNA 经过末端修复，加 A 尾并连接测序接头。用 AMPureXPbeads 筛选 200bp 左右的 cDNA，进行 PCR 扩增并再次使用 AMPureXPbeads 纯化 PCR 产物，最终获得文库。

建库技术流程如图 4-3 所示：

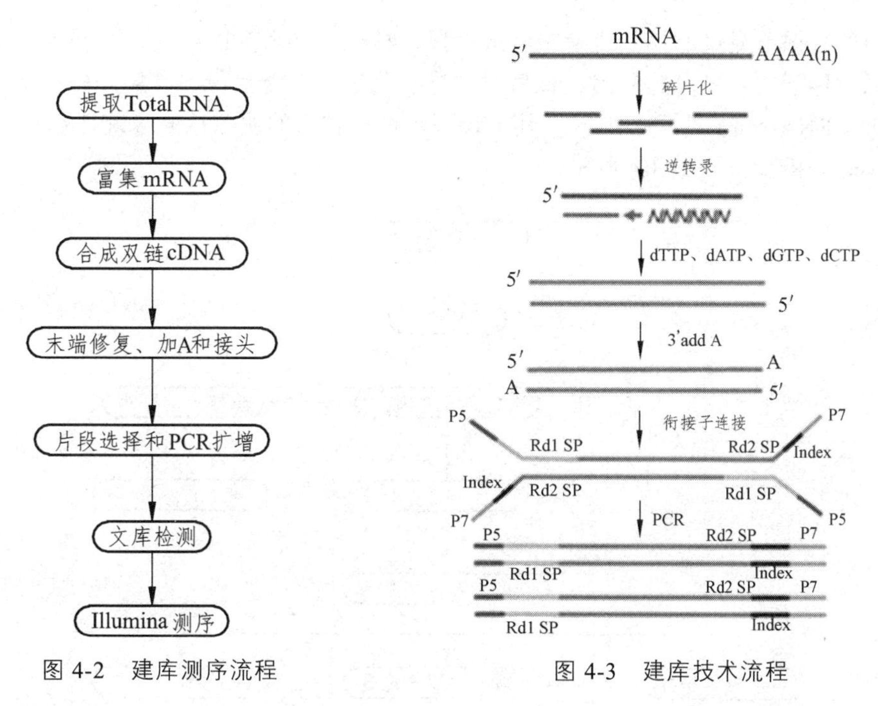

图 4-2　建库测序流程　　　　图 4-3　建库技术流程

4．文库质检

文库构建完成后，使用 Qubit2.0 荧光计定量。把文库稀释至 1.5 ng/μL 后，使用 Agilent 2100

生物分析仪对文库的插入片段进行检测。如果插入片段长度符合预期，再用实时荧光定量PCR（Quantitative Real-time PCR，qRT-PCR）对文库有效浓度进行准确定量（文库有效浓度高于2 nmol/L）。

5．上机测序

文库质检合格后，用 Ilu mina HiSeq 平台进行测序。

6．数据处理与评估

（1）Clean reads 的获得。

测序获得的原始图像数据经 base calling 转化原始序列数据（raw data），转化结果以 fastq 文件格式保存。原始序列数据经带 adaptor 序列、未知碱基 N 比例＞10%和低质量（质量值 Q ≤5 的碱基数占整个 read 50%以上）等各类 reads 的去除等一系列去杂数据处理，最后得到 clean reads。

（2）测序质量评估。

对测序 Reads 进行质量评估，以及文库饱和度分析和测序随机性评价。

（3）比对与分析。

使用短 reads 比对软件 SOAPaligner/soap2 将样品的 clean reads 分别比对到 E. grandis 参考基因组和参考基因（http://phytozome.net/eucalyptus.php），以最多允许 2 个碱基错配，进行比对结果统计。

7．生物信息学分析

原始测序数据首先过滤掉低质量碱基或片段，再比对参考基因组并计算基因表达量，然后计算不同条件下的差异表达基因，最后对差异基因进行功能注释和富集分析。这些步骤是转录组分析（RNA-seq）的核心内容，其中每一步都有相应的质控标准或统计资料。

RNA-seq 分析步骤如图 4-4 所示：

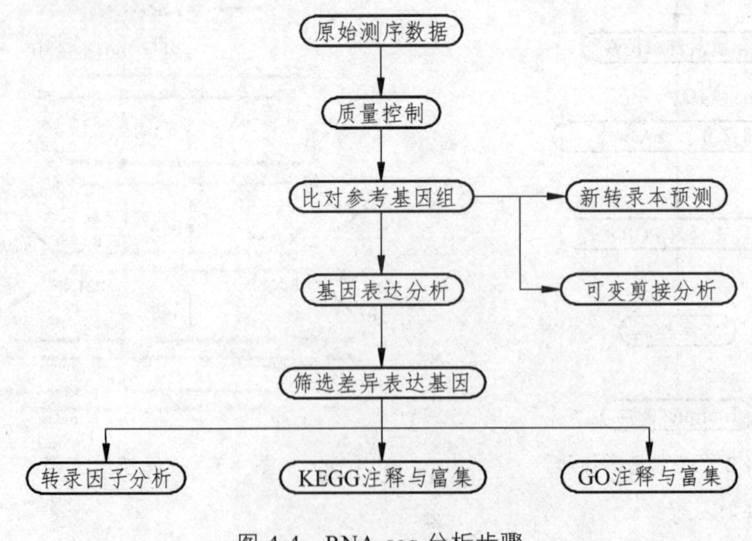

图 4-4　RNA-seq 分析步骤

8．差异表达基因分析

（1）差异表达基因的筛选.

差异表达基因的筛选参照 S. Audic 等学者发表在 *Genome Research* 上的数字化基因表达谱差异基因检测方法，以错误发现率（False Discovery Rate，FDR）FDR≤0.001 和差异表达倍数$|\log_2 \text{Ratio}| \geq 1$为标准，计算出处理与对照之间，以及两个时间点之间的差异表达基因，且通过 NCBI 对差异表达基因进行 blast nr 注释。

（2）差异表达基因的 GO 功能分析。

将所有的差异基因映射向 GO（Gene Ontology）数据库（http://www.gene- ontology.org/）各 term 基本单位，计算出每 term 基因数，然后应用超几何检验，找出与整个基因组背景相比，在差异表达基因中显著富集的 GO 条目，其计算公式为：

$$P = 1 - \sum_{i=0}^{m-1} \frac{\binom{M}{i}\binom{N-M}{n-i}}{\binom{N}{n}}$$

式中 N——基因组中具有 GO 注释的基因数；

n——N中差异表达基因数；

M——基因组中注释为某特定 GO term 基因数；

m——注释为某特定 GO term 的差异表达基因数。

计算得到的 pvalue 通过 Bonferroni 校正之后，以 corrected-p value≤0.05 为阈值，满足此条件的 GO term 定义为在差异表达基因中显著富集的 GO term。通过 GO 功能显著性富集分析确定差异表达基因行使的主要生物学功能。

（3）差异表达基因的 Pathway 分析。

Pathway 显著性富集分析以 KEGG Pathway 为单位，与整个参考基因组背景相比，应用超几何检验，找出在差异表达基因中显著性富集的 Pathway。该分析的计算公式与 GO 功能显著性富集分析相同，此时，公式中的 N 表示芯片中具有 Pathway 注释的基因数；n 表示 N 中差异表达基因的数；M 表示芯片中注释为某特定 Pathway 的基因数；m 表示注释为某特定 Pathway 的差异表达基因数。将 Q value<0.05 的 Pathway 定义为在差异表达基因中显著富集的 Pathway，通过 Pathway 显著性富集确定差异表达基因参与的最主要生化代谢途径和信号转导途径。

9．qRT-PCR 验证

为了验证 Illu mina 测序的可靠性，研究选取了 6 个与抗病相关的基因和 1 个作为内参的看家基因（house-keeping gene）进行 qRT-PCR 验证。实时荧光 PCR 分析由 Roche Light Cycler 480 Ⅱ 定量 PCR 仪完成。每个样品设 3 个独立的重复，用 $2^{-\Delta\Delta CT}$ 法进行操作。所有引物序列采用 Primer premier 5.0 软件设计，由南京金斯瑞生物科技有限公司合成，引物序列见表 4-31。

表 4-31 差异表达基因的 RT-PCR 所用引物

基因	正向引物(5′-3′)	反向引物(5′-3′)
STH-2	ACGATGATTGAGGGTGATG	ATGCCTCCTTGGTGTTGT
DEH 1	CGTTTCTTGGTCGTTGGT	CCGTACTCGTCGTTCTGG
GST	CGAGGGCGATAATAAGGT	CGGGCTCATTGAAGTTGTG
*TL*1	GCCTCGTGGACGGCTTCA	CCCGACGCTCGTGCAGTT
*CP*1	CTTCTTCGCATGGCCTCC	CCTG CACCTCCTGGTTTG
COMT	GGTCAAGAACGAGGATGG	TGCCTGGATAGTCAAATGC
*TUB*1	ACCCTGAAACTCATCAACCC	CCGGAGGCAGCAAGTGA

（1）cDNA 的合成。

根据 TOYOBO 公司的 ReverTra Ace qPCR RT Kit 逆转录试剂盒操作说明合成 cDNA，RNA 在 65 °C 条件下热变性 5 min 后，置于冰上冷却。反应液组分和体积如表 4-32 所示：

表 4-32 合成 cDNA 的反应液

无 RNase 水	Up to 10 μL
Primer Mix	0.5 μL
RT Enzyme Mix	0.5 μL
5×RT Buffer	2 μL
RNA	0.5 pg ~ 1 μg
总体积	10 μL

反应液先在 37 °C 条件下进行 15 min，然后在 98 °C 条件下进行 5 min，使酶失活，反转录产物 – 20 °C 保存备用。

（2）实时荧光定量 PCR。

根据 TOYOBO 公司的 SYBR® Green Realtime PCR Master Mix-Plus-荧光定量 PCR 试剂盒说明书进行 PCR 反应，PCR 反应体系配制如表 4-33 所示：

表 4-33 实时荧光定量 PCR 反应体系

SYBR® Green Realtime PCR Master Mix	10.0 μL
Plus Solution	2.0 μL
PCR Forward Primer (10 μmol/L)	1.2 μL
PCR Reverse Primer (10 μmol/L)	1.2 μL
cDNA	2.0 μL
dd H_2O	3.6 μL
总体积	20.0 μL

荧光定量 PCR 反应程序如表 4-34 所示：

表 4-34　RT-PCR 循环条件

Cycle	Cycle Point
Hold@95 °C, 30 s	
Cycling(45 repeats)	Stepl@95 °C, hold 5 s Step2 @55 °C, hold 10 s Step3 @72 °C, hold 15 s
Data collection Meltcurve	Start at 52 °C: Increase 0.5 °C every cycle, and hold 1 min, Keep on going for 90 cycles, and then the temperature reach to 97 °C

（二）代谢组

1. 样品准备

（1）生物样品真空冷冻干燥；

（2）利用研磨仪（MM400，Retsch）研磨（30 Hz，1.5 min）至粉末状；

（3）取 100 mg 粉末，溶解于 1.0 mL 提取液中；

（4）溶解后的样品 4 °C 冰箱过夜，期间涡旋 3 次，提高提取率；

（5）离心（转速 10000 g，10 min）后，吸取上清，用微孔滤膜（0.22 μm poresize）过滤样品，并保存于进样瓶中，用于 LC-MS/MS 分析。

2. 检测条件

（1）色谱条件：

① 色谱柱：Waters ACQUITY UPLCHSS T3C181.8 μm，2.1 mm × 100 mm；

② 流动相：A 相为超纯水（0.04%的乙酸），B 相为乙腈（0.04%的乙酸）；

③ 洗脱梯度：0 min 水-乙腈为 95：5（*V*/*V*，余同），11.0 min 为 5：95，12.0 min 为 5：95，12.1 min 为 95：5，14.0 min 为 95：5；

④ 流速 0.4 mL/min，柱温 40 °C；

⑤ 进样量 2 μL。

（2）质谱条件。

电喷雾离子源（Electrospray Ionization，ESI）温度 500 °C，质谱电压 5500 V（positive），－4500 V（negative），离子源气体 Ⅰ（GSI）55 psi，气体 Ⅱ（GS Ⅱ）60 psi，气帘气（Curtain Gas，CUR）25 psi，碰撞诱导电离（Collision-Activated Dissociation，CAD）参数设置为高。

在三重四极杆（Qtrap）中，每个离子对是根据优化的去簇电压（Declusteringpotential，DP）和碰撞能（Collisionenergy，CE）进行扫描检测。

3. 数据评估

（1）代谢物定性定量分析。

利用软件 Analyst 1.6.3 处理质谱数据。图 4-5 所示为混样质控 QC 样本的总离子流图（Total ions current，TIC，即每个时间点质谱图中所有离子的强度加和后连续描绘得到的图谱），图 4-6 所示为 MRM 代谢物检测多峰图（多物质提取的离子流谱图，XIC），横坐标为代谢物检测的保留时间(Retention time，Rt)，纵坐标为离子检测的离子流强度(强度单位为 cps，count per second)。

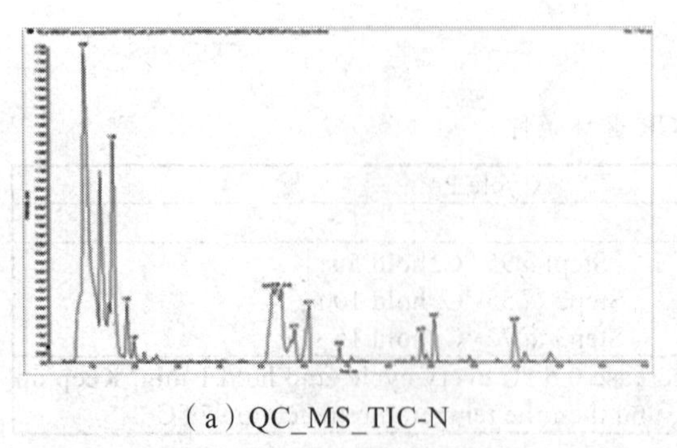

（a）QC_MS_TIC-N

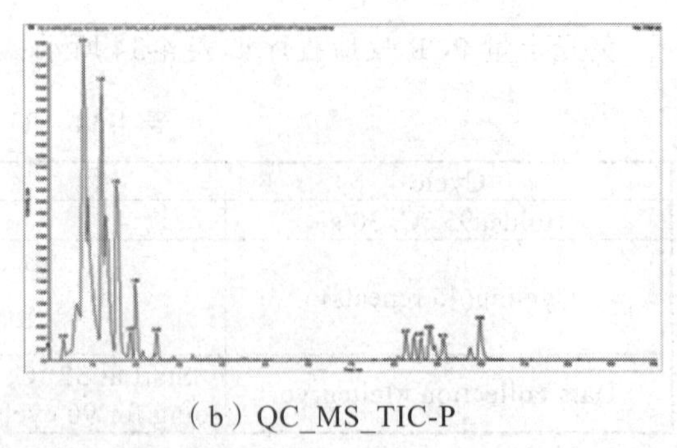

（b）QC_MS_TIC-P

图 4-5　混样样品质谱分析总离子流

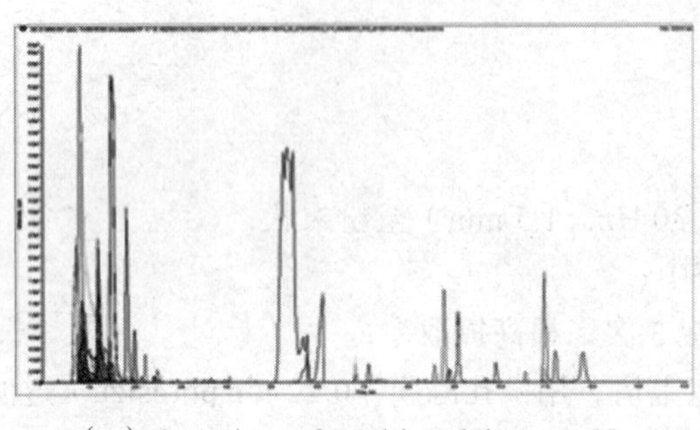

（a）detection_of_multimodal_maps-N

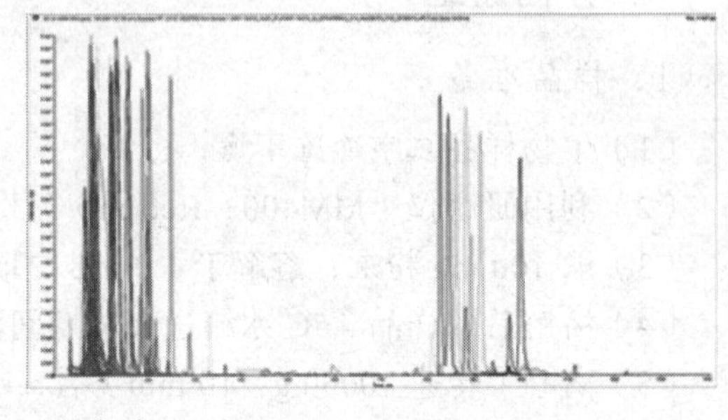

（b）detection_of_multimodal_maps-P

图 4-6　MRM 代谢物检测多峰

（2）重复相关性评估。

通过样品之间的相关性分析可以观察组内样品之间的生物学重复（图 4-7）。同时组内样品相对组间样品的相关系数越高，获得的差异代谢物越可靠。将皮尔逊相关系数 r（Pearson's Correlation Coefficient）作为生物学重复相关性的评估指标。r 越接近 1，说明两个重复样品相关性越强。

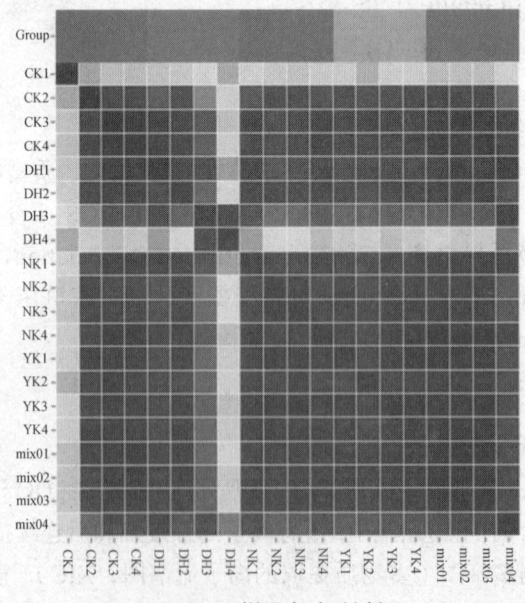

图 4-7　样品间相关性

注：横坐标表示样品名称，纵坐标表示对应的样品名称。颜色代表相关系数值大小。

4．生物信息学分析（图 4-8）

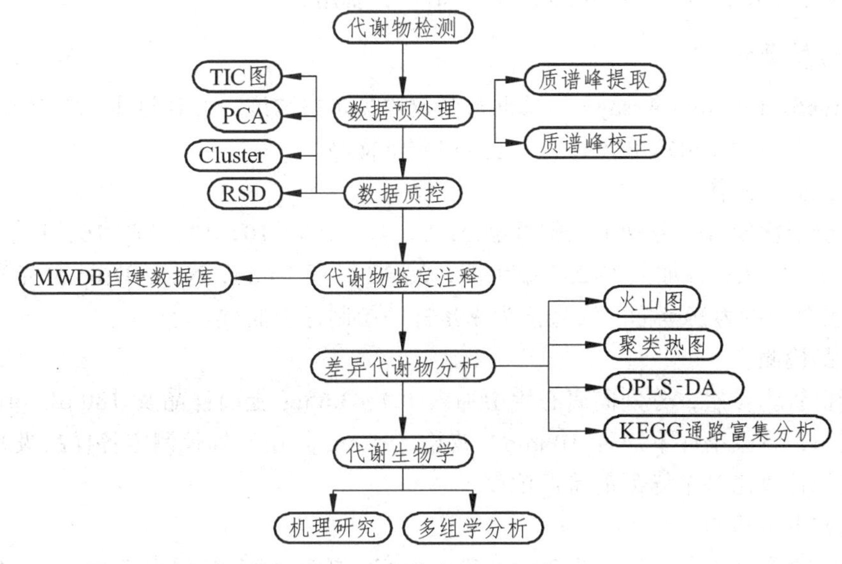

图 4-8　生物信息学分析流程

利用 Analyst1.6.3 软件及三重四极杆质谱的多反应监测模式（Multiple Reaction Monitoring，MRM）处理质谱资料及进行定量分析，对所有代谢物进行峰提取和峰校正。所有数据集经过处理后用 OPLS-DA 模型进行分析，以预测参数 R2X、R2Y 和 Q2 的值来评价模型的有效性，它们的大小直接反映了模型的可靠程度。

（三）蛋白组

1．溶液配制

（1）溶液 1（25 mmol/L NaH_2PO_4 in 25% ACN，pH 2.7）。

（2）溶液 2（25 mmol/L NaH_2PO_4，1 mol/L KCl in 25% ACN，pH 2.7）。

（3）溶液 3（5% ACN，0.1% FA）。

（4）溶液 4（95% ACN，0.1% FA）。

2．蛋白提取

（1）取一定量的茶树鲜叶，加入适量的 PVPP，液氮条件下研磨成粉末；

（2）加入 6 mL 样品裂解液，充分混匀后加入浓度为 1 mmol/L PMSF、2 mmol/L EDTA，5 min 后再加入终浓度为 10 mmol/L 的 DTT；

（3）冰浴条件下超声 15 min，4 °C、25000 × *g* 离心 20 min，取上清；

（4）加入终浓度为 10 mmol/L 的 DTT，再 56 °C 水浴 1 h，经还原打开二硫键；

（5）加入终浓度为 55 mmol/L 的 IAM，黑暗条件静置 45 min，进行半胱氨酸的烷基化封闭；

（6）加入 5 倍体积预冷过的丙酮，并 – 20 °C 下沉淀过夜，4 °C、25000 × *g* 离心 20 min，弃上清；

（7）将沉淀暴露在空气中风干以去除残余的丙酮，加入 200 μL 0.5 mol/L TEAB，并冰浴条件下超声 15 min；

（8）4 °C、25000 × g 离心 20 min，取上清液，备用。

3．蛋白质量检测

采用 Bradford Protein Assay Kit 试剂盒测定样品蛋白浓度，并通过十二烷基磺酸钠-聚丙烯酰胺凝胶电泳技术（SDS-PAGE）进行蛋白质量检测。

（1）标准曲线制作。

取离心管依次编号，分别加入标准品 0，2，4，6，8，10，12，14，16，18 μL，蒸馏水稀释，定容至 20 μL；各加入 G-250 染色液，25 °C 孵育 5 min，Nano Drop 分光光度计测定 $A_{595\ nm}$；以蛋白浓度为横坐标、吸光值为纵坐标，绘制标准曲线。

（2）样品检测。

以无蛋白管为参照，分别向离心管中加入 0.4 ~ 3.6 μg 蛋白样品及 180 μL protein assay reagent，混匀，室温条件下孵育 10 min，波长 595 nm 处用酶标仪测定各样品吸光值，最后通过标准曲线计算出各个样品的蛋白浓度。

（3）凝胶电泳检测。

取 30 μg 的蛋白样品与等量的 2 × loading buffer 混合，95 °C 温育 5 min 后，12%分离胶 120 V 恒压电泳 2 h；电泳完成后，先染色液染色 2 h，之后用脱色缓冲液重复脱色 3 ~ 5 次，每次洗脱 30 min。

4．蛋白酶解

样品分别取蛋白 100 μg，按蛋白、胰蛋白酶之比 20∶1 加入 Trypsin，37 °C 条件下酶解 4 h。之后按上述比例再次加入 Trypsin，37 °C 继续酶解 8 h。

5．iTRAQ 标记

蛋白酶解后，使用真空离心泵进行多肽干燥，0.5 mol/L TEAB 复溶多肽，按 8-plexi TRAQ 操作说明进行 iTRAQ 标记；每一组肽段用不同 iTRAQ 标签标记，室温下培养 2 h 后，标记的各组肽段混合进行 SCX 柱液相分离。

6．SCX 分离

采用 ShimadzuLC-20AB 液相系统对样品进行分离。

酶解标记后多肽混合液用 4 mL 溶液 1 复溶后，上样至 4.6 mm × 250 mm Ultrem ex SCX 色谱柱，以 1 mL/min 流速进行梯度洗脱，洗脱梯度条件为：溶液 1，10 min；5% ~ 35%溶液 2，11 min；35% ~ 80%溶液 2，1 min。

用 214 nm 监测整个洗脱过程，经筛选得到 20 个组分。分别用 StrataX 除盐柱对每个组分进行除盐，再冷冻抽干。

7．LC-MS/MS 分析

用溶液 3 将上述冷冻抽干后的每个组分分别复溶至终浓度约为 0.5 μg/μL，20000 × g 离心 10 min，去除不溶物。每个组分上样 8 μL（约 4 μg 蛋白），通过岛津公司 LC-20AD 型号的纳升液相色谱仪进行分离。

分离过程如下：先以 8 μL/min 的流速进样 4 min；以 300 μL/min 的流速梯度洗涤 40 min，洗涤梯度为溶液 4 从 2%上升到 35%；再从 35%到 80%线性洗涤 5 min；最后用 80%的溶液 4 洗柱 4 min，溶液 3 洗柱 1 min。

经液相分离的多肽进入串联 ESI 质谱仪：Q-EXACTIVE（ThermoFisher Scientific，San Jose，CA）。一级质谱分辨率设置为 70000（质荷比/半峰宽）。用碰撞能量为 27（±12%）的 HCD（High energe Collision Dissociation）模式对多肽进行筛选，二级碎片在 Orbi 中检测，分辨率为 17500。每个峰强度超过 20000 的一级母离子打 15 个二级谱图，一级扫描和二级扫描交替进行。动态排除参数设为：15 s 相同的母离子打二级不会超过 2 次。离子源电压设置为 1.6 kV。AGC（Automatic gain control）通过 orbi 来实现，其设置为：orbi 内控制聚集量在 3e6 到 1e5 之间的离子进行二级扫描鉴定。扫描的 *m/z*（质荷比）范围为 350 ~ 2000 Da。

8．生物信息学分析

（1）原始数据处理。

原始数据经降噪、去同位素等步骤获得峰图列表。同时建立参考蛋白序列数据库，进行肽段及蛋白质的鉴定，鉴定方法为使用专门的蛋白质鉴定软件 Mascot（版本为 2.3.02）对参考数据库进行搜索，参数设定见表 4-35。本实验所使用的数据库为巨桉基因组注释数据库（ftp://ftp.jgi-psf.org/pub/compgen/phytozome/v9.0/Egrandis/annotation/）。

表 4-35　Mascot 搜索参数

Item	Value
Type of search	MS/MS Ion seacl
Enzyme	Trypsin
Fragment Mass Tolerance	± 0.02 Da
Mass Values	Monoisotopic
Variable modifications	G ln->pyro-Glu (N-term Q), Oxidation (M), iTRAQSplex (Y)
Peptide Mass Tolerance	± 15 ppm
Instrument type	Default
Max Missed Cleavages	1
Fixed modifications	Carbamidomethyl (C), iTRAQSplex (N-term), iTRAQSplex (K)
Protein Mass	Unres tricted
Database	基因组注释数据库

（2）基本鉴定信息统计。

先进行鉴定质量评估，并对鉴定基本信息、定量信息及差异蛋白等分别进行分类统计。对差异倍数>1.2 倍，且经统计检验其 $p<0.05$ 的蛋白作为差异蛋白。最后对各蛋白在各样品之间的相对含量进行比较，从而获得一些感兴趣的重要蛋白。同时，将转录组数据与蛋白质组结合起来，进行蛋白质组与转录组的关联分析。

（3）GO 分析。

对所有鉴定到的蛋白进行 GO 功能注释分析（http://www.geneontology.org），并统计 3 个 ontology（cellular component，biological process，molecular function）中所涉及的 GO 条目（略去没有相应蛋白的 GO 条目）。

（4）COG 分析。

COG（Cluster of Orthologous Groups of proteins，蛋白相邻类的聚簇）是对蛋白质进行直系同源分类的数据库。构成每个 COG 的蛋白都被假定源自一个祖先蛋白，并且因此或者是直系同源（orthologs）或者是旁系同源（paralogs）。Orthologs 是指来自不同物种的由垂直家系（物种形成）进化而来的蛋白，并且特异地保留与原始蛋白相同的功能。Paralogs 是那些在一定物种中的来源于基因复制的蛋白，可能会进化出新的与原来有关的功能。将鉴定到的所有蛋白与 COG 数据库进行比对，从而预测该蛋白的可能功能并对其做功能分类统计。

（5）Pathway 分析。

进一步通过 Pathway 分析，确定蛋白参与的主要生理生化代谢途径和信号传导途径。

（6）差异蛋白的 GO 及 Pathway 富集分析。

参考转录组差异表达基因的 GO 功能分析和 Pathway 分析。

五、结果分析

对生物体内生命过程中产生的一系列代谢产物做全面的分析有助于揭示基因型和表型之间的联系，整合多组学分析是目前综合分析代谢产物的最有效的方法。转录组-蛋白质组数据彼此关联，依据 mRNA 与蛋白之间的翻译关系，通过此关系将 mRNA 与其翻译的蛋白整合，即通过蛋白 ID 查找与之匹配的转录本数据。

目前，关于蛋白质组学和代谢组学整合分析最常见的思路是基于同一条 KEGG 通路的数据整合，通过找到参与某条重要的代谢通路的差异表达的蛋白质，并在代谢组学分析结果中重点关注该通路中代谢物的变化关系，基于该 KEGG 通路进一步探讨代谢物的改变是否是由蛋白质的变化所引起，据此找到参与同一生物进程（KEGG Pathway）中发生显著性变化的蛋白质和代谢物，快速锁定关键蛋白（图 4-9）。

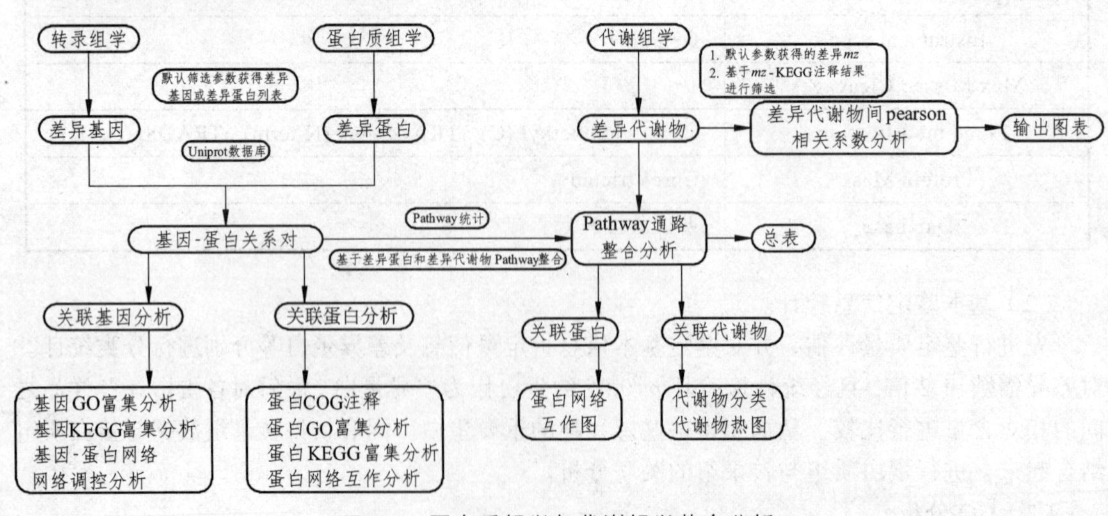

图 4-9　蛋白质组学与代谢组学整合分析

1．mRNA 和蛋白相关性分析

（1）关联蛋白 GO 分析；
（2）靶基因 GO 功能注释；
（3）靶基因 GO 富集分析；
（4）关联蛋白 KEGG 分析；
（5）靶基因 KEGG 功能注释；
（6）mRNA-蛋白关联结果聚类分析；
（7）mRNA-蛋白关联结果网络调控分析；
（8）蛋白互作网络图。

2．转录组-蛋白-代谢组关联分析

（1）基于差异 *m/z* 注释结果筛选代谢物；
（2）不同比较组差异代谢物分类；
（3）mRNA-蛋白与差异代谢物通路统计；
（4）mRNA-蛋白-代谢物聚类分析。

六、注意事项

（1）挥发性或腐蚀性液体离心时，应使用带盖的离心管，并确保液体不外漏，以免腐蚀机腔或造成事故。

（2）戴一次性手套，若不小心溅上反应液，立即更换手套；

（3）操作时设立阴阳性对照和空白对照，即可验证 PCR 反应的可靠性，又可以协助判断扩增系统的可信性；

（4）重复实验，验证结果，慎下结论。

第五章　茶树栽培质量安全评价实务

实验一　茶树田间观察记录

一、实验目的

了解茶树部分常用的植物学田间观察记录方法，掌握茶树生态特征和活动规律，为预测茶树产量及品质提供依据。

二、实验原理

茶树植物学的田间观察是观察掌握茶树生态的基本方法，也是栽培科学研究的最基本方法。外界环境条件变化，导致茶树生理、形态的变化不同，通过田间观察、调查、记载等工作，对茶树营养生长期的物候期及茶树新梢生长、茶树生长势和鲜叶机械组成分析，充分认识茶树与环境条件之间的关系，为进一步采取适当的农业技术措施奠定基础。

三、实验材料与设备

1．实验材料

不同生长势、不同种植方式、不同年龄的茶园茶树。

2．实验设备

干湿球温度表、记载表、卷尺、方框（1 m^2）、标签、台秤、放大镜等。

四、实验方法

1．茶树营养生长期的观察

（1）春芽萌发期。

在实验区内用 1 m^2 方框随机选取树冠 3～5 个观察点，每隔 2～3 d 在上午 8：00—11：00，观察营养芽、鱼叶、驻芽的数量及情况，连续观察 3 次；确定此时茶树的营养生长期，填写表 5-1。

注：新梢萌发期，芽膨大至鳞片展开前，芽体向上伸长；新梢伸长期，鱼叶展开到驻芽形成；新梢成熟期，驻芽开始形成；10%～15%鳞片开展为萌芽初期，50%以上鳞片开展为萌

芽盛期，10%～15%鱼叶开展为伸长初期，50%以上真叶开展 3～4 片为伸长盛期，10%～15%新梢驻芽达为成熟始期，50%以上新梢驻芽达为成熟盛期。

（2）各轮新梢再发期。

茶树第一轮新梢采摘后，以留下的小桩上倒数 1～2 个腋芽为观察对象，观察新梢再发期，方法同春芽萌发期。

注：最后一轮新梢停止生育达 50%以上为冬季休眠期；距离茶树 10 cm、一半植株高度处，测量茶树行间温湿度。

2．茶树生长势的观察

在实验区内用 1 m^2 方框随机选取树冠 3～5 个观察点，填写表 5-2。

（1）丛高：以对角线的方式随机选取 10 株，测定每株枝条最多的树冠高度。

（2）丛幅：以对角线的方式随机选取 10 株，测定每株侧枝最多的树冠两边直径。

（3）骨干枝：以对角线的方式随机选取 10 株，测定每株骨干枝及骨干直径。

（4）生长枝：以对角线的方式随机选取 10 株，测定每株生长枝数量。

（5）新梢生长情况：以对角线的方式随机选取 10 株，观察每株新梢生长情况。

3．茶树新梢生长观察

在实验区内用 1 m^2 方框随机选取树冠 3～5 个 10 个观察点，以对角线的方式随机选取 10 株，观察每株新梢数量，测量各种新梢的长度、着生叶数，填写表 5-3。

4．鲜叶产量

在实验区内用 1 m^2 方框随机选取树冠 10 个观察点，每个点采取新梢 50 g，10 个观察点混合均匀后称取 20～25 g，分析芽叶情况，重复 3 次，填写表 5-4。

五、结果分析

根据观察数据，填写表 5-1 至表 5-4。

表 5-1　萌发期营养芽调查统计表

观察日期：

观察点	方框内芽萌发情况									
	鳞片叶数	鱼叶数	真叶展开数							合计
			一叶	二叶	三叶	四叶	五叶	六叶	七叶	
1										
2										
平均										

表 5-2　茶树生长势统计表

单位：

观察日期	观察点	丛高/cm	丛幅/cm	骨干枝		采摘面小桩
				根数	平均茎粗/cm	

注：骨干枝离地面 20 ~ 30 cm 部位分枝粗壮的枝条测量。

表 5-3　茶树新梢生长情况观察记录表

采摘日期：

日期	观察点	方框内新梢生长情况															
		芽	一芽一叶		一芽二叶		一芽三叶		一芽四叶		一芽五叶		对芽二叶		对芽三叶		合计
			长度	数量	长度	数量	长度	数量	长度	数量	长度	数量	长度	数量	长度	数量	

表 5-4　鲜叶采摘情况与产量记载表

采摘日期：

日期	批次	天气	采摘标准	实验点鲜叶产量/kg	每亩鲜叶产量/kg	总产量/kg	留叶标准

六、注意事项

根据各地实际情况，制订实验计划：

（1）春季。

① 茶树营养生长期的观察及茶树行间温、湿度的测定；

② 茶树新梢观察；

③ 鲜叶产量记载及分析。

（2）夏季。

① 各轮新梢再发期观察；

② 茶树新梢观察；

③ 鲜叶产量记载及分析。

（3）秋季

① 休眠期观察；

② 茶树新梢观察。

实验二　茶树叶面指数的测定

一、实验目的

了解叶面积指数的测定对分析茶树叶面数量、群落生命活力、冠层结构变化及其与环境相互作用，掌握茶树叶面指数的测定方法。

二、实验原理

茶树叶面积指数即单位土地面积上的植物光合有效辐射总截取面积，也是反映茶树叶片利用光能代谢光合产物的一个重要指标，其大小直接与茶叶产量密切相关。

茶树品种及其生长环境，导致叶片的面积、宽度、长度、周长、叶片长度比和形状因子以及累积叶片面积等有差异，计算茶树叶面积指数。

三、实验材料与设备

1. 实验材料

福鼎大白茶树植株。

2. 实验设备

叶面积测定仪、方格纸、分析天平、玻片、剪刀、铅笔、直尺、橡皮、白纸等。

四、实验方法

1. 直接测定法

（1）方格法：在实验区内随机取 3 个观察点，每个观察点取 10 张叶片分别置于一块方格纸上，用铅笔描绘出其轮廓，计算所占格数的平均值。

注：叶缘不足半格者不计，超过半格按一格计。

（2）描形称重法：在实验区内随机取 3 个观察点，每个点取 10 张叶片分别置于特定的坐标纸上，描出叶片的轮廓，依叶形剪下坐标纸，称其重量，计算平均叶面积。

2. 经验公式法

（1）叶面积测定法：在实验区内随机取 3 个观察点，每个点取 10 张叶片，分别测量每个叶片的长度和宽度（宽度按叶片正中央片测量），计算平均叶面积：

$$叶面积（cm^2）= 叶长（cm）\times 叶宽（cm）\times 0.7$$

（2）玻片法：在实验区内随机取 3 个观察点，每个点取 10 张叶片置于画有 1 mm^2 小格的玻片上，数出叶子所占的方格数，计算平均叶面积。

注：边缘部分不满一格的可取估计值。

3．叶面积仪测定法

通过叶面积测定仪扫描和拍摄图像获得叶片的面积、长度、宽度、周长、长度比、形状因子和累积叶片面积等，填写表 5-5：

表 5-5　茶树植株叶面积统计分析记录表

方法	方法 1				方法 2			
	1	2	3	平均	1	2	3	平均
单个叶面积/cm^2								
叶片数目								
叶片长度/cm								
叶宽/cm								
周长/cm								
叶片长宽比/cm								
长度比/cm								
累积叶面积/cm^2								

注：常见的仪器有 CI-202 便携式叶面积仪、LI-3000 台式或便携式叶面积仪和 AM-300 手持式叶面积仪等。

五、结果分析

（1）根据叶面积计算以下指标：

$$叶面积指数=\frac{每亩株数\times 平均单株叶面积}{666.7}$$

（2）比较直接测定法、经验公式法和叶面积仪测定法 3 种方法的优缺点。

六、注意事项

（1）随机选取；

（2）精确测定。

实验三　茶树树冠性状的测定

一、实验目的

了解茶树树冠性状与产量分析的原理，掌握茶树树冠性状调与产量分析的方法。

二、实验原理

茶树树冠是同化作物及嫩梢生长的场所，其树冠结构与产量因子有关，直接或间接影响茶叶产量。通过茶树的高幅比、行株距、覆盖度、叶面积指数和叶层厚度等指标可以估测茶园产量和分析茶园的产量潜力。

三、实验材料与设备

1. 实验材料

有机茶园、无公害茶园中的茶树。

2. 实验设备

直尺、钢卷尺、手持式 GPS、游标卡尺等。

四、实验方法

在实验区内的有机茶园、无公害茶园，分别随机取 3 个观察点，每个点按五点法取 10 株茶树，利用手持式 GPS 测定茶园的面积、取样点坐标和海拔；并分别进行茶树生长势、茶树分枝结构调查。

1. 茶树生长势调查

（1）茶树年龄：从茶籽（或扦插苗）播种（或扦插）到调查时的年限。

（2）行株距：两行间对称茶树的距离为行距，同一行中相邻两丛茶树的距离为株距。

（3）高幅度：即树冠面的开度，茶树上的高度和幅度。

（4）覆盖度：树冠覆盖的面积与茶园面积之百分比，以树幅与行距比值的百分数表示。

（5）透光率：即光照透过叶层的比率，茶树冠面光照强度与冠面下光照强度比值的百分数，利用数字照度计测定茶树冠面的光照强度和冠面下 15 cm 处的光照强度。操作时迅速，探头须放平。

（6）叶层厚度：茶树冠层大多数叶子分布间的距离。

（7）叶面积指数：方法同实验 2。

2. 茶树分枝结构调查

（1）测定主干枝数目、直径（ cm）;

（2）测定骨干枝数目、直径（ cm）;

（3）一级分枝数目、角度、直径（ cm）;

（4）二级分支数目、角度、直径（ cm）;

（5）采面小桩数：10 cm×10 cm 方框内 10 cm 厚度内的小桩数及千芽重（一芽二叶）。

五、结果分析

（1）根据观察数据，填写表 5-6、表 5-7。

表 5-6　茶树生长势调查

序号	地点	品种	树龄	行株距/cm	高幅度/cm			覆盖度	透光度/%	叶层厚度/cm	叶面积指数
					树高	树幅	高幅比				

表 5-7　茶树分枝结构调查

序号	分枝级数	主干枝		骨干枝		一级分枝			二级分支			采面小桩数
		数目	直径/cm	数目	直径/cm	数目	直径/cm	角度	数目	直径/cm	角度	

2．根据茶树树冠性状，进行有机茶园、无公害茶园估产。

$$产量(kg/亩)=\frac{每亩株数\times单株叶面积\times采面小桩数\times千芽重}{666.7\times1\,000}$$

六、注意事项

（1）使用数字照度计，操作时迅速，探头须放平。

（2）直径大于 5 mm 的分枝为骨干枝，大于 10 mm 为一级分枝；大于 15 mm 为二级分枝。

实验四　茶树树冠性状的培养

一、实验目的

了解茶树树冠性状培养的原理，掌握茶树树冠性状培养的方法。

二、实验原理

茶树树冠包括主干以上全部枝、叶。茶树树冠性状培养，即根据茶树生长规律、外界环境变化和茶园栽培管理规程，修剪培养优化树冠，改变原有自然状态下的分枝习性。

三、实验材料与设备

1．实验材料

成年茶园中的茶树。

2．实验设备

枝剪等。

四、实验方法

1．定型修剪

一般每年定剪 1 ~ 3 次，第一次于 3 月 15 日离地 15 cm，第二次于 8 月 21 日离地 20 cm，第三次于 9 月 25 日离地 25 cm。

2．弯枝定剪

于 8 月 21 日用竹钩将强壮枝条离地 10 ~ 15 cm 固定弯向行间 90° ~ 110°，每株两侧弯枝各 2 根以上。

3．打顶养蓬处理

于 3 月 15 日摘去顶梢，8 月 25 日离地 30 cm 打顶轻采，之后每年各季采平树冠面。

五、结果分析

（1）在实验区域内随机选取 5 个观察点，每个点取 3 株有代表性茶树，测定分枝层次、各级分枝数量、分枝长度、粗细度、角度等树冠构成状况，填写表 5-8：

表 5-8　不同茶树品种树冠培养各指标统计调查表

记录日期：

品种	鲜叶产量			分枝层次			分枝数量			分枝长度			粗细度			角度		
	第一年	第二年	第三年	第一年	第二年	第三年	第一年	第二年	第三年	第一年	第二年	第三年	第一年	第二年	第三年	第一年	第二年	第三年

（2）比较 3 种培养方法的优缺点。

六、注意事项

3 种培养方法，次年 3 月上旬离地 30 cm 定剪，后年 3 月上旬离地 45 cm 定剪，以后年份均于 3 月上旬分别离地 55 cm 和 65 cm 定剪。

实验五　茶树修剪技术

一、实验目的

了解茶树修剪的基本知识，初步掌握茶树的修剪方法和技术要领。

二、实验原理

修剪是培养高产优质树冠的主要技术措施之一，根据茶树生长发育规律、环境变化，对茶树进行修剪，改变其分枝习性，调节茶树体内激素分布、消除顶端优势、促进腋芽萌发，降低茶树阶段性，复壮树势，改变树冠的碳氮比（C/N），促进营养生长，延长茶树经济年龄，塑造理想茶园。

三、实验材料与设备

1．实验材料

幼龄茶园、成龄茶园、衰老茶园中的茶树。

2．实验设备

篱剪、台刈锯、枝剪、卷尺、茶筐等。

四、实验方法

（1）调查幼龄茶树、成龄茶树及衰老茶树的树势，填写表 5-9。

表 5-9　不同茶树生长情况调查表

处理	树高	树幅	分枝状况	生产枝数
幼龄茶树				
成龄茶树				
衰老茶树				

（2）随机选取幼龄茶树、成龄茶树、衰老茶树各 10 m 茶行，分为不剪、轻修剪、定型修剪、重剪、台刈 5 个处理，每个处理 2 m 茶行，重复 3 次，填写表 5-10。

表 5-10　不同修剪方法茶树生长情况调查表

处理	不剪	轻修剪	定型修剪	重剪	台刈
幼龄茶树					
成龄茶树					
衰老茶树					

五、结果分析

（1）根据观察数据，完成表 5-8、表 5-9。
（2）比较不同修剪方法的优缺点。

六、注意事项

1．轻修剪

以树冠面处作标准，用篱剪水平修剪，保持茶蓬宽度。

注：封行前的茶园每次修剪比上一次剪口提高 6 ~ 8 cm，封行后提高 3 ~ 5 cm，同时保证留下一层当年生较为粗壮的枝条作为第二年新梢萌发的基础。

2．深修剪（回剪）

剪去茶树冠面上 2 ~ 3 层老枝条，修剪后消除病、枯、弱及下垂枝和铺地枝，经 1 ~ 2 年留养，重新培养树冠后，按正常生产茶园进行采摘。

3．重修剪

用台刈锯将 30 ~ 60 cm 分枝剪去，只保留 2 ~ 3 层骨干枝。

4．台　刈

大中叶种离地面 10 ~ 15 cm 处用台刈锯剪去，小叶种离地面 5 ~ 10 cm。

注：台刈切口不能低于地面，台刈时切口要求平滑，不要割裂以免影响发芽。

实验六　新茶园的开辟和建立

一、实验目的

了解新茶园的基础知识，掌握新茶园开辟方法。

二、实验原理

新茶园的建设主要包括以下几个方面：

（1）园地选址：需衡量气候、土壤、地形是否适宜茶树栽培。

（2）园地规划：以水土保持为中心，规划好道路及排灌系统。

（3）园地开垦：平地开垦，深翻平整；缓坡地开垦，由下而上按横坡等高进行；陡坡地，修筑梯田，尽可能等高等宽，外埂内沟，梯梯接路，沟沟相通。

三、实验材料与设备

适宜种植茶树的荒地。

四、实验方法

1．园地选择

（1）气候。

① 年平均气温在 13 °C 以上，生长季节月平均气温在 15 °C 以上；

注：灌木型茶树越冬期绝对最低气温不低于 – 18 °C，乔木型茶树不低于 – 5 °C。

② 年降雨量在 1000 mm 以上，生长季节月平均降水量在 100 mm 以上；

③ 年平均相对湿度最好 80%以上。

（2）土壤。

土层深度在 60 cm 以上，呈酸性，pH 4.0 ~ 6.5，且不积水。

（3）地形

坡度 25°以下的山地或丘陵地，相对高度不超过 500 m。

注：坡度在 15°以下，比较集中连片且有规则的缓坡较为理想。

2．园地规划（以千亩以上茶园为例）

（1）干道：连接附近公路，至少能供农用车通行；

（2）支道：连接干道，用于茶园机械作业；

（3）区道：便于农事作业；

（4）排灌系统：排除积水，防止冲刷，利于灌溉和蓄水抗旱，包括纵水沟、横水沟、隔离沟、蓄水池等。

3．园地开垦

以秋、冬少雨季节为宜，开垦深度约 50 cm。

注：若是生荒地，种植前还需进行复垦，深度约 25 cm。

五、结果分析

根据上述方法，制订一份 100 亩新茶园建设方案。

六、注意事项

（1）茶园开垦前，应清理地面树木、树桩、杂草、乱石等。

（2）铁芒箕（狼箕）、映山红（杜鹃）、油茶、马尾松、杨梅、杉树生长良好的土壤，也适宜种茶。

实验七　茶园杂草识别及防治

一、实验目的

了解茶园常见主要杂草的种类及特征，掌握正确的茶园杂草防治方法。

二、实验原理

茶园杂草的种类繁多，适宜生长于旱地酸性土壤，一至多年生；常以种子、根、茎进行繁殖，因季种不同，茶园杂草种类各异。

三、实验材料与设备

1. 实验试剂

除草剂（草甘膦、百草枯、茅草枯、扑草净等）、自来水等。

2. 实验设备

喷雾器、镰刀、垃圾袋、量杯。

四、实验方法

常见田间杂草的种类：辣子草、牛筋草、反枝苋、猪殃殃、马塘葶苈、米瓦罐、老鹳草、婆婆纳、卖家公、莎草、画眉草、紫被草、廖科植物、小飞蓬、狗尾草、荩草、鸡眼草、鸭跖草、盛红蓟、杠板归、荆三棱、卷耳、水苏、毛茛、通全草、蒲公英、鼠曲、蛇莓、葎草、乌敛梅、三叶鬼针草、艾蒿、龙葵、狗牙根、繁缕等。

五、结果分析

（1）随机选取茶园杂草 3 ~ 5 种，描述其特征、盛发时期、防治方法，填写表 5-11：

表 5-11　茶园杂草调查表

名称	特征	盛发时期	防治方法	备注

（2）比较各种杂草防治方法的优缺点。

六、注意事项

（1）随机选取；
（2）如实填写。

实验八　茶园冬季施肥技术

一、实验目的

了解茶园冬季施肥的原理，掌握施肥用量及合适施肥时间。

二、实验原理

施肥是为了保证茶树生长的营养需求，为新梢及嫩芽生长提供充足的物质基础；秋季茶园停采后，茶树地上部分停止生长，而地下部分进入生长高峰期，施入大量的基肥能增强茶树越冬抗寒的能力，为第二年春茶树生长提供良好的物质基础。

注：茶树是叶用类，以施氮肥主，配合施磷、钾肥。

三、实验材料与设备

福鼎大白品种茶园，磷肥（过磷酸钙）、氮肥（尿素）、钾肥（硫酸钾）、有机肥（磷酸二氢钾）等。

四、实验方法

1．施肥量

一般每亩施氮肥（尿素 65 ~ 75 kg）25 ~ 30 kg、磷肥（过磷酸钙 50 ~ 75 kg）7 ~ 10 kg、钾肥（硫酸钾 15 ~ 20 kg）7 ~ 10 kg。

注：根据树势、树龄、采叶量与次数和土壤条件确定茶树施肥量，一般青年期或少采的应少施；壮年期、多采叶及土壤瘦瘠的要多施。

2．施肥时间

（1）基肥：于秋冬（9—11 月），以沟施或穴施于茶叶根系密集区，每亩施厩肥约 1000 kg 或尿素 26 ~ 30 kg、过磷酸钙 50 ~ 70 kg、硫酸钾 10 kg。

注：以有机肥和磷肥为主，施用量占全年施肥量的 40%。

（2）追肥。

以氮肥为主，于 2—9 月分批追施，即春茶（2—3 月）、夏茶（5 月）、秋茶（7 月）。

① 2—3 月追肥，每亩用尿素约 20 kg、硫酸钾约 10 kg 混匀，配置为 3% ~ 5%水溶液，点施。

② 5 月上中旬追肥，每亩用尿素约 7 kg。

③ 7 月上旬追肥，每亩尿素约 14 kg，兑成 2% ~ 3%水溶液进行点根浇施或根外追肥，将 0.5%尿素、1% ~ 2%过磷酸钙水肥液，每亩喷施肥液约 200 kg。

注：搅拌溶解，静止过夜。

五、结果分析

（1）根据施肥情况，填写表 5-12。

表 5-12　福鼎大白茶树冬季施肥后调查表

名称	特征	采叶量	次数	土壤条件
磷肥				
氮肥				
钾肥				
有机肥				

（2）拟定一份施肥方案。

六、注意事项

全年施肥量按施肥期比例分配；每亩按 400 丛茶树计算，丛数增减时，施肥量也可增减；可按肥料种类所含三要素成分计算不同肥料施用量。

实验九　常见化学肥料鉴定

一、实验目的

了解化学肥料的基本知识，掌握常用化学肥料的一般鉴别方法。

二、实验原理

若运输或贮存过程中包装损坏或容器转换，导致化学肥料的名称、有效成分含量和厂家等缺失，可根据物理性质（溶解度、气味）、外观性状（结晶程度、颜色）和化学性质（化学反应、火焰燃烧反应）等进行鉴别，以区分肥料的名称和成分，有利于合理贮存和施用。

三、实验材料与设备

1．实验试剂

NaOH、二苯胺、萘氏试剂、地旦黄、草酸、$BaCl_2$、$AgNO_3$、HCl、$SnCl_2$、钼酸铵、$CuSO_4$及鉴定化学肥料。

2．实验设备

酒精灯、白瓷比色板、石蕊试纸、滴管、试管等。

四、实验方法

1．感官鉴定

根据化学肥料的物理性质和外观状况进行初步判断。

（1）氮肥和钾肥：白色晶体，易溶于水，常见的有尿素、硫铵、碳铵、硝酸铵、氯化铵、硫酸钾、氯化钾、硝酸钾、磷酸铵、聚磷酸二氢钾、磷酸二氢钾。

（2）磷肥：以钙镁离子为主的磷酸盐，灰色非晶体，粉末状，难溶于水或部分溶于水，常见的有钢渣磷肥、钙镁磷肥、脱氟磷肥、硝酸铵钙、磷矿粉、过磷酸钙等。

（3）石灰氮：粉状非晶体，难溶于水，作为脱叶剂用于灭血吸虫。

2．化学鉴定

准确称取待鉴定化学肥料 10 g 溶解于 100 mL 蒸馏水中，待用。

（1）NH_4^+鉴定。

取上述溶液 1 mL 于试管中，加 5 滴 10% NaOH，置于酒精灯上加热；产生刺激性气味，且使湿润的红色石蕊试纸变蓝，则含有 NH_4^+，反应如下：

$$NH_4^+ + OH^- \longrightarrow NH_4OH \longrightarrow NH_3\uparrow + H_2O$$

或取上述溶液 3～5 滴于白瓷比色板凹穴中，加萘氏试剂 1 滴，产生橘黄色沉淀，则证明含有 NH_4^+，反应如下：

$$NH_4^+ + \text{萘氏试剂} \longrightarrow \text{橘黄色沉淀}\downarrow$$

（2）K^+鉴定。

取上述溶液 1 mL 于试管中，加 10% NaOH 煮沸驱 NH_3，再用 10% HAc 酸化，并加亚硝酸钴钠试剂，产生黄色沉淀，则证明含有 K^+。

（3）Ca^{2+}的鉴定。

取上述溶液 1 mL 于试管中，加 2 滴 5%的草酸溶液，产生白色沉淀，则证明有 Ca^{2+}，反应如下：

$$Ca^{2+} + C_2O_4^{2-} \longrightarrow CaC_2O_4\downarrow$$

（4）Mg^{2+}的鉴定。

取上述溶液 2 滴于白瓷比色板凹穴中，加 4 滴 10% NaOH、2 滴镁试剂，产生砖红色沉淀，则证明含有 Mg^{2+}，反应如下：

$$Mg^{2+} + OH^- \longrightarrow Mg(OH)_2\downarrow$$

（5）Cl^- 的鉴定。

取上述溶液 1 mL 于试管中，加 1 滴 1% $AgNO_3$，产生白色沉淀产生，则证明含有 Cl^-，反应如下：

$$Cl^- + Ag^+ \longrightarrow AgCl\downarrow$$

（6）SO_4^{2-} 的鉴定。

取上述溶液 1 mL 于试管中，加 1 滴 2.5% $BaCl_2$ 溶液，产生白色沉淀，再加 1% HCl，沉淀不溶解，则证明含有 SO_4^{2-}，反应如下：

$$SO_4^{2-} + Ba^{2+} \longrightarrow BaSO_4\downarrow$$

（7）PO_4^{3-} 的鉴定。

取上述溶液 1 mL 于试管中，加 2～3 滴钼酸铵溶液，摇匀，再加 2 滴 $SnCl_2$，产生蓝色，则证明含有 PO_4^{3-}，反应如下：

$$PO_4^{3-} + MoO_4^- + H^+ \longrightarrow \underset{\text{（磷钼杂多酸根）}}{[PMo_{12}O_{40}]^{3-}} \longrightarrow \underset{\text{（磷钼杂多蓝）}}{(MoO_2\cdot 4MoO_3)_2\cdot H_3PO_4} + SnCl_2$$

（8）NO_3^- 的鉴定。

取上述溶液 2 ~ 3 滴于白瓷比色板凹穴中,加 1%二苯胺 2 滴,产生蓝色,则证明含有 NO_3^-;或硝酸试粉检查,取待鉴肥料液 2 ~ 3 滴于白瓷比色板中,加一小勺硝酸试粉,产生粉红颜色,则证明含有 NO_3^-,反应如下:

$$二苯胺+NO_3^-+H_2SO_4 \longrightarrow 缩二苯胺氧化物(蓝色)$$

(9)HCO_3^-鉴定。

取上述溶液 2 mL 于试管中,加 10 滴 10%HCl,产生气泡,则证明含有 HCO_3^- 或 CO_3^{2-},反应如下:

$$HCO_3^- + H^+ \longrightarrow H_2CO_3 \longrightarrow CO_2\uparrow + H_2O$$

(10)尿素的鉴定。

取上述溶液 1 mL 于试管中,放置酒精灯上加热溶化,冷却,加 2 mL 水溶解,再加入 5 滴 10% NaOH,3 滴 0.5% $CuSO_4$,摇匀,产生淡紫色,则证明含有尿素。

五、结果分析

(1)根据上述鉴定结果,填写表 5-13。

表 5-13 肥料感官、化学鉴定结果统计表

肥料名称	外形	颜色	气味	吸湿性	溶解度	酸碱性	离子反应

(2)比较各种鉴定方法的优缺点。

六、注意事项

(1)每个样品需注明标签。
(2)注意观察反应过程,颜色变化。

实验十 茶园土壤剖面形态观察

一、实验目的

了解土壤的特性,掌握茶园土壤剖面形态观察的方法。

二、实验原理

土壤剖面,指由地面向下挖掘,展露的垂直切面,且可见不同的土层以及各层次土壤的

质地、结构、颜色、湿度、孔隙度、坚实度、侵入体、新生体等外部形态特征。通过测定 pH、泡沫反应、亚铁反应等，观察茶园土壤剖面的外部形态特征，指导茶园生产管理。

三、实验材料与设备

1．实验材料

无公害茶园、有机茶园。

2．实验试剂

10%盐酸、酸碱混合指示剂等。

3．实验设备

土铲、铁锹、锄头、剖面刀、钢卷尺、放大镜、铅笔、小刀、橡皮擦、白瓷比色板、土壤剖面记录表等。

四、实验方法

（一）土壤剖面

在实验区域内分别选择 3 个具有代表性无公害茶园、有机茶园的地块，于观察面向阳挖掘长 1.5～2.0 m、宽 0.6～0.8 m、深 1.5 m 的土壤剖面（图 5-1）。根据颜色、结构、质地、松紧程度、根系分布、新生体等划分土层，将观察面分成两半，一半整理为毛面，另一半为光面，待观察。

注：避免路旁、田边、沟渠边及新垦搬运过的地块；挖掘时表土和心土分开放，保持观察面可视性。

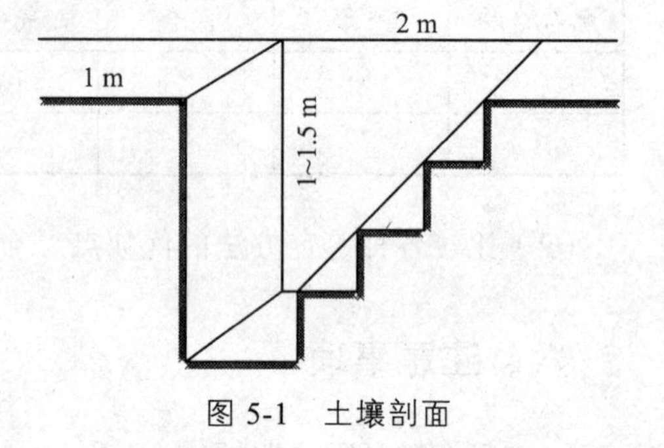

图 5-1　土壤剖面

（二）形态观察

1．土壤颜色

比色法进行。

（1）白色：含较多盐类或砂粒。

注：钙、镁等盐类，及石英、长石、白云母等矿物质呈白色。

（2）黑色或褐色：含较多腐殖质或深色矿物或岩石。

（3）其他颜色：铁氧化物失水生成鲜艳红色的赤铁矿（Fe_2O_3），因结晶水数不同，显示出棕、黄、黄棕、棕红、棕黑等色泽。

注：在还原状态下，二价铁化合物呈蓝、绿、深蓝、灰白等颜色。

2．湿　度

（1）湿：用手挤压样品，有水流出。

（2）潮：用手轻轻地挤压样品，变成为面团状，且无水流出。

（3）润：把样品放于手中压紧，有凉润感。
（4）干：把样品放于手中压紧，无凉润的感觉。

3．结　构

用手轻捏样品，使土块分散，观察其硬度、大小、内外颜色及有无锈斑、锈纹、胶膜等，确定结构类型。

4．质　地

分为干测、湿测两种方法，以湿测法为主。

5．坚实度

用坚实度计或手测定，在野外常根据小刀插入土体的深浅和阻力大小来判断：
（1）松：随意插入，深度＞10 cm；
（2）散：稍加力，深度为 7 ~ 10 cm；
（3）紧：用较大力，深度为 4 ~ 7 cm；
（4）紧实：用大力，深度为 2 ~ 4 cm；
（5）坚实：用很大力，深度为 1 ~ 2 cm。

6．孔隙状况

根据透气孔隙大小不同，可分为：
（1）细孔状：直径小于 1 mm；
（2）中孔状：直径 1 ~ 2 mm；
（3）粗孔状：直径 2 ~ 3 mm。
注：土壤孔隙有根孔、虫孔及结构体内外的孔隙、裂缝等，其裂缝<3 mm 为细，3 ~ 10 mm 为中，＞10 mm 为粗。

7．新生体

观察土壤剖面新生体的颜色、种类、分布及形状的特点和深度。
注：新生体是在土壤形成过程中产生的盐结皮、盐霜、假菌丝体、石灰质斑点、石灰质硬盘、石灰结核等物质，非母质所固有。

8．侵入体

侵入体是外界侵入土壤中的砖渣、瓦片、石块、炭屑、煤渣、砖片、骨头等物体，非母质所固有。

9．根系分布

根据根系分布的多少、深度、粗细，可分为：
（1）多量：≥10 条/cm^2；
（2）中量：5 ~ 10 条/cm^2；
（3）少量：约 2 条/cm^2；
（4）无根：未见根痕。

五、结果分析

（1）根据上述观察数据，填写表 5-14、表 5-15。

表 5-14　土壤剖面记录

剖面编号：　　　　日期：　　　　天气：　　　　调查人：

地点		地形图幅/航（卫）片号	
土壤俗名		正式定名	
地形		海拔	
母质类型		自然植被	
侵蚀情况		潜水位及水质	
土地利用		排灌条件	
施肥情况		认为影响	
轮作状况		一般产量/kg·亩$^{-1}$	
土壤剖面综合评述：			

表 5-15　土壤形态特征的观察记录

剖面编号：　　　　日期：　　　　天气：　　　　调查人：

土壤刨面图	层次	深度	颜色		干湿度	结构	地质	松紧度	孔隙	新生体			浸入体	根系	野外测定	
			干	润						种类	形态	数量			pH	石灰反应

（2）比较无公害茶园、有机茶园的土壤形态特征。

六、注意事项

（1）常见土壤颜色有黑、白、红、黄及其混合色。

（2）观察时，先确定主色，再确定次色；

（3）确定土壤颜色时，旱地以干状态为准，田地以实时状态为准。

实验十一　茶园土壤样品采集与制备

一、实验目的

了解土壤样品采集与制备的基本知识，掌握茶园土壤样采集与制备的方法。

二、实验原理

土壤样品采集与制备是土壤分析过程中的一个重要环节，对实验结果与分析的准确性和应用价值至关重要，需按照科学的方法进行。

采集原则为“多点、均匀”：常以“S”形布点；若面积小、地势平坦，则以对角线或棋盘式布置 5 ~ 20 个点。

三、实验材料与设备

布袋、小铁铲、镊子、研钵、铅笔、木锤、标签、钢卷尺、广口瓶、盛土盘、土壤筛（18 目、60 目）等。

四、实验方法

1. 采样方法

在实验区域内选取 3 个观察点，每个点常用 5 点取样法，刮去表土 2 ~ 3 mm，取深度 15 ~ 20 cm 的混合土样约 1 kg，除去石砾、根系等杂物。

2. 采样时间

按照茶树生育期定期取样，常于收获后或施肥前后等。

3. 样品制备

（1）风干剔除杂物。

将新鲜土样平铺于木板或纸板上，于阴凉通风处晾 5 ~ 7 d，抑制化学变化和微生物活动。

注：严禁暴晒或被酸碱气体等物质的污染，剔除根茎叶、虫体、新生物等。

（2）研磨过筛。

将风干土样平铺于木板或纸板上，用木棒碾碎，过 1 mm（18 目）筛。

注：制备样品 2 份，一份用于 pH、速效养分等测定；另一份过 0.25 mm（60 目）筛，用于机质、全氮测定。

（3）装瓶储存。

将上述样品装入具有磨口塞的广口瓶中，注明土壤样品编号、采集地点、名称、深度、筛孔号、采集人及日期等，置于低温、避光、干燥、无气体污染的环境中（有效期约为 1 年）保存，备用。

五、结果分析

（1）简述常规土壤样采集与制备的方法。

（2）草拟一份测定茶园土壤中有机质及氮、磷、钾的土样采集与制备方案。

六、注意事项

避免路旁、田边、沟边、填方、挖方及堆肥等特殊地点采集。

实验十二　茶园土壤中有机质的测定

一、实验目的

了解土壤有机质的基本知识，掌握茶园土壤有机质的测定方法。

二、实验法原理

土壤有机质含量是评价土壤肥力高低的重要指标，其中有机碳可被重铬酸钾-硫酸溶液（稍过量）氧化，剩余的重铬酸钾可用硫酸亚铁（或硫酸亚铁铵）滴定，溶液颜色由橙色或黄绿色经绿色、灰绿色最终变为棕红色为止，其反应式如下：

$$2K_2Cr_2O_7+3C+8H_2SO_4 \longrightarrow K_2SO_4+2Cr_2(SO_4)_3+3CO_2+8H_2O$$

$$K_2Cr_2O_7+6FeSO_4+7H_2SO_4 \longrightarrow K_2SO_4+Cr_2(SO_4)_3+3Fe_2(SO_4)_3+8H_2O$$

注：邻啡罗啉（$C_2H_8N_2$）指示剂在氧化条件下呈淡蓝色，但被重铬酸钾的橙色掩盖。

三、实验材料与设备

1．实验材料

有机茶园、无公害茶园土壤。

2．实验试剂

浓 H_2SO_4、石蜡（固体）或磷酸或植物油、重铬酸钾（$K_2Cr_2O_7$）、硫酸亚铁（$FeSO_4{\cdot}7H_2O$）或硫酸亚铁铵、硫酸亚铁和邻啡罗啉等。

（1）邻啡罗啉指示剂：取硫酸亚铁 0.659 g、邻啡罗啉 1.485 g，溶于 100 mL 蒸馏水中，棕色滴定瓶贮藏，备用。

（2）6 mol/L 硫酸溶液：蒸馏水中，边搅拌边缓慢加入浓硫酸，体积比 2∶1。

（3）0.1333 mol/L 重铬酸钾（$K_2Cr_2O_7$）标准溶液：取重铬酸钾 39.216 g（AR），于 130 °C 烘焙 3 ~ 4 h，400 mL 蒸馏水中热溶解，冷却后定容至 1000 mL，摇匀，备用。

（4）0.2 mol/L 硫酸亚铁（$FeSO_4{\cdot}7H_2O$）或硫酸亚铁铵溶液：取硫酸亚铁 55.60 g 或硫酸亚铁铵 78.43 g（AR），蒸馏溶解后加 6mol/L H_2SO_4 1.5 mL，再定容至 1000 mL，备用。

（5）硫酸亚铁溶液的标定：取 15.0 mL 重铬酸钾标准溶液，于 250 mL 三角瓶中，加 5 mL 6 mol/L H_2SO_4 和 15 mL 蒸馏水，再加入邻啡罗啉指示剂 3 ~ 5 滴，摇匀，最后用硫酸亚铁或硫酸亚铁铵溶液滴定至棕红色。其浓度计算公式为：

$$c=\frac{6\times0.1333\times5.0}{V}$$

式中　c ——硫酸亚铁溶液物质的量浓度，mol/L；

V ——滴定用硫酸亚铁溶液的体积，mL；

6 ——6 mol $FeSO_4$ 与 1 mol $K_2Cr_2O_7$ 完全反应的摩尔系数比。

3．实验设备

油浴锅、电炉、硬质试管、温度计、铁丝笼、滴定管、移液管、量筒、分析天平、三角瓶、漏斗等。

四、实验方法

1．样品制备

（1）分别取 60 号筛有机茶园、无公害茶园土壤 0.5000 g 于试管中，依次加入 5.00 mL 重铬酸钾标准溶液、5 mL 浓硫酸，以石英砂或灼烧土样为空白对照，重复 3 次；摇匀，备用。

（2）将试管置于 185 ~ 190 °C 油（磷酸或植物油）浴锅中沸腾 5 min（试管内出现大量气泡开始计时），取出冷却，备用。

2．溶液滴定

（1）洗入 250 mL 三角瓶中，使溶液总体积达 80 mL，浓度为 3 mol/L，加入邻啡罗啉指示剂 3 ~ 5 滴，摇匀。

（2）再用标定过的硫酸亚铁溶液滴定，溶液颜色由橙色（或黄绿色）经绿色、灰绿色最终变为棕红色为止。

五、结果分析

（1）根据观测数据，计算待测土壤有机质的含量

$$有机质=c\times\frac{(V_0-V)\times0.003\times10724\times1.1}{风干样重\times K_2}\times100\%$$

式中　c ——硫酸亚铁物质的量浓度，mol/L；

V_0 ——空白对照消耗硫酸亚铁溶液的体积，mL；

V ——待测土样消耗硫酸亚铁的体积，mL；

0.003 ——1/4 mmol 碳的质量，g；

10172 ——由土壤有机碳换算成有机质的换算系数；

1.1 ——校正系数（氧化率为 90%）；

K_2 ——风干土样换算成烘干样的水分换算系数。

注：取风干的待测土样 $m_{风}$，于 105 °C 烘至恒重 $m_{烘}$，则 $K_2=m_{烘}/m_{风}$。

（2）比较有机茶园、无公害茶园土壤中有机质的差别。

六、注意事项

（1）须清除土壤样品中的植物根、茎、叶等有机物，保持其纯净。

（2）土壤有机质含量为 7%～15%时取 0.1000 g，2%～4%时取 0.3000 g，少于 2%时取≥0.5000 g。

（3）沸煮时，计时须准确。

（4）若土壤样品含氮化物较多，应加入 0.1mol/L 硫酸银消除氯化物的干扰。

（5）若土壤样品为石灰性时，须缓慢加入浓硫酸，以防止因碳酸钙分解而激烈发泡引起的样品飞溅损失。

（6）沸腾 5 min 后，溶液颜色为橙黄色或黄绿色；若以绿色为主，则表明重铬酸钾用量不足，且在滴定硫酸亚铁消耗量小于空白 1/3 时，需弃去重做。

实验十三　茶园土壤中铵态氮的测定

一、实验目的

了解土壤铵态氮的基本知识，掌握茶园土壤铵态氮的测定方法。

二、实验原理

土壤铵态氮是评价土壤肥力高低的重要指标，常见土壤 NH_4^+-N 的测定方法有直接蒸馏法和浸提法。

（1）直接蒸馏法：即直接对蒸馏瓶中的样品进行加热蒸馏的分离过程，从样品中分离出（半）挥发性的杂质，将不挥发或难挥发的物质留下。

注：在弱碱性蒸馏时，若样品中含有氧化镁，使某些有机氮水解产生 NH_3，导致结果偏高；且直接蒸馏法操作复杂，不适于大量样品分析。

（2）靛酚蓝比色法：即用挥发性有机溶剂将原料中的某些成分转移到溶剂相中，再通过蒸馏等手段得到所需的较为纯净的萃取组分。利用氯化钾溶液提取土壤中的 NH_4^+，且在强碱性介质中与次氯酸盐和苯酚反应，生成水溶性染料靛酚蓝，其颜色深浅与溶液中的 NH_4^+-N 含量呈正比，线性范围为 0.05～0.5 mg/L。该方法灵敏度、准确度较高，适宜大量样品的自动化分析。

三、实验材料与设备

1．实验材料

有机茶园、无公害茶园新鲜土样。

NaOH、EDTA-Na_2、醋酸钠、苯酚、次氯酸钠、NH_4Cl、KCl、聚丙烯酰胺等。

2．实验试剂

（1）NaOH 溶液：取 6.75 g NaOH、0.75 g EDTA-Na_2、1.25 g 醋酸钠，溶于 250 mL 蒸馏水中，250 mL 试剂瓶贮藏，备用。

注：EDTA-Na_2 作为金属离子的掩蔽剂，防止干扰，醋酸钠可增加显色的稳定性。

（2）90%苯酚溶液：45 g 苯酚溶于 50 mL 水中，即可。

注：为了防止苯酚结块，可加热至 60 ~ 70 °C。

（3）碱性苯酚溶液标定：取 36 mL 90%苯酚溶液于三角瓶，加入 250 mL 蒸馏水，摇匀，备用。

（4）次氯酸钠溶液：取 100 mL NaClO 于三角瓶，加入 400 mL 蒸馏水，摇匀，备用。

（5）NH_4^+-N 标准溶液：

① 取 1.9105 g NH_4Cl（预先 65 °C 烘焙 4 h），溶解后用蒸馏水定容至 500 mL，摇匀，备用；

② 再取 1 mL 上述溶液于 100 mL 容量瓶中，蒸馏水定容，摇匀，备用；

③ 最后分别取 0、0.5、1、2、4、8 mL 上述溶液于 25 mL 比色皿中，蒸馏水定容，摇匀，得到浓度为 0.0、0.2、0.4、0.8、1.6、3.2 mg/L NH_4^+-N 标准溶液。

（6）1 mol/L KCl 浸提剂：取 74.5 g，KCl 用蒸馏水溶解，再加入 0.25 g 聚丙烯酰胺，蒸馏水定容至 1000 mL，摇匀，备用。

3．实验设备

恒温复式振荡机、分光光度计、分析天平、比色皿、移液管、容量瓶、三角瓶等。

四、实验方法

1．浸　提

分别取 20.00 g 有机茶园、无公害茶园新鲜土样置于 200 mL 三角瓶中，加入 100 mL KCl 溶液，盖塞恒温振荡 1 h，静置冷却吸取上清液，以石英砂或灼烧土样为空白对照，重复 3 次，待测。

注：若 24 h 内不能进行检测，需将上清液过滤于 50 mL 容量瓶中，待测。

2．测　定

取上清液 5.00 mL 于 25 mL 容量瓶中，加入 4 mL 碱性苯酚溶液、10 mL 次氯酸钠溶液，KCl 定容，摇匀，静置 1 h，测定 $A_{630\ \mathrm{nm}}$。

注：保持上清液中含铵态氮 5 ~ 25 μg，待取液 2.00 ~ 10.00 mL。

3．标准曲线制备

分别取 1.0 mL 0.0、5.0、10.0、20.0、40.0 μg/mL 的 NH_4^+-N 标准溶液于 25 mL 比色管中，KCl 定容，摇匀，静置 1 h，测定 $A_{630\ \mathrm{nm}}$。

五、结果分析

根据标准曲线，计算土壤中铵态氮的含量（测量误差范围见表 5-16）。

$$W(NH_4^+\text{-}N)=\frac{C\times t}{m\times K_2}$$

式中　$W(NH_4^+\text{-}N)$ ——铵态氮含量，mg/kg；

C ——从标准曲线上查得铵态氮含量，μg；

t ——分取倍数（浸提液总体积/吸取浸提液体积）；

m ——风干土样质量，g；

K_2 ——风干土样换算成烘干样的水分换算系数。

注：取风干的待测土样 $m_{风}$，于 105 °C 烘至恒重 $m_{烘}$，则 $K_2 = m_{烘} / m_{风}$。

表 5-16　铵态氮测量误差范围

铵态氮含量/mg·kg^{-1}	总含量/mg·kg^{-1}
>200	>10
50 ~ 200	2.5 ~ 10
<50	2.5

六、注意事项

（1）若为风干土样，则需过 2 mm 孔径筛。

（2）比色条件：

① 在碱性介质反应中，要求 pH 10.5 ~ 11.7；

② 20 °C 下，约 1 h 显色，因此加入试剂后静置 1 h 比色；

③ 稳定时间≥24 h；

④ 在碱性介质下显色，存在金属离子干扰，可用 EDTA 等螯合剂来掩蔽；

⑤ 测定范围为 0.05 ~ 0.5 mg/L。

实验十四　茶园土壤中速效磷的测定

一、实验目的

了解土壤速效磷测定原理，掌握茶园土壤速效磷测定方法。

二、实验原理

土壤性质不同，测定方法各异。

（1）中性、石灰性土壤：速效磷多以磷酸一钙和磷酸二钙的状态存在，用 0.5 mol/L 碳酸氢钠提取，碳酸根抑制土壤中碳酸钙的降解，较高 pH 抑制 Fe^{3+}和 Al^{3+}活性，利于磷酸铁和磷酸铝提取，因存在 OH^-、HCO_3^-、CO_3^- 等阴离子，利于吸附态磷置换；

（2）酸性土壤：多以磷酸铁和磷酸铝的状态存在，常以 0.5 mol/L 碳酸氢钠提取，于常温下，再与钼锑抗混合显色剂作用，使黄色的锑磷钼杂多酸还原成为磷钼蓝，在一定浓度范围内，蓝色深浅与磷含量成正比。

三、实验材料与设备

1．实验材料

过 2 mm 筛孔的风干土样。

2．实验试剂

（1）0.5 mol/L 碳酸氢钠溶液：称取化学纯碳酸氢钠 42 g，溶于 800 mL 蒸馏水中，以 0.5 mol/L 氢氧化钠调 pH 至 8.5，洗入 1000 mL 容量瓶中，定容至刻度，贮存于试剂瓶中，备用。

（2）无磷活性炭：用 0.5 mol/L 碳酸氢钠浸泡过夜（除去活性炭中的磷），过滤，0.5 mol/L 碳酸氢钠溶液洗 2 ~ 3 次，再水洗至无磷为止，烘干备用。

（3）磷（P）标准液：称取 45 °C 烘干 4 ~ 8 h 的分析纯磷酸二氢钾 0.2197 g，置于小烧杯中，少量水溶解，洗入 1000 mL 容量瓶中，用水定容至刻度，摇匀，即为含 50 mg/L 的磷基准溶液（可长期保存）。吸 50 mL 此溶液稀释至 500 mL，即为 5 mg/L 的磷标准液（现配现用）。

（4）7.5 mol/L 硫酸钼锑贮存液：取蒸馏水约 400 mL，于浸入水中的烧杯（1000 mL），加分析纯浓硫酸 208.3 mL，并不断搅拌，冷却至室温。另称取分析纯钼酸铵 20 g，溶于约 60 °C 200 mL 蒸馏水，冷却，再将硫酸溶液倒入钼酸铵溶液中，不断搅拌，再加入 5%酒石酸锑钾溶液 100 mL，用蒸馏水稀释至 1000 mL，混匀，贮于棕色试剂瓶中。

备注：称取 0.5 g 酒石酸锑钾，溶入 100 mL 纯净水中，即得 5%酒石酸锑钾溶液。

（5）钼锑抗混合显色剂：于 100 mL 钼锑贮存液中，加入 1.5 g 左旋（旋光度+21° ~ +22°）抗坏血酸（有效期 24 h），现配现用。

3．实验设备

分光光度计、往复振荡机、容量瓶、分析天平、塑料试剂瓶、漏斗、无磷滤纸等。

四、实验方法

1．待测液制备

称取过 2 mm 筛孔的风干土样 5 g（精确到 0.01 g），置于 250 mL 三角瓶中，加 100 mL 0.5 mol/L 碳酸氢钠溶液，再加一小勺无磷活性炭，塞紧瓶塞，在振荡器上震荡 30 min，立即用干燥漏斗和无磷滤纸，过滤于 250 mL 三角瓶中。

2．测　定

（1）吸取滤液 10 mL（含磷量高时取 2.5 ~ 5 mL，同时应补加 0.5 mol/L 碳酸氢钠溶液至 10 mL）于 50 mL 容量瓶中，加 7.5*N* 硫酸钼锑抗混合显色剂 5 mL，摇匀，二氧化碳充分排出后，加水定容至刻度，摇匀（最后的硫酸浓度为 0.375 mol/L）。

（2）30 min 后用分光光度计比色（波长 660 nm），同时做空白测定。

3．磷标准曲线绘制

分别吸取 5 mg/L 磷标准溶液 0，1，2，3，4，5 mL 于 50 mL 容量瓶中，即浓度为 0，0.10，0.20，0.30，0.40，0.50 mg/L，分别加入 0.5 mol/L 碳酸氢钠 10 mL 和 7.5*N* 硫酸-钼锑抗混合显色剂 5 mL，比色同待测液，绘制标准曲线。

五、结果分析

按下式计算土壤中的速效磷：

$$P(\text{mg}/100\ \text{g土})=\frac{\text{显色液浓度}\times\text{显色液体积}\times\text{分取倍数}}{m\times1000}\times100\%$$

式中　显色液浓度 ——标准曲线上查的磷浓度，mg/L；

显色液体积 ——50 mL；

1000 ——将微克换算成毫克的系数；

100 ——每百克样品中磷换算成毫克的系数；

分取倍数 ——浸提液总体积 100 mL/吸取浸提液体积；

m ——样品质量。

注：取风干的待测土样 $m_{风}$，于 105 °C 烘至恒重 $m_{烘}$，则 $K_2= m_{烘} / m_{风}$。

六、注意事项

（1）活性炭一定要洗至无磷、无氯反应。

（2）显色时 7.5*N* 硫酸-钼锑抗混合显色剂 5 mL，除中和 10 mL 0.5 mol/L 碳酸氢钠溶液外，其酸度为 0.375 mol/L。

（3）室内低于 20 °C 时，钼蓝有沉淀产生（0.4 mg/L 磷以上时），可将其放入 40 ~ 50 °C 的烘箱或热水中保温 20 min，冷却 30 min 比色。

附：作物对使用磷肥的反应见表 5-17。

表 5-17　作物对使用磷肥的反应（参考）

土壤速效磷含量/$\text{mg}\cdot\text{L}^{-1}$	含磷状况	作物对磷肥的作用
5	低	反应明显
5 ~ 10	中等	比较明显
10 以上	较高	反应不明显
16 ~ 25	丰富	肥沃土壤的标志

实验十五　茶园土壤中速效钾的测定

一、实验目的

了解土壤速效钾的相关知识，掌握茶园土壤速效钾的测定方法。

二、实验原理

钾是作物生长发育过程中所必需的营养元素之一，主要以 K^+存在，依据其形态和植物吸收能力分为：

（1）难溶性钾，即土壤含钾矿物，占 90%～98%；

（2）缓效性钾，即非交换态钾，占 1%～10%；

（3）速效性钾，即交换性钾和水溶性钾，仅占 1%～2%。

速效性钾，可被植物直接吸收、利用；先用 1 mol/L 醋酸铵或醋酸铵溶液浸提，NH_4^+ 与土壤胶体表面的 K^+置换，其反应如下：

$$\text{土壤胶体}\begin{matrix} H^+ \\ \\ K^+ \end{matrix}\begin{matrix} Ca^{2+} \\ Mg^{2+} \end{matrix} + nNH_4OAc \rightleftharpoons \text{土壤胶体}\begin{matrix} NH_4^+\ NH_4^+ \\ \\ NH_4^+\ NH_4^+ \end{matrix}\begin{matrix} NH_4^+ \\ NH_4^+ \end{matrix} + (n-6)NH_4OAc + Ca(OAc)_2 + Mg(OAc)_2 + KOAc$$

三、实验材料与设备

1．实验材料

有机茶园、无公害茶园风干土样。

2．实验试剂

（1）钾标准溶液：取经 110 °C 烘干 2 h 的 KCl 1 g，溶于 1 mol/L 乙酸铵溶液中，定容至 1 L，即为含 100 μg/mL 钾（K）的乙酸溶液；再吸取 100 μg/mL 钾标准溶液 1，2.5，5，10，20 mL 于 50 mL 容量瓶中，用 1 mol/L 乙酸铵定容，即为 2，5，10，20，40 μg/mL 钾标准系列溶液。

（2）中性醋酸铵溶液［$c(CH_3COONH_4)=1.0$ mol/L］：取 NH_4OAc 77.09 g，溶于 0.9 L 蒸馏水中，加入 x mL 稀 HOAc 或 NaOH，再用蒸馏水定容至 1 L。

注：

① 取 NH_4OAc 7.709 g，蒸馏水溶解，并定容至 100 mL。

② 取 50 mL 1 mol/L NH_4OAc 溶液，以溴百里酚蓝为指示剂，用稀 HOAc 或 NH_4OH 调至溶液呈绿色；根据所用的稀 HOAc 或 NH_4OH 的体积，即可算出配制 1 L 中性醋酸铵溶液需加入稀 HOAc 或 NH_4OH 的量 x mL。

3．实验设备

振荡机、火焰光度计、分析天平、容量瓶、漏斗、三角瓶等。

四、实验方法

1．待测液制备

分别取过 2 mm 筛孔的有机茶园、无公害茶园风干土样 5.00 g，置于浸提瓶中，加入 50 mL 1 mol/L 乙酸铵溶液，塞盖振荡 30 min，过滤，待测。

2．标准曲线

用 0 μg/ mL 钾标准系列溶液标零，利用检流计由稀到浓依次测定钾标准系列溶液，以检流计读数为纵坐标、钾浓度（μg/mL）为横坐标，绘制标准曲线。

3．溶液测定

利用检流计测定待测液，记录读数，利用标准曲线查询待测液钾（K）浓度（μg/ mL）。

五、结果分析

（1）根据观察数据，计算有机茶园、无公害茶园土壤速效钾的含量（结果允许偏差见表 5-18）：

$$W_{\mathrm{K}} = \frac{c \times V}{m_1 \times K_2 \times 10^3} \times 100\%$$

式中 W_{k}——速效钾（K）含量，mg/kg；

c——从工作曲线上查得待测液中钾的浓度，μg/mL；

m_1——风干土样质量，g；

V——浸提剂体积，50 mL；

K_2——风干土样换算成烘干土样的水分换算系数；

注：取风干的待测土样 $m_{风}$，于 105 °C 烘至恒重 $m_{烘}$，则 $K_2 = m_{烘}/m_{风}$。

表 5-18　实验结果允许偏差表

测定值 /mg · kg^{-1}	绝对偏差 /mg · kg^{-1}
>200	>10
200 ~ 50	10 ~ 2.5
<50	2.5

（2）比较有机茶园、无公害茶园土壤速效钾含量的差别。

六、注意事项

乙酸铵提取剂必须是中性，且乙酸铵溶液加于土样后不宜久放，防止一部分矿物钾转入溶液中，使速效钾量偏高。

实验十六　茶园土壤酸碱度的测定

一、实验目的

了解土壤酸碱度的相关知识，掌握常见茶园土壤酸碱度的测定方法。

二、实验原理

常见土壤酸碱度的测定方法有：

（1）混合指示剂比色法：依据混合指示剂显色，利用土壤酸碱度比色卡比对，可知土壤pH。

（2）电位法：通用 pH 玻璃电极为指示电极，甘汞电极为参比电极插入待测液，依据其H^+活度或负对数，将电动势换算成 pH。

三、实验材料与设备

1．实验材料

有机茶园、无公害茶园的土壤。

2．实验设备

报纸、木棍、试管、窗纱、布袋、玻璃棒、蒸馏水、pH 试纸等。

四、实验方法

1．取　样

（1）分别选取有机茶园、无公害茶园的 3～4 块具有代表性地块。

（2）按一定间隔确定取样点 5～6 个。

（3）先去掉表面的石块和动植物残体，各取 0～20 cm 内的土壤 20 g。

2．测　定

（1）取约 1 g 土样于试管中，加 5 mL 蒸馏水，震荡 30 s，静置。

（2）用玻璃棒蘸取上清液，滴于 pH 试纸上，再与标准比色卡比色。

五、结果分析

（1）根据观察数据，确定有机茶园、无公害茶园土壤的 pH。

（2）比较有机茶园、无公害茶园土壤的 pH 差别。

六、注意事项

（1）pH 或 pNa 玻璃电极敏感膜，使用前蒸馏水或稀盐酸浸泡 12～24 h，形成水化凝胶层后才能进行正常反应；但不用时，应先洗净后保存，避免长期浸泡导致玻璃溶解而功能减退。

（2）一般常用酸度计可直接读出 pH。

实验十七　茶园土壤中含水量的测定

一、实验目的

了解土壤含水量的相关知识，掌握茶园土壤含水量的测定方法。

二、实验原理

土壤田间含水量，即取 100 cm^3 区域内土样，于室内加水至毛管全部充满，置于 105 ~ 110 °C 烘箱中，烘至恒重。

水分占干土重的比例，反映了土壤保水能力，常作为灌水定额的最高指标。在地势高、水位深的地方，毛管悬着水含量最大；在地下水位高的低洼地区，接近毛管持水量。

三、实验材料与设备

1．实验材料

有机茶园、无公害茶园的土壤。

2．实验设备

铁锹、天平、纱布、滤纸、铝盒、烘箱、烧杯、滴管、干燥器、橡皮筋、玻璃皿等。

四、实验步骤

1．称　样

分别取有机茶园、无公害茶园土样（>1 mm 风干土）各 10 g，置于已知重量的铝盒中，每个土样重复 3 次。

2．烘　样

将铝盒放入烘箱，于 105 ~ 110 °C（若温度过高，有机质易碳化散逸）烘至恒重（约 8 h）。

3．烘干土重

（1）取出铝盒放入干燥器中，冷却（约 20 min）后立即称重。

（2）同上 2、3，重复烘 3 h，取出放干燥器中，冷却后立即再称重（两次重复称重之差不大于 3 mg）。

五、结果分析

（1）根据观察数据，填写表 5-19，并计算有机茶园、无公害茶园的土壤含水量。

表 5-19　茶园土壤含水量的测定

	重复	
	Ⅰ	Ⅱ
铝盒号		
铝盒加湿土重/g		
铝盒加干土重/g		
铝盒重/g		
平均/%		
相对偏差		

（2）结果计算：

① 以风干土为基数的水分含量（通常用于化学分析计算）：

$$W_{CF}(\%)=(W_2-W_3)/(W_2-W_1)\times 100$$

② 以烘干土为基数的水分含量：

$$W_{CH}(\%)=(W_2-W_3)/(W_3-W_1)\times 100$$

式中　W——含水率，%；

W_1——称皿重，g；

W_2——称皿+风干土重，g；

W_3——称皿+烘干土重，g。

$$土壤田间持水量（\%）=\frac{湿土重-烘干土重}{烘干土重}\times 100$$

（3）比较有机茶园、无公害茶园土壤含水量的差别。

六、注意事项

（1）精确称样，减少误差。

（2）铝盒干燥，并称重。

实验十八　茶园土壤中重金属的测定

一、实验目的

了解土壤中重金属的相关知识，掌握常见茶园土壤中重金属的测定方法。

二、实验原理

1．能量色散 X 射线荧光光谱法

样品中所含重金属元素的原子经高能X射线照射，发射出具有一定能量的特征X射线谱；入射 X 射线光子能量与半导体探测器输出信号的脉冲高度呈正比；通过多道分析器探测不同特征 X 射线能量位置及强度，即可进行定性和定量分析。

2．电感耦合等离子原子发射光谱法

样品经处理后，待测液引入电感耦合等离子原子发射光谱仪（ICP-AES），与工作曲线中各元素的特征谱线所对应的信号响应值相对照，即可得出各重金属元素的含量。

三、材料与设备

1．实验材料

有机茶园、无公害茶园土样。

注：采样位点的布设及采集方法按照 HJ/T 166 进行，样品的风干按照 HJ/T 166 及 GB 17378.5 进行；对于土壤元素含量不均匀的样品，应采取多点测试，采样位点不得少于 3 个。

2．实验试剂

（1）硼酸（H_3BO_3）、硝酸、30%过氧化氢、2%硝酸溶液、超纯水、高氯酸等。

（2）相关成分分析标准物质：GBW07401 至 GBW07408、GBW07423 至 GBW07430、GBW07446 至 GBW07457；

（3）Fe、Mn、Cu、Zn、Ca、Mg、P、S、K、Na 元素标准溶液（1000 μg/ mL）。

3．仪器设备

（1）分析天平、超纯水制备系统、微波消解系统、可调式电热板；

（2）能量色散型便携式 X 射线荧光光谱分析仪，内径为 34 mm 塑料杯，孔径为 0.075 mm（200 目）非金属筛；

（3）电感耦合等离子原子发射光谱仪。

注：避免使用玻璃或陶瓷器皿，以防钠元素污染，且所用器皿经 15% ~ 20%硝酸浸泡过夜。

四、实验方法

（一）能量色散 X 射线荧光光谱法

1．仪器校核

（1）依次测定浓度为满量程的 20%、50%和 80%标准土壤样品；记录标准样品 Ti、V 等 15 种金属指标通入仪器后的稳定显示值，每种浓度连续重复测定 5 次，计算相对误差。

注：相对误差≤ ± 15%。

（2）通入浓度约为满量程的50%标准土壤样品，稳定后记录仪器显示值，连续重复测定7次，计算相对标准偏差。

注：相对标准偏差≤±10%。

2．标准曲线制备

测定土壤成分分析标准物质（GBW07401 至 GBW07408、GBW07423 至 GBW07430、GBW07446 至 GBW07457 共 28 种标样），根据各元素含量及强度值建立标准曲线。

3．样品测定

（1）试样制备。

将采集的土壤样品风干，过 200 目筛，压紧，保持土样表面平整及试样均匀性和粒度与标准样一致，每个土样制备试样不得少于 3 个。

（2）试样测定。

依次测定土壤试样，记录 Ti、V 等 15 种金属指标通入仪器后的稳定显示值，每种试样连续重复测定 5 次。

注：保持测试条件与标定标准物质曲线时的测试条件保持一致。

（二）电感耦合等离子子原子发射光谱法

1．试样制备

按照 GB/T 8302 进行取样，GB/T 8303 进行制样。

注：制备过程中应注意防止样品污染。

2．试样消解

（1）微波消解法。

取试样 0.2500 g 于消解罐中，加入 6 mL 硝酸，静置 30 min；再加入 2 mL 过氧化氢，静置 2 min,放入消解转盘消解;取出冷却,将消化液移入聚氯乙烯容量瓶,蒸馏水定容至 25 mL;以试剂为空白对照，重复 3 次，混匀，待测。

注：微波消解程序参见国标 GB/T 30376—2013，消解罐位置尽量对称分布；样品中富含钾、磷、硫、钙、镁 5 种元素，应稀释后再测定。

（2）湿法消解法。

取试样 0.2500 g 于聚四氟乙烯坩埚中，加入 10 mL 混合酸[硝酸-高氯酸（10∶1）]，盖上表面皿，静置过夜；次日置于可调式电热板上 160 °C 加热消化（残留量不超过 1 mL）；取出冷却，蒸馏水洗涤定容至 25 mL 聚氯乙烯容量瓶；以试剂为空白对照，重复 3 次，混匀，待测。

注：若消化不完全，补加少量混合酸，直至冒白烟，溶液呈无色透明或略带黄色且残留量不超过 1 mL；试样中富含钾、磷、硫、钙、镁 5 种元素，应稀释后再测定。

3．测　定

（1）标准曲线制备。

标准系列 1：取 5.00 mL 铁、锰、铜、锌、钙、镁单元素标准溶液（1000 μg/mL），置于

50 mL 容量瓶中，2%硝酸溶液稀释定容，摇匀；混合配制成混合标准使用液，即每毫升溶液相当于 0.1 mg 铁、锰、铜、锌、钙、镁；再将该混合标准使用液逐级稀释至不同浓度系列的标准溶液，冷藏保存，待测。

标准系列 2：取 5.00 mL 钾、钠、磷、硫单元素标准溶液（1000 μg/mL），置于 50 mL 聚氯乙烯容量瓶中，蒸馏水稀释定容，摇匀；混合配制成混合标准使用液，即每毫升溶液相当于 0.1 mg 钾、钠、磷、硫；再将该混合标准使用液如表 5-20 逐级稀释至不同浓度系列的标准溶液，冷藏保存，待测。

表 5-20　十种元素标准溶液浓度

元素	浓度 1	浓度 2	浓度 3	浓度 4	浓度 5
铁	0.0	0.01	0.1	1.0	10
锰	0.0	0.01	0.1	1.0	10
铜	0.0	0.01	0.1	1.0	10
锌	0.0	0.01	0.05	0.5	5
钙	0.0	0.02	0.2	2.0	20
镁	0.0	0.02	0.2	2.0	20
钾	0.0	0.01	0.1	1.0	10
钠	0.0	0.01	0.1	1.0	10
磷	0.0	0.01	0.1	1.0	10
硫	0.0	0.01	0.1	1.0	10

（2）试样测定。

测定时，将标准空白溶液（2%硝酸溶液）、标准曲线溶液、试剂空白溶液、供试液分别导入电感耦合等离子原子发射光谱仪（ICP-AES）中，测定溶液中待测元素含量。

注：待离子体稳定后进行测定，标准曲线溶液按照浓度由低到高顺序导入 ICP-AES，仪器参考条件参见 GB/T 30376—2013 附录 B。

五、结果分析

（1）根据能量色散 X 射线荧光光谱法观测数据，计算试样中重金属元素含量。

主要步骤如下：

① 测量土样被激发后产生的 X 射线荧光特征峰强度，再根据以下公式将测量强度转换为理论强度：

$$Y_i = K_i \times I_i$$

式中　Y_i ——某元素 i 的理论强度，cps；

K_i ——比例系数，初始可设定为不为 0 的固定值；

I_i ——某元素 i 的测量强度，cps。

② 根据以下公式，计算 i 元素的最初含量：

$$W_i^{(0)} = Y_i / I_i^{\text{pure}}$$

式中　$W_i^{(0)}$ ——某元素 i 的最初含量，10^{-6}；

Y_i ——某元素 i 的理论强度，cps；

I_i^{pure} ——纯物质 i 的理论强度，cps。

③ 根据以下公式，将 i 元素的含量归一化：

$$W_i^{(0)} = W_i^{(n)} / \sum W_j^{(n)}$$

式中　$W_i^{(n)}$ ——某元素 i 第 n 次逐次近似的含量，10^{-6}；

$\sum W_j^{(n)}$ ——包含 i 元素的所有元素含量之和，10^{-6}。

④ 根据某元素 i 第 n 次逐次近似的含量 $W_j^{(n)}$，由以下公式计算 i 元素的第 n+1 次逐次近似的含量：

$$W_i^{(n+1)} = Y_i \times W_i^{(n)} / X_i^{(n)}$$

式中　$W_i^{(n+1)}$ ——某元素 i 第 n+1 次逐次近似的含量，10^{-6}；

Y_i ——某元素 i 的理论强度，cps；

$W_i^{(n)}$ ——某元素 i 第 n 次逐次近似的含量，10^{-6}；

$X_i^{(n)}$ ——第 n 次 i 元素谱线的理论强度，其值为 i 元素一次激发荧光 X 射线强度与二次激发荧光 X 射线强度之和。

⑤ 根据以下公式，判断 i 元素含量的收敛性，重复（3）（4）过程，直到满足以下公式为止，则 $W_i^{(n+1)}$ 为 i 元素经过基本参数法校正后的强度：

$$\left|(W_i^{(n+1)} - W_i^{(n)}\right| / W_i^{(n)} \leqslant Q_i$$

式中　$W_i^{(n+1)}$ ——某元素 i 第 n+1 次逐次近似的含量，10^{-6}；

$W_i^{(n)}$ ——某元素 i 第 n 次逐次近似的含量，10^{-6}；

Q_i ——某元素 i 的收敛系数，可综合考虑测试精度和时间后赋予其值。

（2）根据电感耦合等离子原子发射光谱法观测数据，计算试样中重金属元素含量。

$$X = (A_{1i} - A_{0i}) \times f \times V / m$$

式中　X——试样中待测元素 i 的含量，mg/kg）；

A_{1i} ——供试液中待测元素 i 的含量，mg/L；

A_{0i} ——试剂空白液中待测元素 i 的含量，mg/L；

V——供试液体积，mL；

f——供试液稀释倍数。

注：保留 3 位有效数字，在重复性条件下获得的 2 次独立测定结果的绝对差值不得超过算术平均值的 10%。

（3）比较上述两种测定方法的差别。

六、注意事项

（1）影响能量色散 X 射线荧光光谱法测量结果的因素如下：

① 被测土样与标准物质所含元素组成和含量有较大的差异；

② 被测土样的表面不平整；

③ 测量时间；

④ 样品测量的面积；

⑤ 被测样品的均匀程度。

（2）基本参数法的计算过程中，测量强度对含量的换算是基于每个元素的质量分数等于分析线的相对强度，所有相对强度的总和等于质量分数的总和；采用迭代法，可多次逼近求解含量。

（3）待测元素特征谱线会受到样品中其他元素干扰，可通过基本参数法进行准确的计算处理，消除这种干扰效应。

实验十九　茶园土壤中微量元素的测定

一、实验目的

了解土壤微量元素的测定原理，掌握常见茶园土壤有效硼等微量元素的测定方法。

二、实验原理

常见茶园土壤有效硼、钼等微量元素的测定方法如下：

（1）土壤有效硼的测定，即姜黄素比色法：姜黄素是由姜中提取的黄色色素，以酮型和烯醇型存在，不溶于水，溶于甲醇、酒精、丙酮和冰醋酸而呈黄色。在酸性介质中与 B 结合成玫瑰红色的配合物，即玫瑰花青苷（两个姜黄素分子和一个 B 原子配合而成），测定 550 nm 吸光值。

（2）土壤有效钼的测定，即 KCNS 比色法：在酸性溶液中，还原剂存在的条件下，硫氰酸钾（KCNS）与五价钼形成橙红色配合物 $Mo(CNS)_5$ 或 $[Mo(CNS)_5]^{2-}$，再用异戊醇等有机溶剂萃取，测定 $A_{470\ nm}$，其摩尔吸收系数 $\varepsilon_{470\ nm} = 1.95 \times 10^4$。

三、实验材料与设备

1．实验材料

有机茶园、无公害茶园风干土样。

2．实验试剂

姜黄素、草酸、无水酒精、H_3BO_3、$CaCl_2$、草酸铵、浓盐酸、异戊醇、CCl_4、KCNS、

$SnCl_2$、无硼水等。

3．实验设备

振荡机、往复振荡机、分光光度计、恒温水浴、高温电炉、离心机、回流装置、瓷蒸发皿、三角瓶、电子天平、分液漏斗、容量瓶、石英或硬质玻璃器皿等。

四、实验方法

1．试剂配制

（1）姜黄素-草酸溶液：取 0.04 g 姜黄素、5 g 草酸，溶于无水酒精中，加入 4.2 mL 6mol/L HCl，酒精定容至 100 mL，备用。

注：姜黄素容易分解，最好现配现用，阴凉贮存；若放在冰箱中，有效期 3 ~ 4 d。

（2）B 标准系列溶液：取 0.5716 g H_3BO_3 溶解，蒸馏水定容至 1 L，再稀释 10 倍为 10 mg/L。取上述溶液 1.0，2.0，3.0，4.0，5.0 mL，蒸馏水定容至 50 mL，即为 0.2，0.4，0.6，0.8，1.0 mg/L B 的标准系列溶液，贮存于试剂瓶，备用。

（3）1 mol/L $CaCl_2$ 溶液：取 7.4 g $CaCl_2 \cdot 2H_2O$ 溶解，蒸馏水定容至 100 mL。

（4）草酸-草酸铵浸提剂：取 24.9 g 草酸铵[$(NH_4)_2C_2O_4 \cdot H_2O$]、12.6 g 草酸（$H_2C_2O_4 \cdot 2H_2O$）溶解，蒸馏水定容至 1 L，调节 pH 为 3.3。

注：所用草酸铵及草酸不应含钼。

（5）6.5 mol/L 盐酸：用重蒸馏过的盐酸配制。

（6）异戊醇-CCl_4混合液：取 100 mL 异戊醇［$(CH_3)2CH \cdot CH_2 \cdot CH_2 \cdot OH$］、100 mL CCl_4（增重剂），混合摇匀，备用。

（7）20% KCNS 溶液：取 20.00 g KCNS 溶解，蒸馏水定容至 100 mL。

（8）10% $SnCl_2 \cdot 2H_2O$ 溶液：取 10.00 g $SnCl_2 \cdot 2H_2O$ 溶解于 50 mL 浓 HCl，蒸馏水定容至 100 mL（$SnCl_2$不稳定，现配现用）。

2．待测液制备

分别取有机茶园、无公害茶园风干土样（过 1 mm 筛）各 10.00 g，于 300 mL 三角瓶中，加入 20.0 mL 无硼水，置于回流冷凝器煮沸 5 min，立即停火，稍冷后取下三角瓶；静置冷却，倒入离心管中，再加入 2 滴 1mol/L $CaCl_2$ 溶液，3000 r/min 离心 5 min，待测。

3．测　定

取上清液 1.00 mL 于瓷蒸发皿中，加入 4 mL 姜黄素溶液，置于(55±3) °C 水浴蒸发至干，再 120 °C 烘焙 15 min，显红色；加入 95%酒精 20.0 mL 溶解，过滤于 1 cm 光径比色槽中，以酒精为空白比色，测定 $A_{550\ nm}$。每个上清液重复 3 次。

注：若吸收值过大，说明有效硼浓度过高，应加 95%酒精稀释，或测定 $A_{580\ nm}$ 或 $A_{600\ nm}$。

4．标准曲线绘制

分别吸取 0.2，0.4，0.6，0.8，1.0 mg/L B 标准系列溶液各 1 mL 放入瓷蒸发皿中，加入 4 mL 姜黄素溶液，按上述步骤比色，以 B 标准系列的浓度（mg/L）为纵坐标、对应吸收值为横坐标，绘制标准曲线。

五、结果分析

（1）根据观察数据，计算有机茶园、无公害茶园风干土样中有效硼的含量。

$$W（有效\ B）（mg/L）= C \times 液土比$$

式中 C——由工作曲线查得 B 的浓度，mg/L；

液土比——浸提时，浸提剂体积（mL）/土壤质量（g）。

（2）比较有机茶园、无公害茶园风干土样中有效硼的含量差别。

六、注意事项

（1）为了保证测定结果的准确性，应先将异戊醇盛在大分液漏斗中，加少许 KCNS 和 $SnCl_2$ 溶液，振荡几分钟后，静置分层弃去水相。

（2）溶液的颜色强度和稳定性受其酸度和 KCNS 的浓度的影响，应保持 HCl 浓度≤4 mol/L、KCNS 浓度≥0.6%。

（3）土壤有效硼的测定摩尔吸收系数$\varepsilon_{550\ nm} = 1.80 \times 10^5$，在 B 的浓度 0.0014 ~ 0.06 mg/L 内符合 Beer 定律，溶于酒精后，在室温下 1 ~ 2 h 内稳定。

实验二十　茶园土壤中农药残留的测定

一、实验目的

了解土壤中农药残留的测定原理，掌握常见茶园土壤中农药残留的测定方法。

二、实验原理

样品中有机氯农药残留经索氏提取器中石油醚和丙酮混合溶剂提取，再利用弗罗里硅土柱净化后，选择离子定性和内标法定量，气相色谱-质谱仪测定即可知其含量。

而样品中有机磷农药残留量采用有机溶剂提取，经液-液分配和凝结净化除去干扰物，再用气相色谱氮磷检测器（NPD）或火焰光度检测器（FPD）检测，根据色谱峰的保留时间定性，外标法定量。

三、实验材料

1. 实验试剂

（1）无水硫酸钠（Na_2SO_4）、石油醚（60 ~ 90 °C）、正己烷（C_6H_{14}）、丙酮（C_3H_6O）、

助滤剂（Celite545）、丙酮（CH_3OCH_3）、石油醚、二氯甲烷（CH_2Cl_2）、乙酸乙酯、氯化钠、无水硫酸钠、助滤剂（Celite5450）、磷酸（H_3PO_4）等。

（2）SPE 弗罗里硅土小柱：1000 mg，6 mL。

（3）有机氯农药标准品：*α*-六六六、*β*-六六六、林丹、*δ*-六六六、五氯硝基苯、*O,p′*-DDT、*P,P′*-DDT、*P,P′*-DDE、*P,P′*-DDD 9 种，纯度≥98.0%；内标物环氧七氯，纯度为 99.9%。

（4）载气和辅气。

载气：氮气，纯度≥99.99%；

燃气：氢气；

助燃气：空气。

（5）农药标准品：速灭磷等有机磷农药，纯度为 95.0% ~ 99.0%；

2．实验设备

（1）分析天平、旋涡混合器、层析柱（30 cm × 1.5 cm）、旋转蒸发仪、氮吹仪、振荡器、真空泵、水浴锅、微量进样器；

（2）气相色谱-质谱仪：配有电子轰击电离源（EI）。

（3）气相色谱仪：带氮磷检测器或火焰光度检测器，备有填充柱或毛细管柱。

四、实验方法

（一）有机氯农药残留检测

有机氯农药方法检出限、溶剂选择及混合标准溶液浓度见表 5-21。

1．试剂配制

（1）无水硫酸钠（Na_2SO_4）：650 °C 灼烧 4 h，在干燥器中保存。

（2）石油醚（60 ~ 90 °C）：全玻璃系统重蒸馏后使用。

（3）有机氯农药标准溶液

① 有机氯农药标准储备溶液.

取 9 种有机氯农药标准品各 0.01000 g，分别置于 10 mL 容量瓶中，丙酮定容，配制成 1000 mg/L 单一有机氯农药标准储备液，－18 °C 以下冰箱贮存，备用，有效期 6 个月。

取 0.5 mL 单一有机氯农药标准储备液混合于 50 mL 容量瓶中，丙酮定容，配制成 10 mg/L 混合有机氯农药标准储备液，4 °C 贮存，备用，有效期 3 个月。

表 5-21　有机氯农药方法检出限、溶剂选择及混合标准溶液浓度

序号	中文名称	英文名称	方法检出限 /mg · kg^{-1}	混合标准工作液质量浓度 /mg · L^{-1}（正已烷）	备注
1	*α*-六六六	alpha-BHC	2.0×10^{-3}	10	
2	五氯硝基苯	PCNB	2.0×10^{-3}	10	
3	林丹	Lindane	2.0×10^{-3}	10	
4	*β*-六六六	beta-BHC	2.0×10^{-3}	10	

续表

序号	中文名称	英文名称	方法检出限 /mg·kg^{-1}	混合标准工作液质量浓度 /mg·L^{-1}（正己烷）	备注
5	δ-六六六	delta-BHC	2.0×10^{-3}	10	
6	环氧七氯	Heptachlor-epoxide	—	—	内标
7	*p*，*p*'-DDE	*p*，*p*'-DDE	1.5×10^{-3}	10	
8	*o*，*p*'-DDT	*o*，*p*-DDT	2.0×10^{-3}	10	
9	*p*，*p*'-DDD	*p*，*p*'-DDD	1.5×10^{-3}	10	
10	*p*，*p*'-DDT	*p*，*p*'-DDT	2.0×10^{-3}	10	

② 有机氯农药标准工作液。

取 1 mL 10 mg/L 混合有机氯农药标准储备液于 100 mL 容量瓶中，正己烷定容，配制成 0.1 mg/L 混合有机氯农药标准工作液，4 °C 避光贮存，备用，有效期 1 个月。

（4）有机氯农药内标物溶液。

① 内标物储备液。

取 0.01000 g 环氧七氯于烧杯中，丙酮溶解定容至 100 mL 容量瓶中，浓度为 100 mg/L，– 18 °C 以下冰箱贮存，备用，有效期 6 个月。

取 1 mL 内标物溶液于 10 mL 容量瓶中，丙酮定容，即为 10 mg/L 内标物储备液，4 °C 冰箱贮存，备用，有效期 3 个月。

② 内标物工作液。

取 1 mL 内标物储备液于 100 mL 容量瓶中，正己烷定容，配制成 0.1 mg/L 内标物工作液（环氧七氯农药标准工作液），现用现配。

（5）有机氯农药标准使用液。

取 5 mL 0.1 mg/L 内标物工作液和 5 mL 0.1 mg/L 有机氯农药标准工作液于 10 mL 容量瓶中，摇匀，配制成 0.05 mg/L 有机氯农药标准使用液，现用现配。

2．试样制备

（1）样品采集。

按照 NY/T395 中有关规定采集土壤，风干至含水量为 5%以下去杂物，研碎过 0.3 mm 筛，充分混匀；取 500 g 装入样品瓶中，冷藏，待测。

（2）试样提取。

取样品 20.00 g，置于 100 mL 烧杯中，加入蒸馏水 2 mL、助滤剂 4 g，充分混匀；37 μm 纱网过滤于索氏提取器中，用 100 mL 石油醚-丙酮混合溶液（1+1）于 60 ~ 70 °C 回流提取 8 h；层析柱填充 1 g 助滤剂，5 ~ 10 mL 石油醚湿润，倒入提取液，负压迅速抽干，烧瓶收集过滤液；每次用 5 ~ 10 mL 石油醚洗涤烧瓶后，再倒入层析柱，抽滤，重复 3 次。

注：倒入石油醚时，应停止抽滤；最后用 10 mL 石油醚，分 2 次洗涤层析柱壁。

3．浓缩与净化

（1）浓缩。

提取液经旋转蒸发仪 40 °C 水浴减压蒸馏，至浓缩试液少于 1 mL，再用氮气吹至近干，立即加入 2.0 mL 正己烷，摇匀后，待净化。

（2）净化。

依次用 5 mL 丙酮-正己烷混合溶液（10+90）、5 mL 正己烷预先淋洗弗罗里硅土小柱，弃去流出液；当溶剂液面到达柱吸附层表面时，立即倒入待净化样品溶液，收集洗脱液于 100 mL 烧杯；再用 5 mL 丙酮-正己烷混合溶液（15+85）冲洗烧瓶后，淋洗弗罗里硅土柱，并重复 1 次，取下用氮气吹干后，立即加入 2 mL 石油醚和 2 mL 内标物溶液，摇匀，待测。

4．试样测定

（1）仪器条件。

① 色谱柱。

DB-17ms（30 m × 0.25 mm × 0.25 μm）石英毛细管柱，或相当者；

② 温度。

柱温箱温度：60 °C（保持 1 min），25 °C/min 180 °C（保持 10 min），5 °C/min 260 °C（保持 20 min）；

进样口温度：250 °C；

离子源温度：230 °C；

接口温度：280 °C；

③ 电离电压：70 eV。

④ 载气。

氦气：纯度≥99.999%，恒流模式，流速为 1.0 mL/min；

⑤ 进样方式和进样量。

不分流进样，1.5 min 后打开分流阀；

进样量：1 μL；

⑥ 扫描方式。

选择离子监测，每种目标化合物分别选择一个定量离子和 1 ~ 2 个定性离子，保留时间、定量离子、定性离子及定量离子与定性离子的丰度比值，详见表 5-22。

每组检测离子的开始时间和组内各个离子的驻留时间，详见表 5-23。

表 5-22　9 种农药和内标化合物的保留时间、定量离子、定性离子及其比值

序号	中文名称	英文名称	保留时间 / min	定量离子	定性离子 1	定性离子 2	定性离子 3
1	α-六六六	alpha-BHC	13.18	219（100）	183（98）	221（47）	254（6）
2	五氯硝基苯	PCNB	14.96	295（100）	237（159）	249（114）	
3	林丹	Lindane	16.05	183（100）	219（93）	254（13）	221（40）
4	β-六六六	beta-BHC	17.79	219（100）	217（78）	181（94）	254（12）
5	δ-六六六	delta-BHC	19.78	219（100）	217（80）	181（99）	254（10）
6	环氧七氯	Heptachlor-epoxide	23.6	353（100）	355（75）	351（52）	
7	*p*，*p*'-DDE	*p*，*p*'-DDE	26.71	318（100）	316（80）	246（39）	248（70）
8	*o*，*p*'-DDT	*o*，*p*-DDT	29.03	235（100）	237（63）	165（37）	199（14）
9	*p*，*p*'-DDD	*p*，*p*'-DDD	29.36	235（100）	237（64）	199（12）	165（46）
10	*p*，*p*'-DDT	*p*，*p*'-DDT	30.51	235（100）	237（65）	246（7）	165（34）

表 5-23 9种农药和内标选择离子监测分组

序号	时间/min	离子/amu	驻留时间/ms
A	1~24	181，183，217，219，221，237，249，254，351，353，355	50
B	24~35	165，199，235，237，246，248，316，318	50

（2）定性测定。

进行样品测定时，若检出的色谱峰保留时间与标准样品相一致（±0.05 min），在扣除背景后的样品质谱图中所选择的离子均出现，且所选择的离子丰度比与标准样品的离子丰度比一致，则可判断样品中存在这种农药化合物。

（3）定量测定。

采用内标法，以单离子定量。

内标物为环氧七氯，农药标准混合溶液的选择离子监测色谱图详见 DB22/T2084—2014 附录 D。

5．空白实验

以试剂为空白对照。

（二）有机磷农药残留检测

1．试剂配制

（1）丙酮（CH_3OCH_3），重蒸。

（2）石油醚（60~90 °C），重蒸。

（3）二氯甲烷（CH_2Cl_2），重蒸。

（4）无水硫酸钠（Na_2SO_4）：300 °C 烘 4 h 后，放入干燥器，备用。

（5）凝结液：20 g 氯化铵和 85%磷酸 40 mL，400 mL 蒸馏水溶解，定容至 2000 mL，备用。

（6）有机磷农药标准工作液的制备。

分别取一定量单一有机磷农药标准样品（±0.001 g），丙酮溶解，配制成单一有机磷农药标准储备液浓度为 0.5 mg/mL 速灭磷、二嗪磷、甲拌磷、稻丰散、水胺硫磷、甲基对硫磷，及浓度为 0.7 mg/mL 杀螟硫磷、异稻瘟净、溴硫磷、杀扑磷，4 °C 储藏，备用；

分别取一定量上述标准储备液于 50 mL 容量瓶中，丙酮定容，配制成单一有机磷农药标准中间溶液浓度为 50pg/mL 速灭磷、二嗪磷、甲拌磷、稻丰散、水胺硫磷、甲基对硫磷，及 100 pg/mL 杀螟硫磷、异稻瘟净、溴硫磷、杀扑磷，4 °C 储藏，备用；

取 10 mL 上述单一有机磷农药标准中间溶液于 100 mL 容量瓶中，丙酮定容，得混合标准工作溶液，4 °C 储藏，备用。

2．样品采集

采集土样充分混匀，取 500 g 备用，装入样品瓶，4 °C 冰箱保存，备用；

注：其中土样 20 g 用于测定含水量；按照 NY/T395 和 NY/T396 规定进行，有机磷农药在水、土壤中不稳定，易分解；若为水样，取 1000 mL 地表水或地下水于磨口玻璃瓶（预先水样冲洗 2~3 次），−18 °C 冷冻箱，备用。

3．提取及净化

取土样 20.0 g（已知含水量为 X_1），置于 300 mL 具塞锥形瓶中，加入 X_2 mL 蒸馏水（X_2 = 20 mL − X_1），摇匀后静置 10 min；再加入 100 mL 丙酮-水混合液（1∶5），浸泡 6～8 h，振荡 1 h 后，布氏漏斗减压抽滤（两层滤纸及一层助滤剂）；取 80 mL 滤液（相当于 2/3 样品），加入 10～15 mL 凝结液（用 0.5 mol/L 氢氧化钾溶液调节 pH4.5～5.0）和 1 g 助滤剂，振摇 20 次，重复 2-3 次，静置 3 min；过滤于 500 mL 分液漏斗，加入 3 g 氯化钠，用 50，50，30 mL 二氯甲烷萃取 3 次，合并有机相；经筒行漏斗（装有 1 g 无水硫酸钠和 1 g 助滤剂）过滤，置于 250 mL 平底烧瓶，加入 0.5 mL 乙酸乙酯，旋转蒸发器浓缩至 3 mL，吹氮气或空气浓缩至近干，丙酮定容 5 mL，备用。

4．气相色谱测定

（1）测定条件。

① 柱：石英弹性毛细管柱 HP-5，30 m × 0.32（i.d）。

② 温度：130 °C 恒温 3 min，程序升温 5 °C/min，140 °C，恒温 65 min；进样口 220 °C，检测器（NPD）300 °C。

③ 气体流速：氮气 3.5 mL/min；氢气 3 mL/min；空气 60 mL/min；尾吹（氮气）10 mL/min。

（2）气相色谱中使用标准样品的条件。

标准样品的进样体积与试样进样体积相同，标准样品的响应值接近试样的响应值。当一个标准样品连续注射两次，其峰高或峰面积相对偏差不大于 7%，即认为仪器处于稳定状态。在实际测定时标准样品与试样应交叉进样分析。

（3）进样

① 进样方式：注射器进样。

② 进样量：1～4 μL。

（4）定性分析。

① 组分的色谱峰顺序：速灭磷、甲拌磷、二嗪磷、异稻瘟净、甲基对硫磷、杀螟硫磷、水胺硫磷、溴硫磷、稻丰散、杀扑磷（图 5-2）。

② 检验可能存在的干扰：用 5% OV-17 Chrom Q，80～100 目色谱柱测定后，再用 5% OV-101 Chromsorb W-HP，100～120 目色谱柱在相同条件下进行验证色谱分析，可确定各有机磷农药的组分及杂质干扰状况。

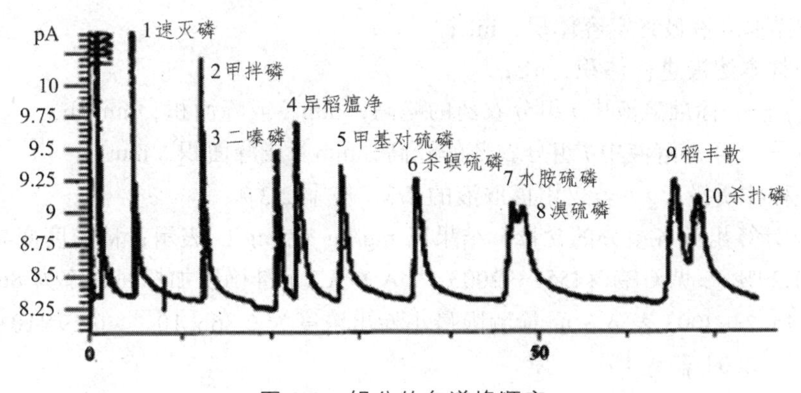

图 5-2　组分的色谱峰顺序

（5）定量分析。

取 1 μL 混合标准溶液注入气相色谱仪，记录色谱峰的保留时间和峰高（或峰面积）；再取 1 μL 试样，注入气相色谱仪，记录色谱峰的保留时间和峰高（或峰面积），根据色谱峰的保留时间和峰高（或峰面积）采用外标法定性和定量。

五、结果分析

（1）根据检测数据，计算样品中有机氯农药残留的含量。

$$w=\frac{\rho_s \times A_x \times A_{is} \times V_0}{A_{ix}+A_s \times m \times F}$$

式中　w——试料中农药的残留量，mg/ kg；

ρ_s——标准溶液质量浓度，mg/L；

V_0——试样溶液最终定容体积，ml；

A_s——标准溶液中农药的峰面积；

A_{is}——标准溶液中内标物的峰面积；

A_x——试样溶液中农药的峰面积；

A_{ix}——试样溶液中内标物的峰面积；

m——试样质量，g；

F——分取体积/提取液体积。

注：结果保留两位有效数字；重复性和再现性的值以 95%的可信度，详见 DB22/T2084—2014 附录 E。

（2）根据检测数据，计算样品中有机磷农药残留的含量。

$$X=\frac{x_{is} \times V_{is} \times H_i(S_i) \times V}{V_i \times H_{is}(S_{is}) \times m}$$

式中　X——样本中农药残留量，mg/kg，mg/L；

c_{is}——标准溶液中 i 组分农药浓度，μg/mL；

V_{is}——标准溶液进样体积，μL；

V——样本溶液最终定容体积，mL；

V_i——样本溶液进样体积，μL；

$H_{is}(S_{is})$——标准溶液中 i 组分农药的峰高，mm（或峰面积，mm^2）；

$H_i(S_i)$——样本溶液中 i 组分农药的峰高，mm（或峰面积，mm^2）；

m——称样质量，g（若仅用提取液的 2/3，应乘 2/3）。

注：根据计算出的各组分的含量，结果以 mg/kg 或 mg/L 表示；精密度变异系数（%）为 2.71%～11.29%（参见 GB/T14552—2003 表 A.1、A.2）；准确度加标回收率为 86.5%～98.4%（参见 GB/T14552—2003 表 A.3）；检测限最小检出浓度为 $0.86 \times 10^{-4} \sim 0.29 \times 10^{-2}$ mg/kg（参见 GB/T14552—2003 表 A.4）。

六、注意事项

（1）取样准确、有代表性。

（2）合理操作。

实验二十一　茶树鲜叶中无机磷的测定

一、实验目的

了解植物组织中磷的基本知识，掌握常见茶树鲜叶中无机磷的测定法。

二、实验原理

在酸性条件下，植物组织液中的无机磷与钼酸形成磷钼酸，被氯化亚锡还原，产生蓝色的磷钼蓝，其颜色深浅与含磷量成正比。

三、实验材料与设备

1．实验材料

有机茶园、无公害茶园茶树鲜叶。

2．实验试剂

钼酸铵、盐酸、氯化亚锡、甘油、磷酸二氢钾等。

3．实验设备

比色管、分光光度计、电子天平、剪刀、压榨钳、试管、量筒、三角瓶、表面皿、软木塞、纱布、滴管等。

四、实验方法

1．试剂配制

（1）1.5%钼酸铵-盐酸溶液：取钼酸铵 1.5 g，30 mL 蒸馏水加热溶解，冷却；加入浓盐酸 300 mL（边加边搅拌），蒸馏水定容至 1000 mL，棕色瓶贮藏，备用。

（2）2.5%氯化亚锡-甘油溶液：取 2.5 g $SnCl_2 \cdot 2H_2O$，100 mL 浓盐酸加热溶解，再加入甘油 900 mL，混匀，冷却，棕色瓶贮藏，备用（保质期约半年）。

（3）0.1%氯化亚锡-甘油溶液：取 2.5%氯化亚锡-甘油溶液，稀释 25 倍为 0.1%氯化亚锡-甘油溶液，棕色瓶贮藏，备用。

（4）3.5 mg/L 硫酸溶液：取 4.9 mL 浓硫酸，加入 20 mL 蒸馏水中，摇匀，备用。

（5）磷（P）标准溶液：取 0.2194 g 磷酸二氢钾（KH_2PO_4），4000 mL 蒸馏水溶解，加入

3.5 mg/L 硫酸溶液 25 mL，混匀，蒸馏水定容至 500 mL，即为 100 mg/L 的标准磷溶液；稀释 10 倍为 10 mg/L 磷标准溶液，再稀释 2 倍为 5 mg/L 磷标准溶液。

2．组织碎屑比色法

（1）待测液制备：分别选取有机茶园、无公害茶园茶树有代表性的鲜叶，剪成约 1 mm 碎屑，混匀；取 0.25 g 放入 15 mL 比色管中，备用，每个茶样重复 3 次。

（2）标准色阶制备：取 5 个 15 mL 比色管，依次加入如表 5-24 所示试剂制作无机磷标准色阶。

表 5-24　酸浸比色法无机磷标准色阶

标准液中磷（P）浓度/mg · L^{-1}	0	1	2	3	4
5 mg/L 磷标准溶液体积/mL	0	1.5	3.0	4.5	6.0
蒸馏水体积/mL	6.0	4.5	3.0	1.5	0
钼酸铵-盐酸溶液体积/mL	1.5	1.5	1.5	1.5	1.5
氯化亚锡滴数	1	1	1	1	1
标准色阶					

（3）测定：加入 1.5 mL 钼酸铵-盐酸溶液，上下摇动 300 次（约 2 min），立即加入 6 mL 蒸馏水；摇匀，再加入 1 滴 2.5%氯化亚锡-甘油，5 min 后与同时配制的标准色阶比色。

3．汁液或水浸液的比色盘点滴比色法

（1）汁液或水浸液制备。

① 汁液提取的制备：分别选取有机茶园、无公害茶园茶树有代表性的鲜叶，用湿布蒸馏水洗净、擦干、剪碎、榨汁；取 1 滴汁液，蒸馏水稀释至 2 mL（即稀释 40 倍），摇匀，备用。

② 水浸出液的制备：分别选取有机茶园、无公害茶园茶树有代表性的鲜叶，剪碎，混匀，取 0.5 g，置于小三角瓶或大试管中，蒸馏水稀释至 20 mL（即稀释 40 倍），摇 1 min（约 200 次/min），静置吸取浸出液，摇匀，备用，每个样品重复 3 次。

注：若溶液浑浊，应先过滤再测定，且浸出液应于 2 ~ 3 h 内测完。

（2）测定。

① 取 6 个白瓷比色盘，依次加入如表 5-25 所示试剂制作磷（P）标准色阶.

表 5-25　磷（P）标准色阶制作

<table>
<tr><th>穴位编号</th><th>5 mg/L 标准液加入滴数</th><th>10 mg/L 标准液加入滴数</th><th>蒸馏水加入滴数</th><th>标准液阶浓度/mg · L^{-1}</th><th>待测液加入滴数</th></tr>
<tr><td>1</td><td rowspan="7">1</td><td>0</td><td>9</td><td>0.5</td><td>0</td></tr>
<tr><td>2</td><td>1</td><td>9</td><td>1</td><td>0</td></tr>
<tr><td>3</td><td>2</td><td>8</td><td>2</td><td>0</td></tr>
<tr><td>4</td><td>4</td><td>6</td><td>4</td><td>0</td></tr>
<tr><td>5</td><td>6</td><td>4</td><td>6</td><td>0</td></tr>
<tr><td>6</td><td>8</td><td>2</td><td>8</td><td>0</td></tr>
<tr><td>7</td><td>10</td><td>0</td><td>10</td><td>0</td></tr>
<tr><td>8</td><td>0</td><td>0</td><td>0</td><td>0</td><td>10</td></tr>
</table>

② 再取白瓷比色盘依次编号，各加入待测液 10 滴，每个待测液重复 3 次；

③ 同时于上述编号白瓷比色盘①②穴中加入 1 滴钼铵-盐酸溶液，搅匀，再加 0.1%氯化亚锡甘油液 1 滴，摇匀；静置 5 min，比色。

4．汁液或水浸液的试纸点滴法

（1）汁液或水浸出液制备。

方法同 3（1）。

（2）测定。

① 制作长 1.5 cm、宽 0.2 cm 滤纸条带若干，编号，备用。

② 取 6 张滤纸条带，各加入 1 滴盐酸钼酸铵，再加入 1 滴 0.5，1，2，4，6，8，10 mg/L 磷（P）的标准液。

③ 再取滤纸条带依次编号，加入 1 滴待测液，每个待测液重复 3 次。

④ 静置 5 min，比色。

五、结果分析

（1）根据观察数据，计算有机茶园、无公害茶园茶树鲜叶中无机磷的含量。

① 组织碎屑比色法。

茶树鲜叶中无机磷（P）含量（mg/L）＝比色读数（mg/L）×30

② 汁液或水浸液的比色盘点滴比色法

茶树鲜叶中无机磷（P）含量（mg/L）＝比色读数（mg/L）×40

相当 P_2O_5 含量（mg/L）＝纯磷（P）×2.3

③ 汁液或水浸液的试纸点滴法

茶树鲜叶中无机磷（P）含量（mg/L）＝比色读数（mg/L）×40

（2）比较以上述 3 种方法的优缺点。

六、注意事项

组织碎屑比色法也适用植物（水稻）缺磷发僵的诊断，其参考指标如表 5-26。

表 5-26　水稻（分蘖期）缺磷发僵和组织中含磷浓度的关系

缺磷发僵状况	极缺（发僵严重）	缺磷（有发僵症状）	潜在缺磷（有潜在或可疑症状）	正常苗
组织中含磷（P）浓度/$mg\cdot L^{-1}$	<30	30～60	60～90	90～120

实验二十二　茶树鲜叶中硝态氮的测定

一、实验目的

了解植物组织中硝态氮的基本知识，掌握常见茶树鲜叶中硝态氮的测定方法。

二、实验原理

锌在酸性（约 pH 5.0）条件下产生氢气，将硝酸根还原成亚硝酸根，而亚硝酸根离子与对氨基苯磺酸和α-萘胺作用形成红色偶氮染料；在一定范围内（0.5 ~ 200 mg/L），根据染料颜色深浅，可判断硝态氮含量，红色深，硝态氮多，其化学反应式如下：

$$NO_3^- + Zn + 2H^+ \longrightarrow NO_2^- + Zn^+ + H_2O$$

三、实验材料与设备

1. 实验材料

有机茶园、无公害茶园茶树鲜叶。

2. 实验试剂

硫酸钡、硫酸锰、锌粉、对氨基苯磺酸、α-萘胺、柠檬酸、柠檬酸钠、硝酸钾、冰醋酸等。

3. 实验设备

电子天平、分光光度计、比色盘（白色）、试管、容量瓶、压汁钳、剪刀等。

四、实验方法

1. 试剂配制

（1）硝酸试粉：取硫酸钡 50.00 g，分成数份，分别与硫酸锰（$MnSO_4 \cdot H_2O$）5 g、锌粉 1 g、对氨基苯磺酸 2 g、α-萘胺 1 g，于研钵中磨碎，再加 37.5 g 柠檬酸研磨均匀，棕色瓶贮藏，备用。

注：试粉呈灰白色，若变为粉红色，则不能再使用。

（2）pH 5.0 柠檬酸缓冲液：取柠檬酸 4.31 g、柠檬酸钠 6.686 g，蒸馏水溶解，定容至 500 mL，现配现用。

（3）硝态氮标准溶液：取硝酸钾 7.22 g，蒸馏水溶解，定容至 1000 mL，即为 1000 mg/L 硝态氮标准溶液；稀释 10 倍为 100 mg/L，再稀释 10 倍为 10 mg/L。

（4）50%醋酸：取 100 mL 冰醋酸，100 mL 蒸馏水稀释，备用。

2. 硝酸试粉-汁液比色法

（1）待测液准备：采取有机茶园、无公害茶园有代表性的茶树鲜叶（一般从采集到测定不超过 1 ~ 2 h），蒸馏水洗净、擦干，剪成 1 ~ 2 mm 的碎片，放入压汁钳中压榨出汁液，备用。

（2）测定。

① 取 6 支刻度试管，依次加入 100 mg/L 的硝态氮标准液 1，2，4，6，8，10 滴（即浓度为 1，2，4，6，8，10 mg/L），各再加入 pH 5.0 柠檬酸缓冲液定容至 5 mL，摇匀。

② 再取刻度试管依次编号，加入 1 滴待测液，每个待测液重复 3 次；再加入 pH 5.0 柠檬酸缓冲液定容至 5 mL，摇匀。

③ 于上述刻度试管①②中同时加入 0.2 g 硝酸试粉（可用特制的玻璃小勺取一平勺，不必每次称重），摇 1 min（200 次/min），静置 15 min，比色。

3．硝酸试粉-浸提液比色法

（1）待测液准备：采取有机茶园、无公害茶园有代表性的茶树鲜叶（一般从采集到测定不超过 1 ~ 2 h），蒸馏水洗净、擦干，剪成 1 ~ 2 mm 的小碎片，混匀；取 0.5 g 于试管中，加入 20 mL 蒸馏水，摇 1 min（200 次/min），静置片刻，立即吸取浸出液。

注：此液可用以测定无机磷和钾，若溶液浑浊，应先过滤再测定，且浸出液于 2 ~ 3 h 内测完。

（2）测定。

① 取 6 个白瓷比色盘，依次加入表 5-27 所示试剂制作硝态氮标准液。

表 5-27　硝态氮标准液配制

穴位编号	10 mg/L 标准液加入滴数	蒸馏水加入滴数	标准液阶浓度/mg · L^{-1}
1	1	9	1
2	2	8	2
3	4	6	4
4	6	4	6
5	8	2	8
6	10	0	10

② 再取白瓷比色盘依次编号，加入 10 滴待测液。

③ 于上述白瓷比色盘 1、2 穴中同时加入 1 滴 50%醋酸，搅匀；再加入 20.0 mg 硝酸试粉，搅匀；静止 5 min，立即比色。

五、结果分析

（1）根据观察数据，计算茶树鲜叶中硝态氮的含量。

① 硝酸试粉-压汁试管比色法。

$$茶树鲜叶中硝态氮含量（mg/L）= 标准色阶硝态氮（mg/L）\times V_1/V_2$$

式中　V_1——显色液的滴数（每毫升按 20 滴计）；

V_2——所取汁液的滴数。

② 硝酸试粉-浸提液比色法。

茶树鲜叶中硝态氮含量（mg/L）＝比色读数值（mg/L）×40（稀释倍数）

（2）比较上述两种方法的优缺点，鉴定有机茶园、无公害茶园茶树硝态氮状况（表 5-28）。

表 5-28　植株硝态氮状况分级表（仅供参考）

标准色阶相当的硝态氮/$mg\cdot L^{-1}$	汁液中硝态氮/$mg\cdot L^{-1}$	硝态氮状况
1.0	100	极缺
2.5	250	较缺
5.0	500	中等
10.0	1000	高量

注：根据各地的实际情况，找出适合当地的诊断指标。

六、注意事项

植株硝态氮的其他测定方法还有离子色谱法、水杨酸硝化法等。

实验二十三　茶树鲜叶中农药残留的测定

一、实验目的

了解植物组织中农药残留的基本知识，掌握常见茶树鲜叶中农药残留的测定方法。

二、实验原理

1．有机氯农药残留

样品中有机氯和拟除虫菊酯类农药用乙腈提取，再经固相萃取 Florisil 小柱净化、浓缩后注入气相色谱仪，样品中组分经不同极性的两根毛细管柱分离，电子捕获检测器（ECD）检测，外标法定量。

2．有机磷农药残留

样品中有机磷和氨基甲酸酯类农药用乙腈提取，再经固相萃取 CARB/NH_2 小柱净化、浓缩后注入气相色谱仪，样品中组分经不同极性的两根毛细管柱分离，氮磷检测器（NPD）检测，外标法定量。

3．448 种农药液质测定

试样用乙腈匀浆提取，经固相萃取柱净化，用乙腈-甲苯溶液（3+1）洗脱农药及相关化学品，用液相色谱-串联质谱仪检测，外标法定量。

三、实验材料

1．实验材料

茶树鲜叶。

2．实验试剂

（1）乙腈（农残级）、甲苯、甲醇、丙酮、乙酸、正己烷、异辛烷、氯化钠（GR）、二氯甲烷、活性炭、碳酸钙、10%亚硝酸钠水溶液、0.5% 次氯酸钙水溶液、0.04% 2,6-二氯靛酚水溶液、无水硫酸钠（650 °C 灼烧 4 h）等。

（2）有氯农药标准溶液：有氯农药标准品*α*-六六六、*β*-六六六、*γ*-六六六、*δ*-六六六、*o,p′*-DDT、*o,p′*-DDE、*p,p′*-DDE、*p,p′*-DDD、*p,p′*-DDT、六氯苯、五氯硝基苯、五氯苯胺、甲基毒死蜱、毒死蜱、百菌清、七氯、环氧七氯、三氯杀螨醇、溴螨酯、异狄氏剂、联苯菊酯、甲氰菊酯、三氟氯氰菊酯、氯菊酯、氯氰菊酯、氰戊菊酯、氟胺氰菊酯、氟氯氰菊酯、氟乐灵、溴氰菊酯，均为 100 μg/mL，安瓿瓶装。

（3）有磷农药标准溶液：有磷农药标准品甲胺磷、敌敌畏、速灭磷、乙酰甲胺磷、异吸硫磷、甲拌磷、乙拌磷、二嗪磷、巴胺磷、乐果、氧化乐果、久效磷、乙嘧硫磷、磷胺、皮蝇磷、甲基对硫磷、甲基嘧啶磷、杀螟硫磷、马拉硫磷、倍硫磷、水胺硫磷、溴硫磷、亚胺硫磷、甲基异硫磷、异硫磷、胺草磷、稻丰散、杀扑磷、克线磷、乙硫磷、三硫磷、伏杀磷、三唑磷、粉锈宁、速灭威、异丙威、灭多威、仲丁威、克百威、甲萘威，均为 100 μg/mL，安瓿瓶装。

3．实验仪器

分析天平（感量 0.1 mg 和 0.01 g）、鸡心瓶、移液器、样品瓶（带聚四氟乙烯旋盖）、具塞离心管、氮气吹干仪、涡旋混合器、低速离心机（4200 r/min）、旋转蒸发仪、高速组织捣碎机、微孔过滤膜（尼龙，3 mm × 0.2 μm）、CleanertTPT 固相萃取柱（10 mL，2.0 g）、Florisil 小柱、CARB/NH_2 小柱、分光光度计、液相色谱-串联质谱仪（配有电喷雾离子源）、气相色谱仪（带电子捕获检测器，ECD）。

四、实验方法

（一）有机氯农药气质测定

1．试剂配制

单一农药标准溶液配制：取以上有机氯农药标准溶液，正己烷稀释，配制成 30 种有机氯农药单一标准储备液 50 μg/mL；根据各农药在仪器上的响应值取适量的有机氯农药单一标准储备液，正己烷定容，配制成有机氯农药混合标准储备液，备用。

注：使用前，丙酮稀释有机磷农药混合标准储备液，配制为所需浓度的标准工作液。

2．试样制备

茶树鲜叶固样，粉碎制成 20 目粉状试样。

3．试液制备

取试样 2.000 g，置于 50 mL 比色管中，加入适量蒸馏水浸没；加入 25.0 mL 乙腈，于涡旋混合器上混合 2 min，再超声波提取 10 min；收集滤液于 25 mL 比色管（含 0.5 g 氯化钠）中，剧烈振摇 2 min；室温静置 10 min，使乙腈相和水相分层；取上清液 10.00 mL 旋转蒸发（40 °C 水浴）浓缩至近干，再加入 2 mL 正己烷溶解残渣，备用。

4．分析液制备

取 Florisil 小柱，依次用 5 mL 10%丙酮-正己烷预洗、5 mL 正己烷淋洗，加入 2 mL 正己烷试液；再用 10 mL 10%丙酮/正己烷分 3 次洗浓缩瓶，将清洗液进行洗脱，收集洗脱液，旋转蒸发（40 °C 水浴）浓缩至近干，加入 1 mL 正己烷制成分析液。

5．测　定

（1）色谱柱。

HP-5 色谱柱、DB-17 色谱柱或柱效相当的色谱柱，30 m × 0.32 mm × 0.25 μm。

（2）温度。

① 进样口 250 °C；

② 检测器 300 °C；

③ 色谱柱程序升温：

HP-5 色谱柱：50 °C，1 min $\xrightarrow{15\ °C/min}$ 220 °C，10 min $\xrightarrow{10\ °C/min}$ 250 °C，17 min；

HB-17 色谱柱：60 °C，1 min $\xrightarrow{15\ °C/min}$ 180 °C，3 min $\xrightarrow{2\ °C/min}$ 205 °C，1 min $\xrightarrow{1\ °C/min}$ 210 °C，1 min $\xrightarrow{8\ °C/min}$ 320 °C $\xrightarrow{15\ °C/min}$ 270 °C，12 min。

（3）气体及流量：

① 载气：氮气，纯度≥99.999%，HP-5 色谱柱上流速为 1.4 mL/min，或 DB-17 色谱柱上流速为 2.5 mL/min。

② 尾吹气：氮气，60 mL/min。

（4）进样方式。

不分流进样，进样量 1 μL。

6．定性分析

根据样品中未知组分的保留时间（RT）分别与标样在同一色谱柱上的保留时间（RT），若样品中某组分的两组保留时间与标准中某一农药的两组保留时间相差 ± 0.05 min 内，即可认定为该农药。

7．定量分析

自动进样器吸取 1 μL 有机氯农药标准混合溶液及净化后的样品溶液，以双柱保留时间定性，以样品溶液峰面积与标准溶液峰面积比较定量。

（二）有机磷农药气质测定

1．标准溶液配制

取有机磷农药标准品，丙酮稀释，配制成 40 种有机磷农药单一标准储备液 50 μg/mL；

根据在仪器上各有机磷农药的响应值，取适量的单一标准储备液置于容量瓶中，丙酮稀释定容，配制成有机磷农药混合标准储备液，备用。

注：使用前，丙酮稀释有机磷农药混合标准储备液，配制为所需浓度的标准工作液。

2．试样制备

茶树鲜叶固样，再粉碎制成 20 目粉状试样。

3．试液提取与浓缩

取试样 2.000 g，置于 50 mL 比色管中，加入适量蒸馏水浸没；加入 25.0 mL 乙腈，于涡旋混合器上混合 2 min，再超声波提取 10 min；收集滤液于 25 mL 比色管（含 0.5 g 氯化钠）中，剧烈振摇 2 min；室温静置 10 min，使乙腈相和水相分层；取上清液 10.00 mL 旋转蒸发（40 °C 水浴）浓缩至近干，再加入 2 mL 丙酮溶解残渣，备用。

4．分析液制备

取 CARB/NH_2 小柱，预先用 3 mL 丙酮、3 mL 二氯甲烷淋洗，加入 2 mL 试液，再加入 4 mL 丙酮、10 mL 二氯甲烷进行洗脱，收集洗脱液，旋转蒸发（40 °C 水浴）浓缩至近干，加入 1 mL 丙酮制成分析液。

5．测　定

（1）色谱柱。

HP-5 色谱柱、DB-17 色谱柱或柱效相当的色谱柱，30 m × 0.32 mm × 0.25 μm。

（2）温度。

① 进样口 250 °C；

② 检测器 300 °C；

③ 色谱柱程序升温：

HP-5 色谱柱：50 °C，1 min $\xrightarrow{30\ °C/min}$ 160 °C，1 min $\xrightarrow{5\ °C/min}$ 178 °C，4 min $\xrightarrow{2\ °C/min}$ 180 °C，2 min $\xrightarrow{10\ °C/min}$ 210 °C $\xrightarrow{30\ °C/min}$ 260 °C，3 min；

HB-17 色谱柱：50 °C，1 min $\xrightarrow{30\ °C/min}$ 176 °C，1 min $\xrightarrow{10\ °C/min}$ 185 °C，3 min $\xrightarrow{0.5\ °C/min}$ 188 °C $\xrightarrow{10\ °C/min}$ 198 °C $\xrightarrow{0.5\ °C/min}$ 202 °C $\xrightarrow{30\ °C/min}$ 270 °C，6 min。

（3）气体及流量。

① 载气：氮气，纯度≥99.999%，HP-5 色谱柱上流速为 2 mL/min，或 DB-17 色谱柱上流速为 1.5 mL/min。

② 燃气：氢气，纯度≥99.999%，流速为 4 mL/min。

③ 助燃气：空气，流速为 70 mL/min。

（4）进样方式。

不分流进样，进样量 1 μL。

（5）定性分析。

根据样品中未知组分的保留时间（RT）分别与标样在同一色谱柱上的保留时间（RT），若样品中某组分的两组保留时间与标准中某一农药的两组保留时间相差 ± 0.05 min 内，即可认定为该农药。

（6）定量分析。

由自动进样器注入 1 μL 有机磷农药混合标准溶液及净化后的样品溶液，以双柱保留时间定性，以样品溶液峰面积与标准溶液峰面积比较定量。

（三）448 种农药液-质测定

1．溶液配制

（1）0.1%甲酸溶液：取 1000 mL 蒸馏水，加入 1 mL 甲酸，摇匀备用；

（2）5 mmol/L 乙酸铵溶液：取 0.385g 乙酸铵，蒸馏水稀释至 1000 mL；

（3）乙腈-甲苯溶液（3+1）：取 300 mL 乙腈，加入 100 mL 甲苯，摇匀备用；

（4）乙腈水溶液（3+2）：取 300 mL 乙腈，加入 200 mL 蒸馏水，摇匀备用。

2．标准溶液配制

（1）标准储备溶液。

分别取 448 种农药及相关化学品各标准物 10.0 mg，于 10 mL 容量瓶中，根据标准物的溶解度选甲醇、甲苯、丙酮、乙腈或异辛烷等溶剂溶解并定容。

（2）混合标准溶液（混合标准溶液 A、B、C、D、E、F 和 G）。

根据每种农药及相关化学品在仪器上的响应灵敏度，确定其在混合标准溶液中的浓度；依据每种农药及相关化学品的分组、混合标准溶液浓度及其标准储备液的浓度，取一定量的单个农药及相关化学品标准储备溶液于 100 mL 容量瓶中，甲醇定容。

注：按照农药及相关化学品的保留时间，将 448 种农药及相关化学品分成 A、B、C、D、E、F 和 G 七个组，其溶剂、分组及其混合标准溶液浓度详见 GB 23200.13—2016《食品安全国家标准　茶叶中 448 种农药及相关化学品残留量的测定　液相色谱-质谱法》附录 A；标准溶液避光 4 °C 保存，保存期为一年。

（3）基质混合标准工作溶液。

以样品空白溶液配成不同浓度的基质混合标准工作溶液 A、B、C、D、E、F 和 G，用于制作标准工作曲线。

注：基质混合标准工作溶液应现用现配。

3．试样制备

茶树鲜叶固样，粉碎过 425 μm 的标准网筛，混匀，－18 °C 保存，备用。

4．试液提取

取 10.00 g 试样于 50 mL 具塞离心管中，加入 30 mL 乙腈溶液，用高速组织捣碎机 15 000 r/min 匀浆提取 1 min，再 4200 r/min 离心 5 min，取上清液于鸡心瓶中；残渣加入 30 mL 乙腈，匀浆提取 1 min，4200 r/min 离心 5 min，取上清液于鸡心瓶中，残渣再加入 20 mL 乙腈，重复提取一次，合并上清液于鸡心瓶；旋转蒸发（45 °C 水浴）浓缩至近干，氮吹至干，加入 5 mL 乙腈溶解残余物，取其中 1 mL 待净化。

5．分析液制备

取 Cleanert-TPT 柱（含 2 cm 高无水硫酸钠），放入下接鸡心瓶的固定架上；预先用 5 mL

乙腈-甲苯溶液洗柱，当液面到达硫酸钠的顶部时，迅速将试液转移至净化柱上，并更换新鸡心瓶接收，加上 50 mL 贮液器；加入 25 mL 乙腈-甲苯溶液进行洗脱，收集洗脱液于鸡心瓶中，旋转蒸发（45 °C 水浴）浓缩至 0.5 mL，于 35 °C 下氮气吹干，再用 1 mL 乙腈-水溶液溶解残渣，经 0.2 μm 微孔滤膜过滤后，待测。

6．测　定

（1）A、B、C、D、E、F 组农药及相关化学品测定条件。

① 色谱柱：ZORBAXSB-C_{18}，3.5 μm，100 mm × 2.1 mm（内径）或相当者。

② 流动相及梯度洗脱条件见表 5-29。

表 5-29　流动相及梯度洗脱条件

步骤	总时间/min	流速/μL · min^{-1}	流动相 A/%	流动相 B/%
0	0.00	400	99.00	1.00
1	3.00	400	70.00	30.00
2	6.00	400	60.00	40.00
3	9.00	400	60.00	40.00
4	15.00	400	40.00	60.00
5	19.00	400	1.00	99.00
6	23.00	400	1.00	99.00
7	23.01	400	99.00	1.00

注：流动相 A 为 0.1%甲酸水；流动相 B 为乙腈。

③ 柱温：40 °C。

④ 进样量：10 μL。

⑤ 电离源模式：电喷雾离子化。

⑥ 电离源极性：正模式。

⑦ 雾化气：氮气。

⑧ 雾化气压力：0.28 MPa。

⑨ 离子喷雾电压：4000 V。

⑩ 干燥气温度：350 °C；干燥气流速：10 L/min。

监测离子对、碰撞气能量和源内碎裂电压，详见 GB 23200.13—2016《食品安全国家标准　茶叶中 448 种农药及相关化学品残留量的测定　液相色谱-质谱法》附录 B。

（2）G 组农药及相关化学品测定条件。

① 色谱柱：ZORBAXSB-C_{18}，3.5 μm，100 mm × 2.1 mm（内径）或相当者。

② 流动相及梯度洗脱条件见表 5-30。

表 5-30　流动相及梯度洗脱条件

步骤	总时间/min	流速/μL · min^{-1}	流动相 A/%	流动相 B/%
0	0.00	400	99.00	1.00
1	3.00	400	70.00	30.00
2	6.00	400	60.00	40.00

续表

步骤	总时间/min	流速/μL·min^{-1}	流动相 A/%	流动相 B/%
3	9.00	400	60.00	40.00
4	15.00	400	40.00	60.00
5	19.00	400	1.00	99.00
6	23.00	400	1.00	99.00
7	23.01	400	99.00	1.00

注：流动相 A 为 5 mmol/L 乙酸铵水；流动相 B 为乙腈。

③ 柱温：40 °C。

④ 进样量：10 μL。

⑤ 电离源模式：电喷雾离子化。

⑥ 电离源极性：负模式。

⑦ 雾化气：氮气。

⑧ 雾化气压力：0.28 MPa。

⑨ 离子喷雾电压：4000 V。

⑩ 干燥气温度：350 °C；干燥气流速：10 L/min。

监测离子对、碰撞气能量和源内碎裂电压，详见 GB 23200.13—2016《食品安全国家标准　茶叶中 448 种农药及相关化学品残留量的测定　液相色谱-质谱法》附录 B。

7．定性分析

在相同实验条件下进行样品测定时，若检出的色谱峰的保留时间与标准样品相一致，且在扣除背景后的样品质谱图中所选择的离子均出现，此外所选择的离子丰度比与标准样品的离子丰度比相一致，则可判断样品中存在这种农药或相关化学品。

注：相对丰度＞50%，允许 ± 20%偏差；20%相对丰度<50%，允许 ± 25%偏差；10%相对丰度<20%，允许 ± 30%偏差；相对丰度≤10%，允许 ± 50%偏差。

8．定量分析

为减少基质对定量分析的影响，采用基质混合标准工作溶液绘制标准曲线，且保证所测样品中农药及相关化学品的响应值均在仪器的线性范围内。

448 种农药及相关化学品多反应监测（MRM）色谱图，详见 GB 23200.13—2016《食品安全国家标准　茶叶中 448 种农药及相关化学品残留量的测定　液相色谱-质谱法》附录 C。

9．平行实验

按以上步骤对同一试样进行平行实验。

10．空白实验

除不称取试样外，均按上述步骤进行。

五、结果分析

（1）根据农药气-质观察数据，计算茶树鲜叶中有机氯、有机磷农药残留量。

$$X=\frac{A_1\times C\times V_1}{A_2\times m\times V_2}$$

式中 X——样品中某一农药的含量，mg/kg；

A_1——样品中某一农药的色谱峰面积；

A_2——标准溶液中某一农药的色谱峰面积；

m——样品质量，g；

C——标准溶液中某一农药的浓度，μg/mL；

V_1——加提取液乙腈的体积，mL；

V_2——样液最后定容体积，mL；

（2）根据农药液-质观察数据，计算茶树鲜叶中448种农药残留量。

$$X_i=C_i\times\frac{V}{m}\times\frac{1000}{1000}$$

式中 X_i——试样中被测组分残留量，mg/kg；

C_i——从标准曲线上得到的被测组分溶液浓度，μg/mL；

V——样品溶液定容体积，mL；

m——样品溶液所代表试样的重量，g。

注：① 计算结果应扣除空白值。

② 精密度：在重复性、再现性条件下获得的两次独立测定结果的绝对差值与其算术平均值的比值（百分率），应符合GB 23200.13—2016《食品安全国家标准　茶叶中448种农药及相关化学品残留量的测定　液相色谱-质谱法》附录D、E的要求。

③ 定量限：详见GB 23200.13—2016《食品安全国家标准　茶叶中448种农药及相关化学品残留量的测定　液相色谱-质谱法》附录A。

④ 回收率：当添加水平为LOQ、4×LOQ时，添加回收率参见GB 23200.13—2016《食品安全国家标准　茶叶中448种农药及相关化学品残留量的测定　液相色谱-质谱法》附录F。

六、注意事项

1．有机氯

（1）方法检出限1.6～26 μg/kg；

（2）添加回收率为70%～120%，变异系数小于20%。

2．有机磷

（1）方法检出限0.025～0.1 mg/kg；

（2）添加回收率为70%～120%，变异系数小于20%。

实验二十四　茶树鲜叶光合作用的测定

一、实验目的

了解植物光合作用的相关知识，掌握茶树鲜叶光合作用的测定方法。

二、实验原理

光合仪是采用差分法来测量植物的光合作用，其机理是通过测量流经叶室的空气中的 CO_2 和 H_2O 浓度的变化来计算叶室内植物叶片的光合速率。

需要注意的是，差分法是对叶室进气口和出气口的 CO_2 和 H_2O 的浓度分别进行测定。光合仪本身不能直接测出光合速率、气孔导度、蒸腾速率及胞间 CO_2 浓度，只能通过测定一系列的环境参数来评估上述指标。

三、材料与设备

1．实验材料

选取不同成熟度的茶树叶片。

2．实验仪器

便携式光合仪。

四、实验方法

（1）取不同成熟度的茶树叶片，置于光下进行光适应 30 min，重复 10 次，立即测定。

（2）光合仪进行开机预热。

（3）参数设定：H 代表测定当日的湿度情况（适当选择），一般设定为 95；T 代表是否需要控温。

（4）设定结束后，用叶室夹上光下适应好的叶片，等屏幕上的线稳定（数值稳定）后点击“Singal”记录数据，或记录光合速率（P_0）、蒸腾速率（E）、气孔导度（G_s）、细胞间隙浓度（C_i）的值。

（5）更换另一片光适应好的叶片重复步骤（4）的过程。

（6）实验结束后，点击“File” → “Exit”退出软件界面。

五、结果分析

（1）根据观察数据，计算不同成熟度茶树叶片的光合速率（P_0）、蒸腾速率（E）、气孔导度（G_s）、细胞间隙浓度（C_i）。

（2）比较不同成熟度茶树叶片光合作用的差别。

六、注意事项

（1）保证叶位一致性，注意标注叶龄。
（2）务必完成仪器的预热、自检测定状态。
（3）测定时，先观察测定数值的瞬间变化过程，数值相对稳定后再记录。

实验二十五　茶树鲜叶中叶绿素的测定

一、实验目的

了解植物体内叶绿素及荧光值的基本知识和测定原理，掌握常见茶树鲜叶中叶绿素及荧光值的测定方法。

二、实验原理

叶绿素 a 和 b、胡萝卜素及叶黄素等色素分子，溶于有机溶剂而不溶于水，一般利用丙酮或乙醇等有机溶剂作为提取剂。

1．纸层析法

以滤纸作为载体的一种色层分析法，常用于混合物分离。

利用各组分在流动相和固定相中的分配比（溶解度）不同，而聚集于滤纸的不同位置上，达到分离的目的；分配比值越大，物质移动速度越快，移动距离越远（图 5-3）。

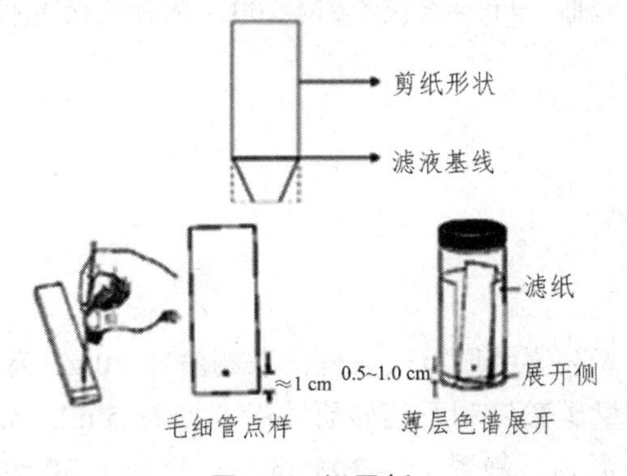

图 5-3　纸层析

2．分光光度法

根据提取液对可见光谱的吸收，利用分光光度计在某一特定波长测定其吸光度，可计算出提取液中叶绿素的含量。

叶绿素在某一波长下的总吸光度与其各组分在相应波长下吸光度的总和相等，测定提取液中叶绿素 a、b 和类胡萝卜素的含量，只需测定该提取液在三个特定波长下吸光值，依据各组分在该波长下的吸光系数即可求出其浓度。

3．叶绿素仪

通过在红光和红外光两个波段激发光源时的光学吸收率，测定植物的叶绿素相对含量。

4．调制式荧光仪

叶片光合作用过程中，光系统对光能的吸收、传递、耗散、分配等方面具有独特的作用，与“表观性”的气体交换指标相比，叶绿素荧光的 F_o、F_m、F_v/F_m、F_m'、F_o'、Yield、ETR、PAR、qP、qN 等基本参数，更具有反映“内在性”的特点。

常见的叶绿素荧光分析仪有调制式叶绿素荧光仪 OS-30p+、PAM-2100（WALZ），通过测量叶绿素荧光量，准确获得光合作用量及相关的植物生长潜能数据。

OS-30p+采用的是先进的调制-饱和-脉冲技术。测量时，先将叶片暗处理一段时间，然后再在饱和光强下暴露短暂的时间,测量这段时间内荧光强度随时间的变化的荧光动力学曲线。曲线的形状和重要的瞬时值可以用于指示环境胁迫对光合器官的损伤。

三、实验材料与设备

1．实验材料

有机茶园、无公害茶园茶树鲜叶或成品茶。

2．实验试剂

95%酒精、丙酮、石油醚、碳酸钙、石英砂等。

3．实验设备

电子天平、分光光度计、烘箱、抽滤装置、分液漏斗、研钵、容量瓶、毛细管、漏斗、纱布、小烧杯、试管、培养皿、叶绿素仪 CCM-200、调制式荧光仪 OS-30P 等。

四、实验方法

（一）纸层析法

1．鲜叶处理

分别选取有机茶园、无公害茶园有代表性的茶树鲜叶 20 g，蒸馏水洗净，擦干，去掉叶柄和中脉，剪碎；置于少量碳酸钙和石英砂研钵中，加入 5 mL 无水乙醇，研磨匀浆，再加入 10 mL 无水乙醇，充分混匀，静置 15 ~ 20 min 后，过滤于 50 mL 锥形瓶中加塞，待测。

2．分　离

（1）滤纸条制作：剪去滤纸条（15 cm×2 cm）2 cm 一端两侧，中间留约长 1.5 cm、宽 0.5 cm 的窄条；在滤纸剪口上方用铅笔画一条直线，作为画滤液细线的基准线。

注：滤液线必须距底边 1 ~ 1.5 cm。

（2）涂液：用毛细管吸取叶绿素提取液，沿滤纸滤液线涂圆点状，风干后再重复操作数 2 ~ 3 次。

（3）层析：在层析缸中加入约 2 mL 丙酮，并将滤纸条带有色素的一端浸入，迅速盖好层析缸盖，静置 40 ~ 60 min。

（4）观察：当丙酮前沿接近滤纸边缘时，取出滤纸，风干，即可看到分离的各种色素。

注：从上到下为胡萝卜素（橙黄色）、叶黄素（鲜黄色）、叶绿素 a（蓝绿色），叶绿素 b（黄绿色）。

（二）分光光度法

分别选取有机茶园、无公害茶园有代表性的茶树鲜叶 20 g，蒸馏水洗净，擦干，去掉叶柄和中脉，剪碎；取 0.3 g 于三角瓶中，加入乙醇 10 mL 提取直至无绿色为止，过滤得叶绿素提取液；以 95%乙醇为空白，测定 A_{663nm} 和 $A_{645\ nm}$。

（三）叶绿素仪测定

分别选取有机茶园、无公害茶园有代表性的茶树，将鲜叶芽下第 3 ~ 5 叶表面擦拭干净，用叶绿素仪 CCM-200 测定叶片中部的左右两侧对应点叶绿素含量，待 3 次读数差异≤5%后记录下 3 次数值，重复 3 次。

（四）调制式荧光仪测定

分别选取有机茶园、无公害茶园有代表性的茶树，将鲜叶芽下第 3 ~ 5 叶表面擦拭干净，用暗适应夹夹住叶片中部（避开主脉），暗适应处理 30 min 后，用调制式荧光仪 OS-30P 进行荧光值的测定，重复 3 次。

五、结果分析

（1）根据纸层析法观测结果，分别用铅笔标出有机茶园、无公害茶园茶树鲜叶或成品茶中各种色素的位置和名称（图 5-4）。

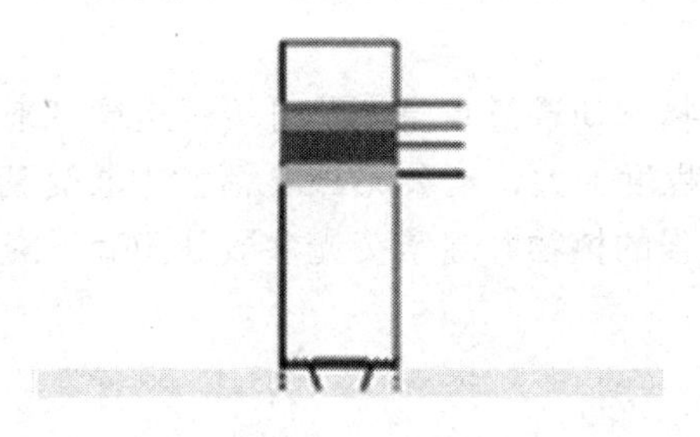

图 5-4　纸层析中茶叶各色素的位置

（2）根据分光光度法观测数据，计算有机茶园、无公害茶园茶树鲜叶或成品茶中叶绿素的含量。

① 按丙酮法（Arnon 法），计算公式：

$$叶绿素\ a\ 含量（mg/g）=（12.71A_{663\ nm} - 2.59A_{645\ nm}）V/1000 \times W$$

叶绿素 b 含量（mg/g）=（$22.88A_{645\text{ nm}} - 4.67A_{663\text{ nm}}$）$V/1000 \times W$

叶绿素 a、b 总含量（mg/g）=（$8.04A_{663\text{ nm}} + 20.29A_{645\text{ nm}}$）$V/1000 \times W$

（2）按丙酮乙醇混合液法（Inskeep），计算公式：

叶绿素 a 含量（mg/g）=（$12.63A_{663\text{ nm}} - 2.52A_{645\text{ nm}}$）$V/1000 \times W$

叶绿素 b 含量（mg/g）=（$20.47A_{645\text{ nm}} - 4.73A_{663\text{ nm}}$）$V/1000 \times W$

叶绿素 a、b 总含量（mg/g）=（$7.90A_{663\text{ nm}} + 17.95A_{645\text{ nm}}$）$V/1000 \times W$

（3）根据叶绿素仪观测数据，计算有机茶园、无公害茶园茶树鲜叶中叶绿素的含量。

（4）根据调制式荧光仪观测数据，计算有机茶园、无公害茶园茶树鲜叶中叶绿素荧光值。

（5）比较上述几种叶绿素含量测定方法的差别。

（6）比较有机茶园、无公害茶园茶树鲜叶中叶绿素含量及其荧光值的差别。

六、注意事项

（1）高等植物中叶绿素有叶绿素 a 和 b 两种，叶绿素 a 和叶绿素 b 的比值反映植物对光能利用效率的大小，比值高则大；反之则小。

① 阳生植物叶绿素 a 和叶绿素 b 的比值较大；

② 阴生植物叶绿素 a 和叶绿素 b 的比值较小。

（2）滤纸上吸附的水为固定相（滤纸纤维常能吸 20%左右的水），有机溶剂如乙醇等为流动相，色素提取液为层析试样。

（3）叶绿素 a、b 均易溶于乙醇、乙醚、丙酮和氯仿，为了排除类胡萝卜素的干扰，测定时所用单色光的波长选择叶绿素在红光区的最大吸收峰。

（4）丙酮是一种无色透明液体，熔点 – 94 °C、沸点 56.48 °C，有特殊的辛辣气味易溶于水和甲醇、乙醇、乙醚、氯仿、吡啶等有机溶剂；在纸层析法中丙酮作为推动剂，借毛细管引力顺滤纸条向上扩散，并把叶绿体色素向上推动。

（5）叶绿素荧光参数 F_v/F_m 代表 PSII 原初光能转化效率，正常条件下植物叶片的 F_v/F_m 值较为稳定。

（6）在逆境胁迫下，植物初期通过自身调节可缓解逆境带来的伤害，维持较高的光化学效率；随着胁迫时间延长和程度加大，光系统 PSII 活性中心受到不可逆的伤害，导致光化学效率明显降低，其中抗逆性强的植物叶绿素荧光参数 F_v/F_m 下降程度小，而抗逆性弱的植物相关参数下降程度大。

实验二十六　茶树鲜叶中过氧化氢酶的测定

一、实验目的

了解过氧化氢酶的基本知识，掌握茶树鲜叶中过氧化氢酶活性的测定方法。

二、实验原理

过氧化氢酶普遍存在于植物的所有组织中，其活性与植物代谢强度及抗寒、抗病能力呈正相关。

H_2O_2 在 240 nm 波长处有强烈吸收，但被过氧化氢酶分解后反应溶液吸光值随反应时间而降低，根据溶液吸光值变化速度，即可知过氧化氢酶的活性。

三、实验材料与设备

1．实验材料

有机茶园、无公害茶园茶树鲜叶。

2．实验试剂

0.2 mol/L pH 7.8 磷酸缓冲液（内含 1%聚乙烯吡咯烷酮）、0.1 mol/L H_2O_2（用 0.1 mol/L 高锰酸钾标定）。

3．实验设备

紫外分光光度计、容量瓶、离心机、移液管、研钵、试管等。

四、实验方法

1．酶液制备

分别选取有机茶园、无公害茶园茶树有代表性的鲜叶，用湿布蒸馏水洗净、擦干；取 0.5 g 于研钵中，加入 3 mL 4 °C 下预冷的 pH 7.0 磷酸缓冲液和少量石英砂，研磨成匀浆，缓冲液冲洗，定容至 25 mL，摇匀，静置 10 min（5 °C 冰箱），重复 3 次；取上清液于离心管中，4000 r/min 离心 15 min，5 °C 保存备用。

2．活性测定

（1）取 3 支试管编号为 S0-1、S0-2、S0-3，加入粗酶液 0.2 mL、pH 7.8 磷酸 1.5 mL、蒸馏水 1.0 mL，沸水浴 1 min（以杀死酶液），冷却，备用。

（2）取试管依次编号（每个酶液重复 3 次），加入粗酶液 0.2 mL、pH 7.8 磷酸 1.5 mL、蒸馏水 1.0 mL，备用。

（3）将上述（1）（2）试管 25 °C 预热，加入 0.3 mL 0.1 mol/L H_2O_2（立即计时），并置于石英比色皿中，测定 $A_{240\ nm}$，每隔 1 min 读数 1 次，记录 4 min。

五、结果分析

根据观测数据，计算有机茶园、无公害茶园茶树鲜叶中过氧化氢酶的活性。

以 1 min 内 $A_{240\ nm}$ 减少 0.1 的酶量为 1 个酶活单位（U）。

过氧化氢酶活性（$U\cdot gFW^{-1}\cdot min^{-1}$）＝（$\Delta A_{240\ nm}\times V_t$）$/0.1\times V_1\times t\times F_W$

$$\Delta A_{24\ \mathrm{nm}} = A_{s0} - \frac{A_{s1} + A_{s2}}{2}$$

式中　A_{s0}——加入煮死酶液的对照管吸光值；

A_{s1}、A_{s2}——样品管吸光值；

V_t——粗酶提取液总体积，mL；

V_1——测定用粗酶液体积，mL；

F_W——样品鲜重，g；

0.1——$A_{240\ \mathrm{nm}}$每下降 0.1 为 1 个酶活单位，U；

t——加过氧化氢到最后一次读数时间，min。

六、注意事项

（1）准确加样，精确称取；

（2）操作迅速。

实验二十七　茶树鲜叶中脯氨酸的测定

一、实验目的

了解植物组织中脯氨酸的基本知识，掌握茶树鲜叶中脯氨酸含量的测定方法

二、实验原理

脯氨酸具有亲水性极强，可稳定组织中原生质胶体及组织内的代谢过程；在逆境条件下（旱、热、冷、冻），植物组织中脯氨酸的含量显著增加。

脯氨酸游离于磺基水杨酸溶液中，与酸性茚三酮（加热）生成稳定的红色化合物，且其色素可全部转移至甲苯中，颜色深浅与脯氨酸含量呈正相关，测定$A_{520\ \mathrm{nm}}$可知脯氨酸的含量。

三、实验材料与设备

1．实验材料

有机茶园、无公害茶园茶树鲜叶。

2．实验试剂

茚三酮、冰醋酸、磷酸、磺基水杨酸、磺基水杨酸、脯氨酸等。

（1）2.5%酸性茚三酮溶液：取 1.25 g 茚三酮，加热（70 °C）溶解于 30 mL 冰醋酸和 20 mL 6mol/L 磷酸中（原液稀释 2.3 倍），贮于 4 °C 冰箱，备用（2～3 d 内有效）。

（2）3%磺基水杨酸：取 3.496 g 磺基水杨酸，蒸馏水溶解，定容至 100 mL。

（3）10 μg/mL 脯氨酸标准母液：取 20.0 mg 脯氨酸，蒸馏水溶解，定容至 200 mL，即为 100 μg/mL 脯氨酸母液；取 10 mL，蒸馏水稀释，定容至 100 mL，即为 10 μg/mL 脯氨酸标准液。

3．实验设备

分光光度计、电子天平、容量瓶、水浴锅、烧杯、试管等。

四、实验方法

1．脯氨酸标准曲线制作

（1）取 6 支试管编号，按表 5-31 所示加入试剂，置于沸水浴中加热 30 min，冷却，测定 $A_{520\ nm}$。

表 5-31 脯氨酸标准曲线制作方案

试剂	编号					
	0	1	2	3	4	5
10 μg/mL 脯氨酸标准液/mL	0	0.2	0.4	0.6	0.8	1.0
蒸馏水/mL	2	1.8	1.6	1.4	1.2	1.0
冰醋酸/mL	2	2	2	2	2	2
3%磺基水杨酸/mL	2	2	2	2	2	2
2.5%酸性茚三酮/mL	4	4	4	4	4	4
每管脯氨酸含量/μg	0	2	4	6	8	10

（2）标准曲线的绘制：以 1 ~ 5 号试管中脯氨酸含量为横坐标、吸光值为纵坐标，绘制脯氨酸标准曲线。

2．样品测定

（1）酶提取液制备：分别选取有机茶园、无公害茶园茶树有代表性的鲜叶，用湿布蒸馏水洗净，擦干，剪碎；取 0.3 g 于 20 mL 试管，加入 10 mL 3%磺基水杨酸溶液，沸水浴提取 10 min（不定时摇动），冷却过滤，每个茶样重复 3 次，待测。

（2）测定：取酶提取液 2 mL，加入 2 mL H_2O、2 mL 冰醋酸、4 mL 2.5%酸性茚三酮，沸水浴 30 min（溶液呈红色），冷却，取上层液，测定 $A_{520\ nm}$。

五、结果分析

（1）根据观测数据，计算有机茶园、无公害茶园茶树鲜叶中脯氨酸的含量。

$$\text{脯氨酸含量}(\mu g/g)=\frac{x\times\text{提取液总量}}{\text{样品鲜重}\times\text{提取液用量}}$$

式中 x——从标准曲线查得的脯氨酸含量，μg。

（2）比较有机茶园、无公害茶园茶树鲜叶中脯氨酸含量的差别。

六、注意事项

（1）准确加样；
（2）精确称取。

实验二十八　茶树鲜叶中丙二醛的测定

一、实验目的

了解植物组织中丙二醛的基本知识，掌握茶树鲜叶中丙二醛的测定方法。

二、实验原理

丙二醛（MDA）是植物器官衰老或在逆境条件下组织或膜脂质发生过氧化反应的产物。

丙二醛（MDA）在酸性条件下，与硫代巴比妥酸（TBA）显色反应（加热），生成红棕色的三甲川（3,5,5′-三甲基恶唑-2,4-二酮），最大吸收波长 532 nm 或 450 nm；根据茶树样品量和提取液的体积，加入 Fe^{3+}的终浓度为 0.5 nmol/L，测定 $A_{532\ nm}$、$A_{600\ nm}$和 $A_{450\ nm}$，即可知丙二醛的含量。

注：低浓度的铁离子可增加丙二醛或蔗糖显色反应物，通常茶树组织中铁离子的含量为 100 ~ 300 μg/gDw。

三、实验材料与设备

1．实验材料

有机茶园、无公害茶园茶树鲜叶。

2．实验试剂

三氯乙酸、硫代巴比妥酸（TBA）溶液、石英砂。

3．实验设备

分光光度计、分析天平、恒温水浴、移液管架、移液管、试管架、离心机、洗耳球、研钵、剪刀、试管等。

四、实验方法

1．丙二醛提取

取有机茶园、无公害茶园受干旱、高温、低温等逆境胁迫有代表性的茶树鲜叶 1.00 g，加入 2 mL 10%三氯乙酸，研磨成匀浆（含少量石英砂）；再加入 8 mL 10%三氯乙酸洗涤匀浆，以 4000 r/min 离心 10 min，取上清液，备用。

2．显色反应

取试管依次编号（每个茶样重复 3 次），加入提取液 2 mL（以蒸馏水 2 mL 为对照），再加入 2 mL 0.6%硫代巴比妥酸溶液，摇匀，沸水浴 15 min，冷却，离心，待测。

3．测　定

取上清液，分别测定 $A_{532\ \mathrm{nm}}$、$A_{600\ \mathrm{nm}}$ 和 $A_{450\ \mathrm{nm}}$。

五、结果分析

（1）根据观测数据，计算有机茶园、无公害茶园茶树鲜叶中丙二醛的含量。

$$\text{MDA 浓度}(\mu\text{mol/mL})=\frac{[6.45\times(A_{532\ \mathrm{nm}}-A_{600\ \mathrm{nm}})-0.56\times A_{450\ \mathrm{nm}}]\times\text{提取液总量}}{1000\times\text{提取液用量}}$$

式中　$A_{450\ \mathrm{nm}}$、$A_{532\ \mathrm{nm}}$、$A_{600\ \mathrm{nm}}$——在 450 nm、532nm、600 nm 波长下测得的吸光度值。

（2）比较有机茶园、无公害茶园茶树鲜叶中丙二醛含量的差别。

六、注意事项

（1）蔗糖-TBA 反应产物的最大吸收波长为 450 nm，毫摩尔吸收系数为 85.4×10^{-3}；MDA-TBA 反应产物在 532 nm 的毫摩尔吸收系数，分别为 7.4×10^{-3} 和 155×10^{-3}。

（2）茶树遭受干旱、高温、低温等逆境胁迫时可溶性糖增加，测定茶树组织中丙二醛，需排除可溶性糖的干扰，在 532 nm 波长处有非特异的背景吸收的影响。

实验二十九　茶树鲜叶中硒元素的测定

一、实验目的

了解茶树鲜叶中硒元素的相关知识，掌握茶树鲜叶中硒的测定方法

二、实验原理

1．氢化物原子荧光光谱法

样品于 6 mo1/L 盐酸介质中，经硝酸-高氯酸混合酸加热消化后，将六价硒还原成四价硒；再用硼氢化钠或硼氢化钾作还原剂，将四价硒还原成硒化氢，由载气（氩气）带入原子化器中进行原子化；经硒空心阴极灯照射，基态硒原子被激发至高能态，再去活化回到基态时发射出特征波长的荧光，其荧光强度与硒含量成正比，与标准系列比较定量，最低检测量为 1.0 ng。

2．荧光分光光度法

样品经混合酸消化，使硒化合物转化为无机硒 Se^{4+}；在酸性条件下 Se^{4+}与 2,3-二氨基萘（2,3-Dia minonaphthalene，DAN）反应生成 4,5-苯并苤硒脑（4,5-Benzopiaselenol），波长为 376 nm 激发光作用下发射波长为 520 nm 的荧光；经环己烷萃取后上机，测定其荧光强度，与标准系列比较定量，最低检测量为 3 ng。

三、实验材料与设备

。

1．实验材料

茶树鲜叶。

2．实验试剂

硝酸（HNO_3）、高氯酸（$HClO_4$）、过氧化氢（H_2O_2）、盐酸（HCl）、环已烷（AR，C_6H_{12}）、2,3-二氨基萘（DAN，$C_{10}H_{10}N_2$）、乙二胺四乙酸二钠（$EDTA_2Na$，$C_{10}H_{14}N_2Na_2O_8$）、盐酸羟胺（$NH_2OH \cdot HCl$）、甲酚红（$C_{21}H_{18}O_5S$）、氨水（$NH_3 \cdot H_2O$）、铁氰化钾[$K_3Fe(CN)_6$]、DAN、氨水、EDTA 等。

（1）盐酸（6 mol/L）: 取 50 mL 盐酸，缓慢加入 40 mL 水中，冷却后用水定容至 100 mL，混匀。

（2）氢氧化钠溶液（5 g/L）: 取 5 g 氢氧化钠，溶于 1000 mL 水中，混匀。

（3）硼氢化钠碱溶液（8 g/L）: 取 8 g 硼氢化钠，溶于氢氧化钠溶液（5 g/L）中，混匀。现配现用。

（4）硝酸-高氯酸混合酸（9+1）: 将 900 mL 硝酸与 100 mL 高氯酸混匀。

（5）铁氰化钾溶液（100 g/L）: 取 10 g 铁氰化钾，溶于 100 mL 水中，混匀。

（6）盐酸（5+95）: 取 25 mL 盐酸，缓慢加入 475 mL 水中，混匀。

（7）盐酸（1%）: 取 5 mL 盐酸，用水稀释至 500 mL，混匀。

（8）DAN 试剂（1 g/L）: 取 DAN 0.2 g 于一带盖锥形瓶中，加入盐酸（1%）200 mL，振摇约 15 min 使其全部溶解；加入 40 mL 环已烷，继续振荡 5 min；将此液倒入塞有玻璃棉（或脱脂棉）的分液漏斗中，待分层后滤去环已烷层，收集 DAN 溶液层，反复用环已烷纯化直至环已烷中荧光降至最低时为止（纯化 5 ~ 6 次）；将纯化后的 DAN 溶液储于棕色瓶中，加入约 1 cm 厚的环已烷覆盖表层，于 0 ~ 5 °C 保存。

注：① 在暗室内配制，必要时在使用前再以环已烷纯化一次；

② 有一定毒性，使用本试剂的人员应注意防护。

（9）氨水（1+1）: 将 5 mL 水与 5 mL 氨水混匀。

（10）EDTA 混合液：

① EDTA 溶液（0.2 mol/L）: 取 $EDTANa_2$37 g，加水并加热至完全溶解，冷却后用水稀释至 500 mL；

② 盐酸羟胺溶液（100 g/L）: 取 10 g 盐酸羟胺溶于水中，稀释至 100 mL，混匀；

③ 甲酚红指示剂（0.2 g/L）: 取甲酚红 50mg 溶于少量水中，加氨水（1+1）1 滴，待完全溶解后加水稀释至 250 mL，混匀；

④ 取 EDTA 溶液（0.2 mol/L）及盐酸羟胺溶液（100 g/L）各 50 mL，加甲酚红指示剂（0.2 g/L）5 mL，用水稀释至 1 L，混匀。

（11）盐酸（1+9）：取 100 mL 盐酸，缓慢加入 900 mL 水中，混匀。

3．实验设备

（1）原子荧光光谱仪：配硒空心阴极灯。

（2）微波消解系统：配聚四氟乙烯消解内罐。

（3）电热板、水浴锅、天平等。

注：所有玻璃器皿及聚四氟乙烯消解内罐，均需硝酸溶液（1+5）浸泡过夜，用自来水反复冲洗，再用蒸馏水冲洗干净。

四、实验方法

（一）氢化物原子荧光光谱法

1．硒标准溶液配制

1000 mg/L，或经国家认证并授予标准物质证书的一定浓度的硒标准溶液。

（1）硒标准中间液（100 mg/L）：取 1.00 mL 硒标准溶液（1000 mg/L）于 10 mL 容量瓶中，盐酸（5+95）定容，混匀。

（2）硒标准使用液（1.00 mg/L）：取硒标准中间液（100 mg/L）1.00 mL 于 100 mL 容量瓶中，盐酸（5+95）定容，混匀。

（3）硒标准系列溶液：取硒标准使用液（1.00 mg/L）0，0.500，1.00，2.00，3.00 mL 于 100 mL 容量瓶中，加入铁氰化钾溶液（100 g/L）10 mL，盐酸（5+95）定容，即得浓度分别为 0，5.00，10.0，20.0，30.0 μg/L 硒标准系列溶液。

注：可根据仪器的灵敏度及样品中硒的实际含量确定标准系列溶液中硒元素的质量浓度。

2．样品制备

茶树鲜叶用水洗净，晾干，制成匀浆，备用。

注：在采样和制备过程中，应避免试样污染。

3．样品消解

常见样品消解的方法有湿法消解和微波消解。

（1）湿法消解。

取液体样品 1.00 ~ 5.00 mL（或固体样品 0.5 ~ 3 g），置于锥形瓶中，加入 10 mL 硝酸-高氯酸混合酸（9+1）及几粒玻璃珠，盖上表面皿冷消化过夜；次日于电热板上加热，及时补加硝酸；当溶液变为清亮无色并伴有白烟产生时，再继续加热至剩余体积约为 2 mL；冷却，再加入 5 mL 盐酸（6 mol/L），继续加热至溶液变为清亮无色并伴有白烟出现；冷却后转移至 10 mL 容量瓶中，加入 2.5 mL 铁氰化钾溶液（100 g/L），蒸馏水定容；重复 3 次，混匀，待测，以试剂为空白实验。

（2）微波消解。

取液体样品 1.00 ~ 3.00 mL（或固体样品 0.2 ~ 0.8 g），置于消化管中，加入 10 mL 硝酸、2 mL 过氧化氢，振摇混合均匀，经微波消解仪中消化，微波消化条件详见《GB 5009.93—2017 食品安全国家标准　食品中硒的测定》附录 A；冷却后，将消化液转入锥形烧瓶中，加几粒玻璃珠，于电热板上继续加热至 2 mL；再加入 5 mL 盐酸（6 mol/L），继续加热至溶液变为清亮无色并伴有白烟出现；冷却，转移至 10 mL 容量瓶中，加入 2.5 mL 铁氰化钾溶液（100 g/L），蒸馏水定容；重复 3 次，混匀，待测，以试剂为空白实验。

4．测　定

（1）仪器条件。

根据各自仪器性能调至最佳状态，参考条件为：负高压 340 V；灯电流 100 mA；原子化温度 800 °C；炉高 8 mm；载气流速 500 mL/min；屏蔽气流速 1000 mL/min；测量方式标准曲线法；读数方式峰面积；延迟时间 1 s；读数时间 15 s；加液时间 8 s；进样体积 2 mL。

（2）标准曲线制作。

以盐酸（5+95）为载流液，硼氢化钠碱溶液（8 g/L）为还原剂，连续用标准系列的零管进样；待仪器读数稳定后，将硒标准系列溶液按质量浓度由低到高的顺序分别导入仪器，测定其荧光强度；以质量浓度为横坐标，荧光强度为纵坐标，制作标准曲线。

（3）样品测定。

与标准曲线制作同样条件下，将样品溶液注入仪器，测其荧光值强度，再与标准系列比较进行定量。

（二）荧光分光光度法

1．标准溶液制备

1000 mg/L，或经国家认证并授予标准物质证书的一定浓度的硒标准溶液。

（1）硒标准中间液（100 mg/L）：取 1.00 mL 硒标准溶液（1000 mg/L）于 10 mL 容量瓶中，盐酸（1%）定容，混匀。

（2）硒标准使用液（50.0 μg/L）：取硒标准使用液（50.0 μg/L）0，0.200，1.00，2.00，4.00 mL，相当于含有硒的质量为 0，0.0100，0.0500，0.100，0.200 μg；盐酸（1+9）定容至 5 mL，加入 20 mL EDTA 混合液，再用氨水（1+1）及盐酸（1+9）调至淡红橙色（pH 1.5 ~ 2.0）。

以下步骤在暗室操作：加入 DAN 试剂（1 g/L）3 mL 混匀后，沸水浴 5 min；取出冷却后，加入环己烷 3 mL，振摇 4 min，将全部溶液移入分液漏斗，待分层后弃去水层，再将环己烷层由分液漏斗上口倾入带盖试管中（勿混入水滴），待测。

2．试样制备

茶树鲜叶用水洗净，晾干，制成匀浆，备用。

注：在采样和制备过程中，应避免试样污染。

3．样品消解

取液体样品 1.00 ~ 5.00 mL（或固体样品 0.500 ~ 3.000 g），置于锥形瓶中，加入 10 mL

硝酸-高氯酸混合酸（9+1）及几粒玻璃珠，盖上表面皿冷消化过夜；次日于电热板上加热，及时补加硝酸；当溶液变为清亮无色并伴有白烟产生时，再继续加热至剩余体积约为 2 mL；冷却后，再加入 5 mL 盐酸（6 mol/L），继续加热至溶液变为清亮无色并伴有白烟出现，再继续加热至剩余体积约为 2 mL，冷却；重复 3 次，混匀，待测，以试剂为空白实验。

4. 测　定

（1）仪器条件。

根据各自仪器性能调至最佳状态，参考条件为：激发光波长 376 nm、发射光波长 520 nm。

（2）标准曲线制作。

将硒标准系列溶液，按质量由低到高的顺序分别上机，测定 4,5-苯并苤硒脑的荧光强度；以质量为横坐标、荧光强度为纵坐标，制作标准曲线。

（3）样品测定。

将经消化后的样品溶液及盐酸（1+9）定容至 5 mL，加入 20 mL EDTA 混合液，用氨水（1+1）及盐酸（1+9）调至淡红橙色（pH 1.5 ~ 2.0）。

以下步骤在暗室操作：加入 DAN 试剂（1 g/L）3 mL 混匀后，沸水浴 5 min；取出冷却后，加入环己烷 3 mL，振摇 4 min，将全部溶液移入分液漏斗，待分层后弃去水层，再将环己烷层由分液漏斗上口倾入带盖试管中（勿混入水滴），待测。

五、结果分析

（1）根据荧光分光光度仪观察数据，计算茶树鲜叶中硒元素的含量。

$$X=\frac{(\rho-\rho_0)\times V}{m\times 1000}$$

式中　X——试样中硒的含量，mg/kg（或 mg/L）；

ρ——试样溶液中硒的质量浓度，μg/L；

ρ_0——空白溶液中硒的质量浓度，μg/L；

V——试样消化液总体积，mL；

m——试样称样量或移取体积，g（或 mL）；

1000——换算系数。

（2）根据荧光分光光度仪观察数据，计算茶树鲜叶中硒元素的含量。

$$X=\frac{m_1}{F_1-F_0}\times\frac{F_2-F_0}{m}$$

式中　X——试样中硒含量，mg/kg（或 mg/L）；

m_1——试样管中硒的质量，μg；

F_1——标准管硒荧光读数；

F_0——空白管荧光读数；

F_2——试样管荧光读数；

m——试样称样量或移取体积，g（或 mL）。

（3）比较两种测定方法的差别。

六、注意事项

（1）若硒的含量≥1.00 mg/kg（或 mg/L），计算结果保留三位有效数字；若硒含量<1.00 mg/kg（或 mg/L），计算结果保留两位有效数字。

（2）精密度。

在重复性条件下，获得的两次独立测定结果的绝对差值不得超过算术平均值的 20%。

（3）检出限。

取样量为 1 g（或 1 mL），定容体积为 10 mL 时，方法的检出限为 0.002 mg/kg（或 0.002 mg/L），定量限为 0.006 mg/kg（或 0.006 mg/L）。

实验三十　逆境对茶树细胞膜伤害的测定

一、实验目的

了解常见逆境下植物受到危害的主要原因及所表现症状，掌握逆境对茶树细胞膜伤害的测定方法。

二、实验原理

植物组织在受到干旱、低温、高温、盐渍和大气污染等不良环境危害时，细胞膜透性增大，组织受伤害越严重，电解质含量增加越多；根据电导仪测定外渗液电导率的变化，可反映出质膜受伤害的程度。

三、实验材料与设备

1．实验材料

有机茶园、无公害茶园茶树鲜叶。

2．实验设备

阿贝折射仪或手持糖量计、电导仪、榨汁钳、温度计、打孔器、细滴管、冰盒、滤纸、烧杯、试管、剪刀、电子天平等。

四、实验方法

1．汁浓度测定

（1）待测液制备：采取有机茶园、无公害茶园有代表性的茶树鲜叶（一般从采集到测定不超过 1～2 h），蒸馏水洗净、擦干，将叶片折叠成方块状，榨汁待用，重复 3 次。

注：鲜叶离体后快速汁浓度测定，最好于田间进行。

（2）测定：取 1 滴汁液于折射仪上，记录折射率。

2．电导率测定

（1）待测液制备：采取有机茶园、无公害茶园有代表性的茶树鲜叶（一般从采集到测定不超过 1～2 h），蒸馏水洗净、擦干，剪碎；取 0.2～0.3 g 于 50 mL 试管中，加入 20 mL 蒸馏水，浸泡 4～5 h，待测。

（2）测定：取 5 mL 测定电导率，将其沸水浴 15 min，冷却至室温，再测一次电导率。

注：各样品处理浸泡时间和测定温度一致，以相对电导率表示细胞质膜透性大小。

3．水势测定

（1）蔗糖溶液配制：将 1 mol/L 蔗糖母液配制成 0.05，0.1，0.2，0.3，0.4，0.5，0.6 mol/L 蔗糖溶液，取 3 mL 于试管中作为实验组，再取 3 mL 作为对照组。

（2）待测液制备：采取有机茶园、无公害茶园有代表性的茶树鲜叶（一般从采集到测定不超过 1～2 h），蒸馏水洗净、擦干，剪成正方体小块，等量放入实验组，每个茶样重复 3 次；于室温下进行水分交换 10～15 min，每隔 5 min 摇动一次；再加入 3 滴次甲基蓝溶液，摇匀，待测。

（3）测定：依次从低浓度至高浓度，于对照组液体中央加入 1 滴待测液，观察有色液滴运动方向。

① 向上移动，则表示细胞液中水分外流，溶液变淡，比重变小；

② 向下移动，则表示细胞从溶液中吸收水分，溶液变浓，比重变大；

③ 有色液滴不动，且向外扩散，则表示两者浓度相等或接近，即组织水势等于溶液的渗透势，记为 Ψ_s。

五、结果分析

（1）根据观测数据，计算有机茶园、无公害茶园茶树鲜叶的汁液浓度。

（2）根据观测数据，计算有机茶园、无公害茶园茶树鲜叶的电导率。

① 外渗电导率

$$K\,(\text{us}\cdot\text{cm}^{-1}\cdot\text{g}^{-1}) = SQ = \text{电导率/茶样质量}$$

$$\text{或}\ K\,(\text{us}\cdot\text{cm}^{-1}\cdot\text{g}^{-1}\cdot\text{mL}^{-1}) = SQ = \text{电导率/茶样质量}\times\text{量取体积}$$

② 相对电解质渗出率

$$\text{电解质渗出率}(\%) = L_1(\text{浸泡液电导率})/L_2(\text{煮沸后电导率})\times 100$$

$$\text{电解质渗出率}(\%) = L_1(\text{浸泡液电导率}) - \text{本底电导率}/[L_2(\text{煮沸后电导率}) - \text{本底电导率}]\times 100$$

式中 L_1——组织杀死前外渗液的电导率；

L_2——组织杀死后外渗液的电导率。

（3）根据观测数据，计算有机茶园、无公害茶园茶树鲜叶的水势。

$$\Psi_w（细胞水势）= \Psi_s = -iCRT$$

式中　Ψ_s——溶液的渗透势，MPa。

R——气体常数，为 0.008 314 MPa·L·mol^{-1}·K^{-1}。

T——绝对温度，即 273+t °C，K，默认 T=300 K。

（4）比较有机茶园、无公害茶园茶树鲜叶的汁液浓度、电导率、水势的差别。

六、注意事项

（1）细胞内可溶性有机物伴随着电解质外渗，引起其可溶性糖、氨基酸、核苷酸等含量增加，利用紫外分光光度计测定待测液吸光值，可反映出鲜叶质膜受伤害的程度。

（2）水势测定时，若无有色液滴不动、且向外扩散现象，则取下降和上升转变时的浓度平均值。

实验三十一　茶园周年管理工作方案

一、实验目的

了解茶园周年管理工作的相关知识，掌握茶园周年管理工作方案的制作方法。

二、实验原理

茶园周年管理工作主要有耕锄、施肥、采摘、修剪、病虫害防治等。

（1）耕锄：常规茶园中一般每年进行 3 次耕，分别在春茶前、春茶后和夏茶后。

（2）施肥：为茶树补充养分，以保持其正常的生长发育以及稳定茶叶产量。

（3）修剪：调节茶树体内激素分布、复壮树势，改变树冠 C/N，促进营养生长，延长茶树经济年龄。

（4）采摘：根据生产需要，按标准采摘。

（5）病虫害防治：有效防止，提高茶叶产量。

三、实验材料与设备

茶园、肥料、施肥用具、修剪用具、耕作用具、采摘用具等。

四、实验方法

1．茶园耕作

（1）春茶前中耕：一般于 3 月上中旬进行（惊蛰—春分），深度为 10 ~ 15 cm。

注：疏松土壤，使表土易于干燥，使土温升高，有利于促进春茶提早萌发。

（2）春茶后浅耕：5 月中下旬进行一次浅锄，深度为 10 cm。

注：锄去杂草根系、保蓄水肥。

（3）夏茶后浅锄：于 7 月下旬，深度为 4 ~ 7 cm。

注：夏季杂草生长旺盛，土壤水分蒸发量大，以切断水分蒸发、消除杂草为目的。

（4）秋茶后深耕：9—10 月（秋分—霜降），秋梢停止生长或生长缓慢进行深耕，深度为 15 ~ 20 cm。

注：增加土壤孔隙度，改善土壤透性，增加土壤含水量，提高土壤肥力。

2．茶园施肥

（1）基肥：配合秋茶后深耕进行，施用厩肥、饼肥、复合肥、农家肥和茶树专用肥等。

① 幼龄茶园：一般每亩 1000 ~ 2000 kg 厩肥或 100 ~ 150 kg 饼肥，加上 15 ~ 25 kg 过磷酸钙，1.5 ~ 10 kg 硫酸钾；

② 1 ~ 2 年生茶苗：离根颈 10 ~ 15 cm 处，开宽 15 cm、深 15 ~ 20 cm 沟施入基肥；

③ 3 ~ 4 年生茶苗：离根颈 35 ~ 40 cm 处，开宽 15 cm、深 20 ~ 25 cm 沟施入基肥；

④ 成龄茶园：沿树冠垂直下位置，开宽 15 cm、深 20 ~ 30 cm 沟施入基肥；

⑤ 坡地或窄幅梯级茶园：同上。

注：施肥于茶行的上坡位置和梯级内侧方位。

（2）追肥。

每年三次追肥，比例为 4∶3∶3 或 5∶2.5∶2.5，其施用量共占全年施用量的 70%。

① 春茶前追肥：配合春茶前中耕进行，供应越冬芽萌发所需的营养。

② 春茶后追肥：配合春茶后浅耕进行，保证夏茶的正常萌发。

③ 夏茶后追肥：配合夏茶后浅锄进行，应避开高温天气。

（3）叶面追肥：采摘茶园每亩 50 ~ 100 kg。

注：覆盖度大的可增加，覆盖度小的应减少；以喷湿茶丛叶背为宜，多在晴天傍晚进行。

3．茶树修剪

（1）方法：同本章实验五。

（2）修剪后管理。

① 修剪后待新梢萌发时，及时追施催芽肥，修剪程度越深，施肥量应越多；

② 深修剪：茶树留养 1 ~ 2 个茶季；

③ 重修剪：当年发出的新梢约 25 cm 剪，第二年春打顶轻采，春茶后在提高约 10 cm 轻剪一次，即可正式投产；

④ 台刈：茶树剪后，当年秋茶后离地约 40 cm 剪，剪后 2 ~ 3 年内逐年在上次剪口上提高 5 ~ 10 cm。

4．茶叶采摘

（1）打顶采摘法：通常在新梢长到一芽五、六叶以上，或新梢将要停止生长时，实行采高养低。

（2）采顶留侧法：摘去顶端一芽一、二叶，留下新梢基部三、四片以上真叶，以促进分枝，扩展树冠。

5．茶树病虫害防治

详见第六章。

五、结果分析

（1）拟定一份茶园周年管理方案。

（2）分析有机茶园、无公害茶园管理的差别。

六、注意事项

（1）第二次定型修剪前，不可采摘以养为主；经 2 ~ 3 年打顶和留叶采摘后，正式投产。

（2）严格控制深耕的宽度和深度。

（3）幼龄茶园于树冠外沿 10 cm 处开沟，成龄茶园可沿树冠垂直开沟；沟深视肥种类而异，碳酸氢铵、氨水和复合肥等移动性小或挥发性强的肥料沟深约 10 cm，而硝酸铵、硫酸铵和尿素等易流失、不易挥发的肥料沟深 3 ~ 5 cm。

实验三十二　基于转录组与代谢组研究茶树花色变化机理

一、实验目的

了解转录组、代谢组及茶树花色变化的相关知识，掌握基于转录组与代谢组研究茶树生长过程中花色变化机理的方法。

二、实验原理

新一代 RNA-Seq 测序技术具有高通量、易操作、可定量等优点，广泛应用于植物抗病机制领域差异表达基因检测、新基因鉴别和基因功能分析等方面研究，取得了较大突破。代谢组学是以高通量、高灵敏度的现代分析仪器为硬件基础、全面的定性定量研究室植物体内源性代谢产物变化规律的学科。研究采用 RNA-Seq 技术，对植物组织转录组进行分析，旨在对植物组织发生过程差异表达基因进行功能注释和代谢途径分析，为植物种质资源的选育提供参考依据；利用代谢组学分析从整体上检测茶树花发育过程中代谢产物的变化，并着重于花青素合成中基因的调控和产物的变化分析。

三、实验材料与设备

1．实验材料

茶树粉色和白色花瓣（图 5-5）。

图 5-5　茶树花瓣

2．实验试剂

甲醇，色谱纯；乙腈，色谱纯；乙醇，色谱纯；标准品，色谱纯；交联聚乙烯吡咯烷酮（Polyvinylpyrrolidone cross-linked，PVPP）；苯甲基磺酰氟（Phenylmethylsulfonyl fluoride，PMSF）；乙二胺四乙酸（Ethylene diamine tetraacetic acid，EDTA）、三氯乙酸（Trichloroacetic acid，TCA）、碘代乙酰胺（Iodoacetamide，IAM）、2-D Quant Kit（GE Healthcare）、二硫苏糖醇（D, L-Dithiothreitol，DDT）、低分子量 Marker（97，66，43，31，20，14 kD）、脱色液（25% Ethanol，8% Acetic acid）、染色液（0.2% Coomassie blue R-250，10% Acetic acid，50% Formic acid）、Bradford Protein Assay Kit 试剂盒、8-plex i TRAQ 标记试剂盒（Applied biosystems）、四乙基溴化铵（Tetraethylammonium bromide，TEAB）、甲酸（Formic acid，FA）、胰蛋白酶（TPCK-Trypsin，Promega）、乙腈（Acetonitrile，ACN）等。

RNAplant Plus RNA 提取试剂盒（TIANGEN BIOTECHCO，LTD）、ReverTra Ace qPCR RT Kit 和 SYBR® Green Realtime PCR Master Mix-Plus qRT-PCR 试剂（TOYOBO 公司）等。

注：标准品以二甲基亚砜（DMSO）或甲醇作为溶剂溶解后，– 20 °C 保存，质谱分析前用 70%甲醇稀释成不同梯度浓度。

3．实验设备

冷冻离心机 Centrifuge 5804R（Eppendorf 公司）；电泳仪；DYY-in 型稳压仪；紫外凝胶成像系统（Bio IMAGING SYSTEM）；SMA3000 分光光度计；PCR 仪（Personalcycler，Bionietra 公司），qRT-PC 仪器，Roche LightCycler 480 Ⅱ；RNA 质量检测，Agilent Technologies 2100 Bioanalyzer、Illu mina Cluster Station 和 Illu mina Hi Seq™2000 系统；LTQ-Orbitrap HCD、LC-20AB HPLC Pump system、LTQ Orbitrap Velos（Thermo）、Nano Drop 分光光度计等。

四、实验方法

1．转录组

参考第四章实验二十三。

2．代谢组

参考第四章实验二十三。

五、结果分析

转录组测序可以得到大量差异表达基因和调控代谢通路，但由于基因与表型之间很难关联，导致关键的信号通路难以确定，因此往往达不到预期的研究目的。针对特定的生理、病理、生长发育等表型，通过广泛靶向代谢组+转录组的研究方法，对时序表达的众多基因与差异积累的代谢物信息进行整合分析，并结合分子生物学技术，从分子层面解释所关注的生物表型，探索生物体生长发育、生理病理应答机制。通过 KEGG 代谢通路将代谢组学和转录组学数据联合起来，找到参与同一生物进程（KEGG Pathway）中发生显著性变化的基因和代谢物，可快速锁定关键基因（图 5-6）。

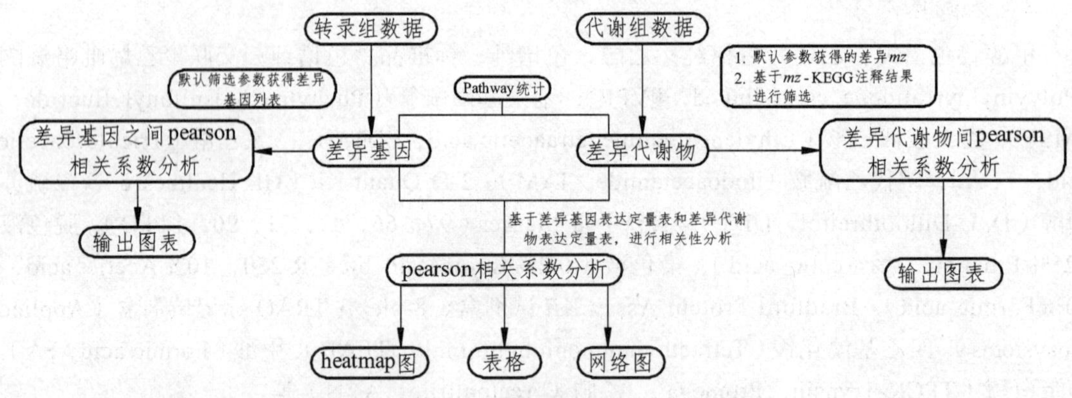

图 5-6　代谢组学和转录组学数据联合分析

（1）差异代谢物与差异基因相关性分析。

（2）差异代谢物 KEGG 与差异基因 KEGG 共富集分析。

（3）差异代谢物与差异基因相关性网络图构建。

（4）差异代谢物与差异基因共表达分析。

六、注意事项

（1）挥发性或腐蚀性液体离心时，应使用带盖的离心管，并确保液体不外漏，以免腐蚀机腔或造成事故。

（2）戴一次性手套，若不小心溅上反应液，立即更换手套；

（3）操作时设立阴阳性对照和空白对照，即可验证 PCR 反应的可靠性，又可以协助判断扩增系统的可信性；

（4）重复实验，验证结果，慎下结论。

第六章 茶树病虫害防治质量安全评价实务

实验一　常见病害症状及其病原菌形态观察

一、实验目的

了解植物常见病害症状特征及其病原菌，掌握茶树常见病害症状及其病原菌形态观察方法。

二、实验原理

1．常见病害症状

植物受病原物侵染或不良环境因素影响后，在组织内部或外表显露出来的异常状态，称为症状。根据在植物体内或体表症状显示的部位，可分为内部症状与外部症状。内部症状是指植物受病原物侵染后细胞形态或组织结构发生变化。外部症状是在肉眼或放大镜下可见的植物外部病态特征，通常可分为病状和病征，是诊断植物包括茶树病害的重要依据之一。

（1）病状，植物外表出现的异常状态，其特征较稳定和具有特异性，是诊断植物病害的基础，因病害种类、环境条件、发病部位和茶树被害时期不同，常表现为变色、坏死、腐烂、萎蔫和畸形五种类型。

（2）病征，病原物在植物病部表面形成的各种机构。有些病害如许多真菌病害和细菌病害既有病状，又有明显的病征，如一般真菌子实体表现为霉层、黑点、粉状物等，细菌表现为菌脓和菌痂；但有些病害如植物病毒和菌原体等则只能看到病状，而无病征。各种病害大多有其独特的症状，因此常常作为判断植物病害的重要依据。

2．常见病原细菌及其所致病害症状

植物细菌病害的症状特征与病原细菌种属间具有显著的相关性，常作为鉴定细菌种属关系的一种辅助性状；多数细菌病害在发病初期，特别在潮湿环境呈水浸状或油渍状，在饱和湿度环境病斑上常有菌脓形成，而干后成为菌痂，常见病原细菌及其所致病害症状如下：

（1）棒杆菌属主要表现为萎蔫症状；

（2）假单胞杆菌属主要表现为叶斑、腐烂和萎蔫症状；

（3）黄单胞杆菌属主要表现叶斑和叶枯症状；

（4）野杆菌属表现肿瘤等增生性症状；

（5）欧氏菌属表现软腐、萎蔫。

3．病原病毒及其所致病害症状

植物病毒极其微小，普通显微镜下无法观察，且不能在一般培养基上培养，常用致病害症状诊断和鉴定病毒种属关系；此外，在感病期间存在变异组织产生特殊的内含体，也可作为鉴定上的参考。

4．病原线虫及其所致病害症状

植物病原线虫，多在地下活动危害植物根部，常见植物病原线虫及其所致的植物病害症状如下：

（1）根结线虫属（*Meloidogyne*）和胞囊线虫属（异皮线虫属，*Heterodera*）：地上部表现生长不良、植株萎黄，地下部须根明显增多，形成须根团；

（2）粒线虫属（*Anguina*）：地上部分受害，使茎叶扭曲，花果部变形，茶籽变为虫瘿；

（3）茎线虫属（*Ditylenchus*）：主要地下部分受害，使根、茎呈干腐状或湿腐状，地上部分略见茎叶呈波状卷曲、发育迟缓等；

（4）滑刃线虫属（*Aphelenchoides*）：叶片和芽受害，局部干枯坏死等。

三、实验材料与设备

1．实验材料

（1）有机茶园、无公害茶园中变色、坏死、腐烂、萎蔫和畸形等病状，及粉状物、霉状物、小黑点、白瓷状物、菌脓等病征茶树。

（2）常见病原细菌病害标本：白叶枯病、角斑病、环腐病、软腐病、角斑病、根癌病、斑点病、穿孔病、叶烧病、条斑病等。

（3）常见病原病毒病害标本：花叶病毒叶等。

（4）常见病原线虫病害标本：线虫及其病组织、虫瘿、胞囊等。

2．实验试剂

（1）革兰氏染色剂。

甲液：结晶紫 2 g，95%酒精 20 mL；

乙液：草酸铵 0.8 g，蒸馏水 80 mL；

碘液：碘 1 g，碘化钾 2 g，蒸馏水 300 mL；

复染剂（藏红染液）：蒸馏水 100 mL。

（2）鞭毛染色剂（银盐“染色”法）。

甲液：取单宁酸 5 g、氯化铁（$FeCl_3 \cdot 6H_2O$）1.5 g，蒸馏水 100 mL，混合溶解，再加入 15%福尔马林 2 mL、1% NaOH 1 mL。

注：取 40%福尔马林 4 mL，6 mL 蒸馏水溶解，即为 15%福尔马林，pH 1.5 ~ 1.8。

乙液：取 90 mL 硝酸银溶液，滴入浓氢氧化铵，待沉淀产生又消失为止，再滴入硝酸银溶液至少量云雾状沉淀出现为止，调节 pH 9.8 ~ 10 即可。

注：① 取硝酸银 2 g，蒸馏水溶解，定容至 100 mL，即为硝酸银溶液。

② 乙液不耐贮存，须 4 h 内完成染色，以防 pH 改变。

（3）赖夫生染色剂：取单宁酸、氯化钠和碱性品红混合物 1.9 g，33 mL 95%酒精溶解，蒸馏水定容至 100 mL，调节 pH 5.0。

注：混合物中单宁酸、氯化钠、碱性品红之比为 10∶5∶4。

3．实验设备

显微镜、载玻片、盖玻片、放大镜、解剖刀、培养皿、水浴锅、灭菌锅、研钵等。

四、实验方法

（一）茶树常见病害症状观察

1．病状类型

（1）变色。

植物感染病害，破坏叶绿素发育，使叶片的颜色发生普遍或局部的改变，具体表现如下：

① 褪绿：叶片普遍变为淡绿色或淡黄色。

② 黄化：叶片普遍变为黄色。

③ 花叶：叶片局部褪绿，使之呈黄绿色或黄白色相间的花叶状。

注：变色的细胞本身并不死亡。

（2）坏死。

植物感染病害，细胞和组织死亡引起植物根、茎、叶、花、果实等坏死，具体表现如下：

① 斑点：局部组织变色、坏死，形成斑点；

② 枯死：植物组织大量坏死，表现出黄白色、褐色或黑色，形成叶枯、叶斑、环斑、条斑或轮纹斑；

③ 穿孔：叶片局部组织坏死后脱落；

④ 疮痂：植物表皮细胞破裂，表现出皮包状隆起；

⑤ 溃疡：枝干局部组织腐烂；

⑥ 猝倒或立枯：茎基部或根部组织坏死而使幼苗枯死，死苗倒下为猝倒，死苗直立为立枯。

（3）腐烂。

植物感染病害，幼嫩组织及细胞易发生腐烂，具体分为：

① 根据腐烂的部位，分根腐、茎腐、果腐、花腐等；

② 根据伴随各种颜色的变化特点，分褐腐、白腐和黑腐；

③ 根据组织分解的程度不同，分干腐、湿腐和软腐。

注：比较坚硬的植物组织为干腐，柔软而多汁的植物的组织为湿腐，寄主组织细胞间中胶层的破坏为软腐。

（4）萎蔫。

植物感染病害，根部或茎部的维管束组织破坏，发生普遍或局部的枯萎现象，但植物皮层组织完好，且无外表病征。

（5）畸形。

植物感染病害，生长反常，各个器官发生变态，具体表现如下：

① 矮化：植株较矮小；

② 徒长：植株较生长高大；

③ 丛生：枝干节间停止伸长，叶片呈丛生状；

④ 卷叶、蕨叶和缩叶：叶片卷曲和皱缩；

⑤ 发根：根系过度分枝、丛生状；

⑥ 瘿瘤：部分组织细胞过度生长而形成的变态；

⑦ 菌瘿：黑粉病等病部变成菌的集合体；

⑧ 剑叶：叶片发育异常，使宽大叶片变为细小狭长状。

（6）粉状物。

植物感染病原真菌，形成黑色、白色、铁锈色的粉状物。

（7）霉状物。

植物感染病原真菌，形成白色、褐色、黑色的霉层。

（8）小黑点。

植物感染病原真菌，形成黑色的小颗粒。

（9）菌核。

植物感染病原真菌，形成大小不同的褐色或黑色颗粒。

（10）白锈。

植物感染病原真菌，形成白色的瓷状物。

（11）菌脓和菌痂。

植物感染病原真菌，形成的黏液和胶痂状物。

（二）茶树病原细菌及其所致病害症状

1．植物细菌病害的简易诊断

（1）制片。

取茶树白叶枯病等细菌感染病害新病叶，于病健交界处剪取 2 mm × 2 mm 病组织，置于载玻片上，加 1 滴蒸馏水，盖好盖玻片，显微镜下观察，以健康组织为阴性对照。

（2）镜检。

观察叶片组织维管束剪断处是否有大量的细菌，呈云雾状溢出，再将视野亮度调暗观察。

2．植物病原细菌形态观察和种类鉴定

1）培养性状观察

取培养皿中培养的环腐病菌、白叶枯病菌、软腐病菌和青枯病菌等，观察菌落大小、颜色、质地，是否产生荧光色素等。

2）染色反应观察

（1）革兰氏染色。

① 悬液制备：于载玻片上加 1 滴无菌水，再加入 1 环菌悬液，均匀涂布，自然晾干；

② 染色：涂片过灯焰固定 2 ~ 3 次，加入 1 滴草酸铵结晶紫液染色 1 min，倾去染液，水洗，再加入 1 滴碘液处理 1 min，倾去染液，水洗，吸干，备用；

③ 镜检：用 95%酒精洗脱染液约 30 s，吸干，再加入 1 滴复染剂藏红复染 10 ~ 30 s，水洗，吸干，镜检。

注：染成紫色为革兰氏阳性菌，染成红色为革兰氏阴性菌；涂片菌悬液不能太浓，褪色要彻底。

（2）鞭毛染色。

① 悬液配制：取活化菌种，置于 16 ~ 28 °C 恒温箱中斜面培养 16 ~ 18 h；加入 3 ~ 5 mL 预热无菌水，静置 10 ~ 20 min，备用。

注：若为软腐病菌用前每隔 1 ~ 2 d 转移一次（增强细菌的活性）；静置时间不能太长，防止鞭毛脱落，染色固定前可在镜下观察其游动性。

② 涂片：载玻片上加入 2 ~ 3 环菌悬液，立即直立使菌液流下，展开形成菌悬液膜，再于空气中自然干燥固定。

注：勿用火焰固定。

③ 染色镜检（银盐沉积法）：加入 1 滴甲液染色 3 ~ 5 min，倾去染液，水洗；再加入 1 滴乙液处理 30 ~ 60 s，倾去染液，水洗于空气中自然干燥固定，镜检。

注：染成深褐色为菌体，染成褐色为鞭毛，记录鞭毛数目及着生方式。

（三）茶树病原病毒及其所致病害症状

1．病状的类型及其特点

（1）外部形态观察。

植物病毒病害的病状分为变色、枯斑和组织坏死以及畸形，观察病毒病害标本，记载其病状特点并指出病状类型。

① 变色：花叶、黄化；

② 组织坏死：叶片、茎部，果实和根部均可发生坏死现象；

③ 畸形：卷叶、缩叶、皱叶、蕨叶、花器退化、丛枝矮化、束顶及癌肿等各种症状。

（2）内部病变及内含体的观察。

① 内部病变观察：取受花叶病危害的烟草病叶病健交界处，切片观察，细胞（包括栅栏组织及海绵组织）大小、细胞间隙、叶绿体的含量及大小。

② 内含体观察：取典型花叶症状的新鲜烟草病叶褪色（浅绿色）部分，将其表皮撕下，制片镜检，观察叶背主脉的表皮或茸毛中，细胞核内是否有圆形、椭圆形或其他不规则形物体存在，其位置及大小，折光性。

注：内含体在光学显微镜下有非结晶体（亦称无定形体或 x 体和结晶体两种）。

2．植物病毒的传染性观察

（1）机械传染。

① 取烟草花叶病的病叶，洗净置于研钵中，磨碎挤出汁液，接种于生长健壮、具有 4 ~ 5 个叶片、洁净的无病烟草植株，每株接 2 ~ 3 个叶片，晾干；

② 撒少许金刚砂（600 目）或硅藻土于叶片上，左手托叶片，右手食指蘸取少量病毒汁液于叶片上摩擦（叶片表皮细胞造成微伤口而不死亡），清水洗去接种叶片上的残留汁液，置于防虫的温室或纱笼中，20 ~ 25 °C 培养，7 ~ 14 d 内随时观察其发病情况。

（2）昆虫传染。

① 蚜虫准备：接种前到田间无病的十字花科蔬菜上，采集蚜虫，经过饲养证实蚜虫不带毒，备用。

② 饿蚜：取培养皿一个，将口用玻璃纸封好，并用橡皮筋缚紧，在玻璃纸中间开一小洞，用毛笔取蚜虫，从小洞放入培养皿，每皿放入约 50 个，将小洞封闭，放置 2 ~ 4 h。

注：取蚜虫时可将带蚜虫的叶片，轻轻敲打或稍加热烘一下，使蚜虫自己掉下，避免蚜虫的口器受伤。

③ 饲毒：将饥饿的蚜虫取出，挑到有病毒的病叶上喂饲 10 min。

④ 接种：用毛笔触动蚜虫，使其自动拔出口器，移到无病接种植物上，每株接种蚜虫 10 ~ 15 个，于养虫笼内或玻璃罩内培养 24 h 后，杀死蚜虫，继续培养至症状表现，同时做对照组。

3．植物病毒的抗性测定

抗性测定包括致死温度、稀释终点及体外保毒期三项指标。

（1）钝化温度（Thermal Inactivation Point，TIP）：钝化温度也称失毒温度，指病毒在植物体外某一温度处理 10 min，失去致病能力的最低温度，用摄氏度来表示。

① 取烟草花叶病的病叶数片，洗净，放消毒研钵中磨碎，挤出其汁液；

② 取 4 个试管（薄壁），吸取病毒汁液 1 mL 于试管中，分别标明处理温度；

③ 放入 70，80，90，100 °C 水浴锅中处理放入 1 min 后，计时 10 min，取出放在冷水中冷却；

④ 置于消毒培养皿中，按汁液接种法分别接种在烟草上，观察其是否具有侵染力。

（2）稀释终点（Dilution End Point，DEP）。

① 取 5 支试管于试管架上，分别加入 9 mL 蒸馏水；

② 将病株汁原液稀释成 1 : 10、1 : 100、1 : 1000、1 : 10 000、1 : 1 000 000 浓度的病毒汁液；

③ 将稀释后的病毒汁液分别倒入消毒培养皿中，按汁液接种法分别接种到烟草上，观察其是否具有侵染力。

（3）体外存活期（Longevity in vitro，LIV）：体外存活期即体外保毒期，在室温（20 ~ 22 °C）下，病毒抽提液保持侵染力的最长时间。

注：大多数病毒的可存活期在数天至数月。

（四）茶树病原线虫及其所致病害症状

1．分类及主要属形态观察

（1）粒线虫属（*Anguina*）（粒科 Anguinidae）：切取浸泡的小麦粒线虫病虫瘿制片镜检，观察虫体形态，雌成虫虫体呈肥胖卷曲状，颈部缢缩，肛门孔退化；雄成虫虫体细长，略弯，交合伞包至尾尖。

（2）茎线虫属（*Ditylenchus*）（粒科 Anguinidae）：挑取甘薯茎线虫病病组织制片镜检，观察雌雄虫体形态，雌虫阴门位置，雄虫交合伞不包至尾尖，交合刺基部变宽，并突起。

（3）胞囊线虫属（*Heterodera*）（异皮科 Heteroderidae）：取漂浮器分离大豆胞囊线虫的胞囊，在解剖镜下观察形状、颜色、区分头尾部，再在低倍显微镜下压破胞囊（或取制备片）镜检卵或二龄幼虫的形态。

（4）根结线虫属（*Meloidogyne*）（异皮科 Heteroderidae）：镜检花生根结线虫制备片，观察雌雄成虫的形态和胞囊线虫属的差异，以及产虫卵位置。

（5）滑刃线虫属（*Aphelenchoides*）（滑刃科 Aphelenchoidae）：镜检水稻干尖线虫制备片，观察到雄虫尾端弯曲成镰刀形尾尖，有 4 个突起，雌虫尾端不弯曲等特点。

2．线虫分离技术示范

（1）贝曼漏斗分离法，植物材料和土壤中能游动的活线虫，甘薯茎线虫病组织。

（2）淘洗过筛分离法，土壤中胞囊线虫分离，发生在大豆胞囊线虫病的大豆田土壤

（3）离心漂浮分离法，土壤中的小型线虫和异皮科线虫的幼虫，植物根际土壤。

方法：见刘维志（2000）编《植物线虫学研究技术》。

五、结果分析

（1）将上述病害标本的发病部位，病状类型和病征类型，填于表 6-1 至表 6-4：

表 6-1　植物病害症状观察表

病害名称	发病部位	病状类型	病征类型

表 6-2　细菌病害标本的症状观察结果表

病害名称	病原菌名称	症状描述	备注

表 6-3　植物病原病毒及其所致病害症状调查表

病状类型观察		传染性观察		抗性测定		
外部形态	内部形态	机械传染	昆虫传染	钝化稳定	稀释终点	体外存活期

表 6-4　植物病原线虫病害观察表

日期：　　　　　　　　　　　　　　　　　　　　　　　　　　　　填表人：

线虫属	虫体形态	发病部位	病征表现

（2）描述植物病原真菌培养菌落根本性的差异。

六、注意事项

以上病征只针对真菌和细菌，病毒、植原体、线虫病害和寄生性种子植物，以及非侵染性病害无病征表现（参见表 6-5）。

（1）细菌鞭毛很细（只有 0.02 ~ 0.03 μm），需染剂染色、银盐用光学显微镜、染剂在载玻片上沉积才可见。染剂沉积时严格洗涤、严格掌握处理时间，时间太短，鞭毛上没有足够的沉积物看不清楚；太长，玻片上沉积物太多也看不清楚。

（2）菌龄：培养时间不足或培养时间太长都不易染色，不同种类的细菌培养时间差异较大，白菜软腐病菌以在 26 ~ 28 °C 恒温箱中培养 16 ~ 18 h 为宜。

（3）植物病毒抗性，是指在病株汁液中的病毒，经温度及稀释处理后的传病能力，不同的植物病毒具有不同的抗性，因此其可作为鉴定植物病毒的根据之一。

（4）稀释终点，是指病毒汁液不断稀释到一定限度后就失去致病力，且保持病毒侵染力的最高稀释度，其测定以不同的范围进行，逐步测试，DEP 反映了病毒的体外稳定性和侵染能力，表示病毒浓度的高低。

（5）吸取病毒汁液时，勿将汁液溅在实验壁上。

表 6-5　烟草花叶病毒和黄瓜花叶病毒鉴定性状的比较

鉴定项目		烟草花叶病毒	黄瓜花叶病毒
粒子形状		杆状	球状
主要传播方式		汁液	汁液、蚜牙
稳定性	失毒温度	90 ~ 93 °C	60 ~ 70 °C
	体外保毒期	4 ~ 6 周	3 ~ 4 d
	稀释终点	1：1 000 000	1：1000 ~ 10 000
鉴别寄主	普通烟	花叶	花叶
	心叶烟	局部枯斑	花叶
	黄瓜	局部枯斑	花叶
	曼陀罗	局部枯斑	环斑

实验二　植物病原生物绘图技术

一、实验目的

了解植物病原生物绘图的相关知识，掌握植物病原生物绘图技术的方法。

二、实验原理

植物病原生物绘图，是以科学性为标准，要求形体、比例、倍数、色彩正确，即形象必须真实，除具一定的专业基础知识外，还要掌握生物绘图的基本，是生物科学、植物病理学的一项重要技术。如病原物的形态学和分类学研究，文字不能描述，可绘图表达；科学论文，专著，报告和教材插图配合，将更具说服力。

三、实验材料与设备

碳素黑水、白纸、铅笔、硫酸纸等。

四、实验方法

1．病原菌形态图的绘制

（1）初稿的描绘：先确定图幅大小，一般比制版尺寸大，且不能超过一倍，制版时再缩小，尽量以原图制版，如绘分生孢子梗和分生孢子子囊壳，子囊和子囊孢子，按图幅大小，用显微测微尺度量算出初稿上各部比例尺寸。

注：初稿的描绘常用方法有目测描绘、显微绘图仪描绘（见附录阿培式绘图仪的用法）。

（2）原稿的形成：将硫酸纸蒙于初稿上描绘。

注：铅笔笔头必须削尖，轻描以便修改和保持图面清晰，橡皮要软而不带颜色，以免玷污画面。

（3）原图的完成：用绘图笔蘸碳素黑水，照原稿线条描出全部线条轮廓，根据病原菌各部有无颜色、颜色深浅等特点，用黑点的疏密程度点出（使之具有色调、质地及立体之感），标明比例尺（表示各部的大小）、名称和标图注。

2．病害症状图的绘制

观察植物病害症状标本，按原图比例绘制病害症状特征，并注明病害名称和标注图注。

注：病害症状，是植物根、茎、叶、花、果实等部位，表现出变形、变色或穿孔等特征，多不规则，绘制时表示出特征即可，注意各部分比例。

3．曲线表的绘制

曲线表以粗细，虚实不同的线条绘制，粗线用鸭嘴笔，细线用绘图笔，一般坐标线宜粗，曲线宜细，以使图表重点分明，构图美观，原图大小应比制版要求大约 1/2。

五、结果分析

每人提交合乎要求的病原物形态图一张。

六、注意事项

（1）布点：点要圆、匀，其排列保持整齐、均匀，均匀变化，且统一，所以应有计划（心中有数）地从明处点，小心慢点，行行交互着点，不要等到画好看得太疏而再加点。

（2）划线：以肘贴桌面，掌侧和小指抵图纸，紧握笔杆，闭气用力，从左下向右上运笔，使线条均匀、光滑、流畅，无笔尖起落的痕迹。

（3）用绘图仪描绘时，座位的高低合适，以免易疲劳。草图应一气绘成，不要中途停顿。

实验三　植物病理徒手制片技术

一、实验目的

了解植物病理知识，掌握植物病理徒手制片技术。

二、实验原理

徒手制片技术，是植物病理学研究的重要手段之一。

将材料制成适当的显微玻片标本，可观察茶树病害病原物的形态，研究感病组织结构的病变，及其与病原物的解剖学关系，并对病原物进行保存备用等。

三、实验材料与设备

1．实验试剂

苯酚结晶、乳酸、甘油、水合氯醛、碘化钾、碘、明胶、醋酸钾、酒精。

（1）乳酚油：苯酚结晶 20 mL、乳酸 20 mL、甘油 40 mL，加热熔化，蒸馏水定容至 100 mL；

（2）甘油乳酸液：乳酸 500 mL、甘油 1000 mL，蒸馏水定容至 2000 mL；

（3）水合氯醛碘液：水合氯醛 100 g、碘化钾 5 g、碘 1.5 g，100 mL 蒸馏水溶解；

（4）甘油明胶：明胶 5 g、甘油 35 mL，30 mL 蒸馏水溶解。

2．实验设备

剃刀或刀片、显微镜、载玻片、盖玻片等。

四、实验方法

1．整体封藏法

植物感病组织表面的分生孢子、菌丝体、分生孢子梗及线虫等，可直接择取少量封藏于适当的浮载剂中，根据材料的特点和观察的目的，常见封藏制片方法如下：

（1）挑：感病组织表面生长繁茂的霉状病原体、粉状病原体等，常用解剖针直接挑取，封埋制片。

注：在保证选材有代表性的前提下，挑取带有病原体的组织的量越少越好，避免重叠，难于分辨。

（2）刮：对于病部病原体稀少或难于辨认的病害标本，用两侧具刀三角刮针蘸取浮载剂，顺着感病组织表面同一个方向刮取 2～3 次，置于载玻片上的浮载剂中封片，镜检。

注：在保证浮载质量的前提下，浮载剂要尽量少，避免病原体分散漂流。

（3）拨：对于植物表皮或半埋生的子囊壳、分生孢子器、闭囊壳等病原体孢子器官，可将病原体及感病组织取下，放入浮载剂中，用解剖针稳定材料，再用一支解剖针拨出植物组织，使病原体外露制片。

（4）撕：对于植物表皮细胞上的病原真菌，先用刀片割破叶背表皮，再用小镊子轻轻撕下，置于浮载剂中制片，镜检。

2．徒手切片法

（1）修整：将样品从左向右后方斜向切割，连续切割 4～5 片后，用毛笔蘸水取下，于盛有水的玻璃皿中。

注：若柔软或较薄的材料，可以夹新鲜胡萝卜和马铃薯块等“夹持物”中切片。

（2）镜检：取薄片于载玻片上的水滴中，镜检合格者移至酒精灯上烘干，摆正；加入一滴乳酚油或浮载剂，置于展片台上略加热，镜检无气泡；加盖玻片，吸干多余的浮载剂，贴好标签平放于切片板上，干燥封固。

五、结果分析

（1）利用上述方法，将采集样品制片。

（2）比较上述方法的优缺点。

六、注意事项

（1）徒手切片修整材料时，刀口必须以材料面垂直，否则所得切面不正；在切片过程中，须用毛笔蘸水湿润材料，避免材料干涸。

（2）徒手切片的缺点是不易切取微小或过大、柔软、多汁、肉质及坚硬的材料，也难制成连续切片，且厚薄不一致。

实验四　植物品种抗病性的鉴定

一、实验目的

了解植物抗病性鉴定的基本知识，掌握植物抗病性鉴定的方法。

二、实验原理

植物感染病害的性质不同，其寄主抗病性和病原物生理分化测定的方法各异，植物抗病性鉴定是防治病害的根本性措施。

三、实验材料与设备

1．实验材料

待鉴定品种幼苗。

2．实验试剂

70%酒精、琼脂等。

3．实验设备

无菌接种台、培养皿、载玻片、喷雾器、冰箱等。

四、实验方法

（一）抗病性鉴定

1．室内鉴定

取花盆编号，种植待鉴定品种幼苗，每小花盆 10 株，待生长复苏用喷雾法或撒粉法接种病原生物，约 15 d 后调查侵染情况。

茶树品种抗病性程度以反应型表示，通常分为 0、1、2、3、4、5、X 七个级，具体表述如表 6-6。

表 6-6　茶树品种对病侵染反应型

记载符号	抗病性程度	反应型说明
0	抗病	叶片上未见病斑或产生孢子
1	高度抗病	叶片上病斑大小可以忽略不计
2	中度抗病	叶片上产生病斑，病斑直径在 3 mm 以内或有少量的孢子堆
3	感病	叶片上产生的病斑，受害面积不超过叶片面积的 10%
4	中度感病	叶片上产生的病斑，受害面积为叶片面积的 11%～50%
5	高度感病	叶片上产生的病斑，受害面积不超过叶片面积的 51%～100%
X	混合型	在同一叶片上或同一植株上，会有各种抗病和感病类型的反应型，无法机械地分开

注：室内鉴定结果，可做大田鉴定的参考。

2．大田鉴定

区域实验，又称十杆行，每品种种 3 行，行长 180 cm，重复 10 次；按实验田大小，四周及纵横植感病品种 1 ~ 2 行，成“田”字形，每一米接种病原菌一株，喷水、保湿，观察记录填写表 6-6。

注：常见的大田鉴定实验设计有一杆行、二杆行、五杆行。

（二）生理小种鉴定

1．菌种采集

用指形管套住叶片，弹动管壁震落孢子，使孢子 0.5 cm 厚脱落即可（不宜太多）。

注：保持菌种成熟度及完整性，采集时不宜刮取。

2．菌种保存

（1）干燥保存法：用纱布将指形管口包住，置于干燥器内，在 2 ~ 4 °C 冰箱保存，有效期 1 ~ 3 个月；

（2）半真空保存法：将孢子置于安培瓶中，加入少量脱脂棉，将瓶中气压抽至 1 mm 水银柱，瓶口火烧封闭；2 ~ 4 °C 冰箱保存，有效期约 12 个月。

3．扩繁菌种

（1）取感病品种幼苗，待长出新叶，接种病原菌。

注：为了提高接种效果均需去掉叶表面的蜡层。

（2）感染茶苗于保湿保温（16 ~ 22 °C）框中 35 ~ 48 h，罩上塑料布，外缠润湿的棉布。

注：病原菌在叶片有水滴或水膜的高湿条件下才可侵入。

4．收集孢子粉

用指形管套住叶片，弹动管壁震落孢子于管中，备用。

5．接种鉴定

撒粉法接种，室温培养 14d，观察记录填写表 6-7。

表 6-7　植物抗性调查

品种	反应型	严重度	普遍率	潜育期

注：通过查阅检索表，统计该品种出现的频率，可在反应型后加，“+”或“－”指反应型差异范围，“++”指差异最高限，“＝”指差异最低限，“±”指差异间于“+”和“－”。

五、结果分析

（1）根据观察数据，分析待鉴定品种幼苗抗病性。

（2）分析茶树品种与抗病性的关系。

六、注意事项

（1）室内鉴定，常作苗期鉴定，也可对少数重点品种作室内成株期鉴定，其温、湿、光等环境条件便于控制，可避免互相污染，特别是能在较短的时间内鉴定大量的品种。

（2）注射接种法：用医用注射器将孢子悬浮液注入叶脉中接种。

实验五 茶树病原生物的分离鉴定

一、实验目的

了解植物病原生物分离、纯化及鉴定的基本知识，掌握常见茶树病原生物分离、纯化及鉴定的方法。

二、实验原理

茶树发生病害时，自茶树病害的病健交界处取小块组织经表面消毒处理后，通过无菌操作技术；再进行纯化，将目标病原生物从感病组织中分离出来，再鉴定得到目标病原生物。

三、实验材料和设备

1．实验材料

茶树感病组织。

2．实验试剂

牛肉膏蛋白胨、75%酒精、0.1%升汞、灭菌水。

3．实验设备

高压蒸汽灭菌锅、电子分析天平、干热灭菌箱、恒温培养箱、酒精灯、培养皿、电磁炉、烧杯、剪子、镊子、剪刀等。

四、实验方法

（一）实验准备

1．富集培养基

（1）改良 MRS 琼脂培养基 I。

成分：蛋白胨 10 g，牛肉膏 8.0 g，酵母膏 4 g，K_2HPO_4 2 g，柠檬酸二铵 2 g，乙酸钠 5 g，葡萄糖 20 g，吐温-80 1 mL，$MgSO_4 \cdot 7H_2O$ 2 g，$MnSO_4 \cdot 4H_2O$ 0.05 g，麦芽糖 5 g，苯乙醇 0.001 g，及适量的琼脂，蒸馏水 1000 mL，pH6.2～6.4。

制法：将 $MgSO_4$、$MnSO_4$、葡萄糖和吐温-80 以外的各成分溶解，冷却至 50 °C，以醋酸调节 pH 6.2 ~ 6.4（或 pH 6.8 ~ 7.0）；加入 $MgSO_4$ 和 $MnSO_4$，再加入葡萄糖和吐温-80，121 °C 灭菌 30 min（双歧杆菌、乳杆菌和明串珠菌的分离和增殖）。

（2）高氏 1 号培养基。

成分：可溶性淀粉 20 g，KNO_3 1 g，NaCl 0.5 g，$K_2HPO_4 \cdot 3H_2O$ 0.5 g，$MgSO_4 \cdot 7H_2O$ 0.5 g，$FeSO_4 \cdot 7H_2O$ 0.01 g，及适量的琼脂。

制法：先少量冷水将淀粉调成糊状，倒入沸水中，边搅拌边加入已溶解的其他成分，定容至 1000 mL，调节 pH 7.2 ~ 7.4，121 °C 灭菌 20 min（放线菌的分离、培养）。

（3）PDA 培养基。

成分：马铃薯 200 g，葡萄糖（蔗糖）20 g，及适量的琼脂。

制法：弃皮，取 200 g，1000 mL 蒸馏水，煮沸 15 min，双层纱布过滤，加入融化的糖和琼脂，定容至 1000 mL，pH 7.0，121 °C 灭菌 30 min（霉菌和酵母菌的分离、计数和培养）。

若用于分离、计数，需要加入少量乙醇溶解的 0.1g 氯霉素。

（4）豆芽汁培养基。

成分：黄豆芽 500 mL，蔗糖 20 g，及适量的琼脂。

加蒸馏水至 1000 mL。

制法：将豆芽洗净，加入蒸馏水 1000 mL，煮沸 30 min，用纱布过滤，定容至 1000 mL，自然 pH，121 °C 灭菌 20 min（放线菌的分离、计数和培养）。

2．察氏培养基

成分：蔗糖 30 g，硝酸钠 3 g，磷酸氢二钾 1 g，硫酸镁（$7H_2O$）0.5 g，氯化钾 0.5 g，硫酸铁 0.01 g；

制法：蒸馏水 1000 mL 溶解，定容至 1000 mL，自然 pH，121 °C 灭菌 20 min（常用于菌株观察）。

注：固体培养基，琼脂 1.5% ~ 2%；半固体培养基，琼脂 0.7% ~ 0.8%；若为菌株培养，需提前倒试管，再灭菌、制斜面。

3．制平板

取无菌平皿，将琼脂培养基熔化冷却至约 50 °C，按无菌操作法倒入平皿中，再静置冷凝成平板。

4．植株挑选

以茶树新发病的植株、器官或组织为材料，从病、健交界处获得分离材料。

（二）病原生物分离与纯化

1．病原生物分离

（1）将感病材料洗净，于病健交界处剪取（0.3 ~ 0.5）cm ×（0.3 ~ 0.5）cm 大小的组织 8 ~ 10 块；

（2）置于 0.1%升汞液中浸 20 ~ 30 s，除去附在寄主组织表面的气泡，便于消毒剂与寄主表面完全接触；

（3）迅速将组织移到 70%酒精中浸泡 30～60 s（视组织块大小定），进行表面消毒，杀死组织表面的杂菌；

（4）再置于无菌水中洗涤 3 次，除去残留的消毒剂，最后将组织移到有相应培养基平板的培养皿内，每皿 1～3 块；

（5）贴上标签，注明病害名称、时间，置于 25～28 °C 培养 1～3 d。

2．病原生物纯化

挑取少许单菌落接种在斜面培养基上，28/37 °C 进行纯化培养，根据初分菌落的形态特征（形状、大小、颜色及表面特征）。

注：真菌采用单孢分离法或挑菌丝尖端，细菌采用划线分离法，若发现杂菌，需再一次进行分离、纯化，直到获得纯培养。

3．病原生物培养

细菌和放线菌采用倾注法，霉菌和酵母采用涂布法，然后适宜温度培养、观察。

注：① 放线菌分离，10^{-2} 稀释液加入 10 滴 10%的酚溶液（有时也可不加酚），然后振匀、静置 5 min；

② 霉菌分离，涂布法分离，为了抑制细菌生长和降低菌丝蔓延，马丁培养基临用前需加入无菌孟加拉红、链霉素和去氧胆酸钠溶液。

4．病原生物保藏

在分离细菌、放线菌、酵母菌和霉菌的不同平板上选择分离效果较好、已经纯化的单菌落的基础上，分别接种于相应的斜面。在各自适宜的温度下培养，培养后检查是否为已纯化的菌株。斜面保藏：将待保藏菌种划线接种至斜面培养基中，28/37 °C 培养 48 h，放入 2～4 °C 冰箱保存 3～6 个月。

（三）病原生物形态鉴定

将纯化后的各个菌株在 PDA 培养基复壮培养，再接种于察氏培养基上，28°C 恒温培养箱中培养 7 d（视菌种生长情况），根据初分菌落的形态特征（形状、大小、颜色及表面特征），进行初步鉴定。

1．菌落计数

每克含菌样品中微生物的活细胞数＝同一稀释度平板上菌落数/含菌样品质量×稀释倍数

菌落计数时首先选择平均菌落在 30～300 的平板，计算同一稀释度的平均菌落数。菌落数目过多或过少均与操作过程中稀释液的制备及稀释度的选择有关。同一稀释度 3 个重复平皿上的数目不应有太大差别，3 个稀释度计算出的菌落数也不应当差别过大。否则，说明操作技术不够精确。

2．光学显微镜观察

采用直接制片观察法。待倒好的培养基凝固后，把洗干净后灭菌烘干、冷却后的盖玻片以 30°～50°斜插入固体培养基中，在盖玻片边缘接种。培养 2 d 后每天对菌株生长情况进行观察，待菌丝扩展至盖玻片上时，用镊子轻轻取出盖玻片，用75%酒精轻轻冲洗盖玻片，洗去大量散落的孢子，以避免观察时视野不清楚，小心将盖玻片放在点有1～2滴棉蓝染色剂的载玻片上，注意长有菌丝的一面朝下并避免气泡产生，在40倍和100倍光学显微镜下观察。拍照记录。

3．电镜观察

察氏和PDA培养基进行培养菌株，待其开始产生孢子结构时，在菌落中心与边缘的中间地方挑取少许菌落（保证菌丝和孢子都能采集到），制成标本并固定，常规制片，扫描电镜观察，拍照记录。

曲霉属：菌落的生长速度、表面质地、颜色、形态和气味；分生孢子头的形态、颜色、大小，分生孢子头由顶囊、瓶梗、梗基和分生孢子链组成，为曲霉的特征性结构；分生孢子梗的长短、颜色、表面粗糙或光滑、是否有隔等；具有有性生殖的曲霉能产生闭囊壳，为封闭式的薄壁子囊果，含子囊果和子囊孢子；足细胞也是曲霉的特征性结构。

青霉属：菌落直径，质地是域状、絮状、绳状、粉末状还是颗粒状，菌落颜色、渗出液、菌落背面和可溶性色素，有无环带或皱纹；菌丝有无分隔，分生孢子梗有无分枝，帚状分枝的性状、大梗、梗基的分枝、排列特点和光滑程度，分生孢子的排列性状、大小、表面粗糙程度，并注意有无菌核和子囊。

4．平板菌落形态及显微镜个体形态观察

从不同平板上选择不同类型菌落用肉眼观察，区分细菌、放线菌、酵母菌和霉菌的菌落形态特征。并用接种环挑菌落检查其与基质结合紧密程度，再挑取不同菌落进行制片，在显微镜下观察其个体形态。注意菌体形态是否一致，有无混杂的菌株在内。记录所分离的各类菌属何种微生物以及主要菌落特征和细胞形态。

（1）细菌镜检。

采用革兰氏染色法，具体方法如下：

① 取干净载玻片，挑取分离后的菌落，涂片固定；

② 草酸铵结晶紫染1 min；

③ 蒸馏水冲洗；

④ 加碘液覆盖涂面染1 min；

⑤ 水洗，用吸水纸吸去水分；

⑥ 加95%酒精数滴，并轻轻摇动进行脱色，30 s后水洗，吸去水分；

⑦ 番红液染10 s后，蒸馏水冲洗，干燥，于100×10倍显微镜油镜下观察形态。

（2）霉菌镜检。

取干净载玻片，在中部滴加一滴石炭棉，挑取分离后的霉菌单个菌落，于石炭棉上均匀涂抹在载玻片上，盖上盖玻片，于40×10倍显微镜下观察形态。

（3）酵母菌镜检。

将麦氏培养基上的四种菌分别作涂片、干燥、固定，滴加 7.6%孔雀绿染液数滴初染10 min，水洗，将玻片上的水甩净，番红复染1 min，水洗，干燥，显微镜观察，芽孢呈绿色，菌体呈红色。

（4）放线菌镜检。

用灭菌小刀挑取有单一菌落的培养基一小块，放在洁净的载玻片上，用镊子取一洁净盖玻片，在火焰上稍微加热（注意：勿将玻片烤碎），然后把玻片盖放在带菌的培养基小块上，再用镊子轻轻压几下，使菌落的部分菌丝体印压在盖玻片上。将压印好的盖玻片放在洁净的载玻片上，在显微镜下观察。

（四）病原生物分子鉴定

1．提取 DNA

DNA 的提取在 CTAB 法（Doyle，1987）的基础上稍做改进。菌株全基因组 DNA 的提取：

（1）将干燥后的菌丝取出，放入 1.5 mL 灭菌离心管中，加入液氮，用研磨棒研磨菌丝，液氮研磨 2 ~ 3 次，待菌丝成粉末状即可。

（2）将研磨好的菌丝放入离心管内加入 600 μL CTAB 抽提液，后放置于 65 °C 水浴锅内 30 min，每隔 10 min 震荡一次，使其充分抽提。

（3）抽提后于 12 000 r/min、4 °C 离心 10 min，用枪头取上清液后，加入等体积的酚-氯仿-异戊醇（25∶24∶1），用摇床轻摇 10 min 后，再将其于 12 000 r/min、4 °C 离心 10 min 后，小心抽取上清液。

（4）重复步骤（3）。

（5）上清液中加入等体积的预冷异丙醇或 2 倍体积的预冷乙醇，产生白色的絮状沉淀，轻摇，12 000 r/min、4 °C 离心 10 min 后，弃上清液，用 75%的酒精冲洗白色絮状沉淀 2 ~ 3 次，将其风干，溶解于 50 μL 1×TE 中，保存于 – 20 °C，备用。

2．PCR 扩增

PCR 扩增选用真菌通用引物：ITS1（5′-TCCGTAGGTGAACCTGCGG-3′）和 ITS4（5′-TCCTCCGCTTATTGATATGC-3′）进行。

配置反应体系 50 μL：10×Buffer（含 Mg^{2+}）5 μL，dNTP 2 μL，10 μmol/L ITS1 和 ITS4 各 2 μL，模板 DNA1μL，4U/μL TaqDNA 聚合酶 1.0 μL，用 dd H_2O 补足 50 μL，轻摇使其充分混匀。设体系中不加菌株 DNA 提取物，用 dd H_2O 补足 50 μL 的为阴性对照。

PCR 扩增程序为：94 °C 预变性 4 min；94 °C 变性 1 min，56 °C 退火 1 min，72 °C 延伸 1 min，35 个循环；72 °C 终延伸 10 min，扩增样于 4 °C 保藏。

最后，制备质量分数为 1%琼脂糖凝胶，取 PCR 扩增产物 2 μL 在 1×TAE 或 1×TBE 缓冲液中用 1%琼脂糖凝胶电泳，在凝胶成像系统上观察照相。将 PCR 扩增产物送到测序公司测序。

3．序列分析

所得序列提交到 National Center for Biotechnology Information（NCBI）核酸数据库，通过 Blast 程序，将 ITS-rDNA 序列与 GeneBank 中的核酸序列进行对照，并从数据库中获得相关序列。采用 MEGA 6.0 软件进行多序列比对，并利用 Neighbor- Joining 方法构建进化树，确定菌株类别。

4．进化树构建

采用 MEGA 6.0 软件进行多序列比对，并利用 Neighbor- Joining 方法构建进化树，确定菌株类别。

五、结果分析

（1）描述茶树病害症状和发病部位。

（2）茶树病原生物的分离、纯化、培养。

（3）茶树病原生物的形态鉴定。

（4）茶树病原生物的分子鉴定。

六、注意事项

（1）切取的分离组织材料不宜太大块，否则污染的机会多。

（2）掌握好消毒时间，表面消毒需彻底，且又不至于杀死组织内的病原菌。

（3）操作及接种过程中，保持无菌。

（4）温度过高，易将菌株烫死，皿盖上冷凝水太多，也会影响分离效果；低于 45 °C 培养基易凝固，平板高低不平。

（5）倾注培养基时，左手拿培养皿，右手拿锥形瓶底部，左手同时用小指和手掌将棉塞或塑料封口膜拨开，灼烧瓶口，用左手大拇指将培养皿盖打开一缝，使瓶口正好伸入皿内后倾注培养基。

（6）基本操作（图 6-1）。

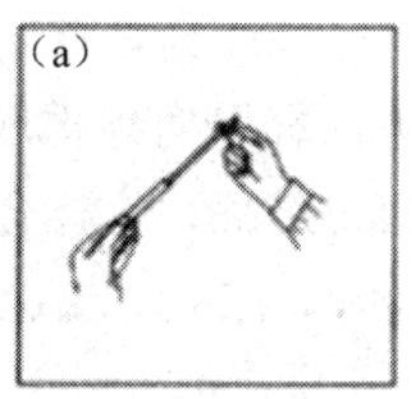

（a）从包装纸套中取出无菌移液管

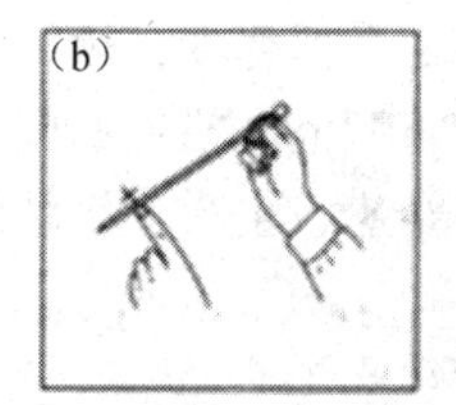

（b）安装橡皮头，勿用手指触摸移液管

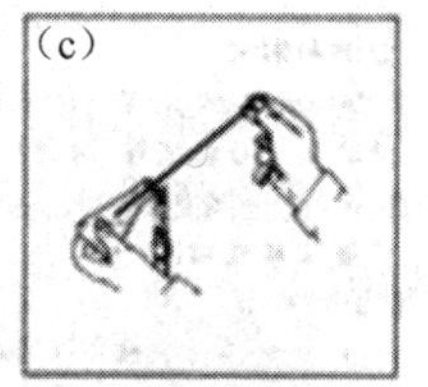

（c）火焰旁取出样品稀释液

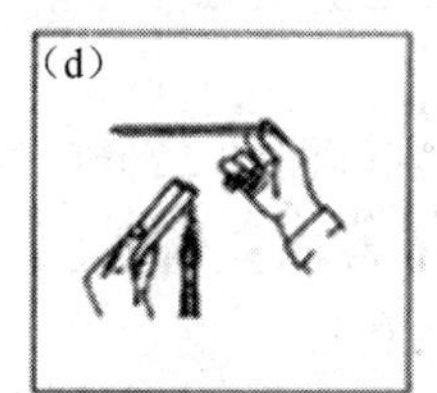

（d）灼烧试管口及移液管吸液口

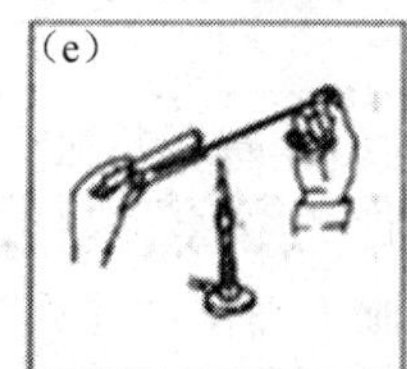

（e）在火焰旁对试管中样品悬液进行稀释

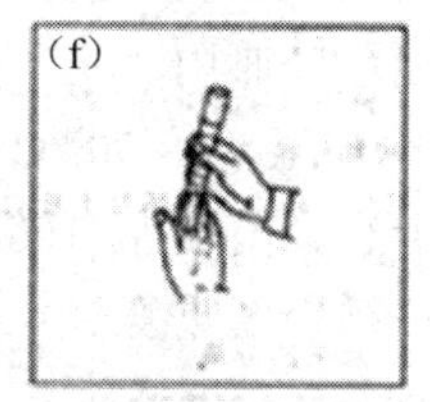

（f）用手掌敲打试管，混匀稀释液

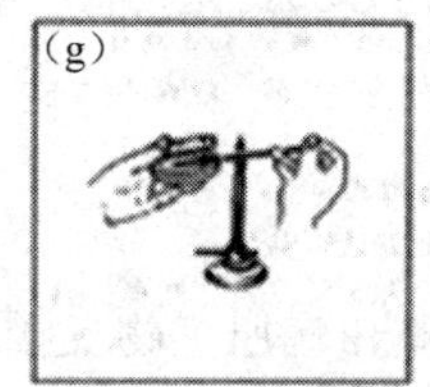

（g）从最小稀释度开始，将稀释液加入无菌培养皿中

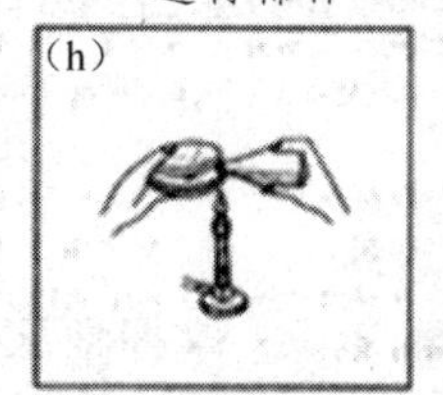

（h）将融化冷凉至 45 ~ 50 °C 培养基倒入培养皿

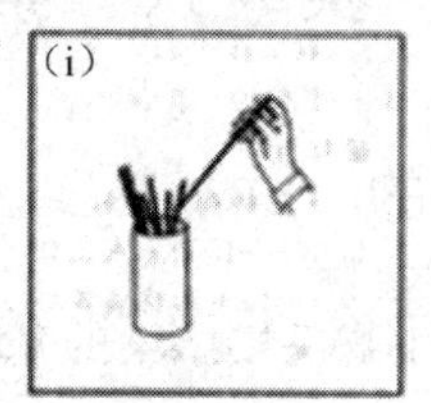

（i）用毕的移液管装入废弃物缸中，浸泡消毒后灭菌洗涤

图 6-1　稀释分离无菌操作示意

（7）常见菌悬浮液制备。

取茶样 10g，放入装有 90 mL 无菌水的三角瓶中，瓶内预置适当数量的玻璃珠，放置摇床上振荡 20 min，使样品中菌体、芽孢或孢子均匀分散。静置 20 ~ 30 s，制成 10^{-1} 稀释液。

盛有 9 mL 无菌水的具塞大试管（需 6 支），吸取 1 mL 含茶样微生物的样品溶液，混合均匀，依次将菌液浓度稀释至 10^{-1}、10^{-2}、10^{-3}、10^{-4}、10^{-5}、10^{-6}（注：操作时管尖不能接触液面，每个稀释度一支试管）。

（8）常见菌株分离方法（表 6-8）。

表 6-8　微生物的分离和培养

样品来源	对象	方法	稀释度	培养基	培养 T/ °C	*t*/d
样品	细菌	倾注	10^{-5}，10^{-6}，10^{-7}	肉膏蛋白胨/LB	30 ~ 37	1 ~ 2
样品	放线菌	倾注	10^{-3}，10^{-4}，10^{-5}	高氏合成 1 号	28	5 ~ 7
样品	霉菌	倾注	10^{-2}，10^{-3}，10^{-4}	马丁	28 ~ 30	3 ~ 5
样品	酵母菌	涂布	10^{-4}，10^{-5}，10^{-6}	豆芽汁葡萄糖	28 ~ 30	2 ~ 3
分离平板	单菌落	划线		肉膏蛋白胨	30 ~ 37	1 ~ 2

① 涂布法。

培养基 3 个平板底部，分别标记 3 个稀释度，然后吸取相应稀释度的菌悬液 0.2 mL，小心滴在培养基。用无菌玻璃涂布棒，将菌液先沿同心圆方向轻轻向外扩展，使之分布均匀，室温静置 5 ~ 10 min，使菌液浸入培养基。注意，切忌用力过猛，这样会将菌液直接推向平板边缘或将培养基划破。

② 倾注法。

a. 取无菌培养皿 6 ~ 9 个，皿底按稀释度编号。用无菌移液管吸取样品 3 个稀释度的稀释液各 1 mL（注意，若用同一支移液管，应当从浓度最小的稀释液开始），按无菌操作技术加到相应编号的无菌培养皿内。

b. 取融化、并冷却至 45 ~ 50 °C 的培养基，每皿分别倾注约 12 mL 培养基到培养皿内。将培养皿放在桌面上轻轻前后左右转动，使菌悬液与培养基混合均匀，但勿沾湿皿边。混匀后静置于桌上，同一稀释度重复 2 ~ 3 皿（操作过程见图 6-1）。

实验六　茶树病原生物的反接感染

一、实验目的

了解植物病原生物反接感染的基本知识，掌握常见茶树病原生物反接感染的方法。

二、实验原理

根据传播方式不同，常用的反接感染方法有浸种、淋根、喷雾、针刺、制造伤口接菌以及使用带菌、带毒的昆虫媒介传播等。

植物病原生物反接感染，使病原生物与寄主植物感病部位接触和侵入，并诱导寄主发病，以研究其发病规律，测定品种抗病性、药剂防病效果。

三、实验材料与设备

1．实验材料

病原菌玻片标本、浸渍标本、盒装标本、新鲜标本、白菜帮。

2．实验试剂

0.1%升汞、无菌水等。

3．实验设备

显微镜、放大镜、载玻片、盖玻片、计数器、脱脂棉、培养皿、玻璃棒、三角瓶、刀片、镊子、挑针等。

四、实验方法

（一）感染液制备

1．孢子悬浮液的配制

（1）孢子悬浮液母液：在培养的病原生物中加入 10 mL 无菌水，刷下孢子配成悬浮液母液，摇匀；取 1 滴于血球计数板或载玻片上，计算孢子浓度；

（2）孢子悬浮液：将孢子悬浮液母液适当稀释至 10^5 个孢子 / mL（不同的病原菌孢子浓度要求不同），即为孢子悬浮液，备用。

2．孢子悬浮液计数

（1）计数板法：将盖玻片放在计数板有刻度处，从盖玻片的一侧加 1 滴孢子悬浮液，观察每小格中孢子的数目（观察 80 小格），其平均数乘以 4 000 000，即为每毫升悬浮液中孢子数目。

（2）粗略计数法：于载玻片上加入 1 滴孢子悬浮液母液，检查孢子数，再将孢子悬浮液母液适当稀释，配制成在 10 倍镜下每个视野中的孢子数目约为 20 个的浓度（不同的病原菌孢子浓度要求不同）。

（二）反接感染

1．喷雾接种

（1）菌液：将培养好的斜面菌种，移于装有 100 mL 无菌水三角瓶中，振荡混匀，待孢子洗下后，纱布过滤，加入 0.1 g 中性肥皂，备用。

（2）接种：将菌液均匀喷于待接种植物上，塑料罩保湿 48 h，揭布后正常管理，7 d 后作发病调查，以蒸馏水为空白对照，每个处理重复 3 次。

注：喷雾法，适于气流及雨水传播的病害，病菌可从气孔、伤口、或表皮直接侵入。

2．针刺接种

（1）于接种植物上刺 2 排伤口，每排均为 3 个伤口；1 排为对照不接种病菌，1 排为接种病菌处理。

注：接种植物表面，用 10%漂白粉溶液消毒，擦干，再用酒精擦拭。

（2）将 5 mm × 5 mm 的菌块培养基置于接种病菌处理组，5 mm × 5 mm 的空白培养基置于对照组处，并将无菌水浸湿的脱脂棉，分别盖在培养基块上（保湿），室温培养，每个处理重复 3 次，7d 后检查发病情况。

3．浸根接种

将待接种植物幼苗挖出，自来水冲洗，使根部轻微伤，置于孢子或菌丝体悬浮液中 5 ~ 10 min，再移植于灭菌的土壤中，浇足水于室温下培养；以蒸馏水浸根为空白对照，每个处理重复 3 次，7 d 后检查发病情况。

4．涂抹法（小麦秆锈病）

（1）将孢子悬液由基部向上涂抹于待接种植物叶背面，使叶表有一层水膜。

注：待接种植物叶片表面，酒精擦拭消毒。

（2）塑料罩保湿 48 h 后，正常管理；以蒸馏水浸根为空白对照，每个处理重复 3 次，7 d 后检查发病情况。

5．拌土法（根腐病）

（1）土壤准备：将消毒的土壤分别装入花盆中，表层覆菌土 1 cm（培养菌 1 份、消毒土 5 份混合而成），设置空白对照，每个处理重复 3 次。

（2）种子处理：将种子用 0.1%升汞消毒 3 min，再用无菌水洗 3 次，播种于花盆中，插上标牌标注。

（3）培养调查：在室温条件下，浇水保湿，遮阴管理，待幼苗出土后，观察根腐病发生情况。

注：拌土法适于土壤传染的病害。

6．接种后管理

（1）光照：从保湿箱中取出，置于有日光的地方；若为冬季，置于温室中辅助光照 40 W 日光灯或 100 W 灯泡，于傍晚和夜间补充照射；

（2）温度：对于潜育温度，秆锈菌为 20 ~ 25 °C，叶锈为 18 ~ 22 °C，条锈为 13 ~ 16 °C；

（3）湿度：于潜育期内，需洒水提高室内空气湿度，利于孢子形成和症状反应。

（4）防止污染：保持菌种纯度，防止污染；严格消毒，完成一个病原生物前后，接种针均需过灯焰灭菌，用 70%酒精擦手消毒。

五、结果分析

（1）根据观察数据，记录植物发病情况（表 6-9），计算茶树发病率。

$$发病率=\frac{发病点或发病植株数}{接种点数或接种植株数}\times 100\%$$

表 6-9　茶树发病情况

接种方式：

处理	1	2	3	平均数
处理组				
CK 组				

注：表中数据为接种点或植株的发病率（%）。

（2）根据观察数据，进行植物病情指数调查，计算病情指数（表 6-10）。

表 6-10　植物病害发生情况调查

处理		病害级别						调查总叶数	病情指数/%	平均	方差
		0	1	2	3	4	5				
接种	Ⅰ										
	Ⅱ										
	Ⅲ										
对照	Ⅰ										
	Ⅱ										
	Ⅲ										

注：0 级—叶片无症状；
1 级—叶片上只有少数几个病斑；
2 级—病斑面积占叶面积的 10%以下；
3 级—病斑面积占叶面积的 11%～25%；
4 级—病斑面积占叶面积的 26%～50%；
5 级—病斑面积占叶面积的 51%以上。

$$病情指数=[\sum(病叶数\times 病级值)/(调查总叶数\times 最高病级值)]\times 100\%$$

（3）描述植物病原生物反接感染的病害症状，比较其与自然发生病害症状的差别。

六、注意事项

（1）先做对照处理，后做接种处理，以免把病菌带到对照处理上。

（2）涂抹法，用于气流传播的病害，孢子量少或接种苗数不多，禾本科锈病接种。

（3）血球计数板是常用计数器的载玻片，具有每边长为 0.05 mm 的小方格，其面积为 $0.0025\ mm^2$、深度为 0.1 mm，即其容积为 1/4 000 000 mL。

实验七　茶树主要病害及危害程度的调查

一、实验目的

了解茶树主要病害的基本知识，掌握常见茶树主要病害及危害程度调查方法。

二、实验原理

茶树病害的发生规律、病原生物的生物学特性等内因，及温度、湿度、光照、风、雨、农事等外因综合作用而引起的。依据科学的方法对病害的发生期、发生量、为害程度和扩散分布趋势进行准确的预测，从而适时采取恰当的防治措施而有效地控制病害。

注：数据采集时，必须可靠、简便、具有代表性；调查或抽样时，遵循客观性、代表性原则，常用方法随机抽样、分层抽样、多级抽样、序贯抽样和系统抽样等。

三、实验材料与设备

1. 实验材料

（1）茶树病害新鲜材料；

（2）标本、挂图，病原菌玻片等。

2. 实验设备

扩大镜、显微镜、培养皿、小剪刀、油滴瓶、盖玻片、解剖刀、载玻片、镊子、挑针、滴瓶、刀片、毛笔等。

四、实验方法

1. 茶树病害发生分布类型及调查取样

（1）分布类型。

① 随机分布：适用 3 点取样法或对角取样法；

② 聚集分布：取样时量可稍多，常用分行取样或棋盘式取样；

③ 嵌纹分布：取样时量可稍多，每个样点可适当小些，宜用“Z”形或棋盘式取样。

（2）取样方法。

常用的取样方法有 5 点取样、分行取样、Z 字形取样、单对角线取样、双对角线取样、棋盘式取样、平行跳跃取样。

（3）取样单位。

依据病害的分布类型，以调查病原菌种群，采用相应的取样方法，常见取样单位如下：

① 长度：1 m 或 10 cm 枝条上病斑数量；

② 面积：m^2 等计数单位面积上病斑数量；

③ 体积：m^3 等计数单位体积内病斑数量；

④ 时间：min、h 等统计单位时间内观测到的病斑数量；
⑤ 部位：叶、芽、花、果或茎等寄主植物体组织。

2．茶树病害调查统计方法

（1）列表法。

操作简单，信息量较大，包括序号、表题、项目、附注等，可表达多个变数的变化。

（2）图解法。

简明直观，可显示最高点、最低点、中点、拐点和周期等，表达出种群、群落或某个生理过程中语言难以准确描述的变化趋势。

五、结果分析

根据观察数据，计算茶树病害密度、病情指数及受害情况。

1．病害密度

（1）易于计数时，可数性状用数量法，调查后折算成单位面积（或体积）的数量，如每平方米病害情况、每叶病斑数以及每株病斑数等；

（2）不易计数时，采用等级法：

0 级为每叶为害面积 0；
1 级为每叶为害面积 1%～10%；
2 级为每叶为害面积 11%～25%；
3 级为每叶为害面积 26%～50%；
4 级为每叶为害面积 51%～75%；
5 级为每叶为害面积 76%以上。

（3）茶树病害发生的基本情况，常用“+”的个数来表示数量的多少，如“+”表示偶然发现，“++”表示轻微发生，以此类推，分别表示较多、局部严重、严重发生等。

2．病情指数

调查前按受害程度的轻重分级，再将结果分级计数，代入下列公式：

$$病情指数=[\sum(各级值\times相应级的叶数)]/(调查总叶数\times最高级值)\times 100$$

3．茶树受害情况

$$被害率=被害(茎、叶、花、果)数/调查总株(茎、叶、花、果)数\times 100\%$$

六、注意事项

（1）茶树病虫害，可造成芽、叶、花、果、茎以及根部的病变。

（2）调查统计中常用的平均数、样本方差与标准差、变异系数等应用与分析请参考生物统计方面的教材。

实验八　茶树常见病害及病原生物的识别

一、实验目的

了解植物常见病害症状及病原生物的特征，掌握茶树常见病害及病原生物的识别方法。

二、实验原理

茶树常见病害种类多，且病原生物的生物学特性有差异、危害部位不同，分为叶部、枝干、根部病害，对茶叶产量和品质影响极大。在生长季节的不同时期茶树病害发生种类不同，且高湿度的环境是病害发生的重要条件。

三、实验材料与设备

1．实验材料

茶树常见叶部病害及病原物玻片标本，枝干、根部病害及病原物玻片标本。

2．实验设备

显微镜、载玻片、盖玻片、放大镜、酒精灯、解剖针、蒸馏水或乳酚油、吸水纸、刀片、火柴、镊子、纱布等。

四、实验方法

（一）茶树常见叶部病害的识别

1．炭疽病类

（1）症状。

主要发生于成叶，老叶和嫩叶少见。

感病初期，浅绿色病斑，水渍状，一般从叶缘或叶尖部向叶脉蔓延；感病后期，逐渐变为大型红褐色枯斑，病健分界明显，病斑正面可散生许多黑色的细小粒点。

注：茶炭疽病发病严重时，可引起大量落叶。

（2）病原。

炭疽病类的病原生物属半知菌亚门盘长孢属真菌，病斑中的黑色粒点即为病原菌的分生孢子盘；成熟后突破表皮，底部平而薄；分生孢子盘内有许多分生孢子梗，无色，单胞，顶端着生分生孢子。分生孢子单胞，无色，纺锤形或略呈椭圆形。

2．茶白星病类

（1）症状。

主要危害嫩叶和新梢，老叶少见。

感病初期，病部呈红褐色湿润状小点，边缘为淡黄色透明晕圈，逐渐变为 0.8 ~ 2.0 mm 圆形小斑，中间红褐色，边缘具暗褐色略隆起的纹线，病健交界明显。成熟病斑中央呈灰白色，其上散生有小黑点，严重时病部以上组织全部枯死。

（2）病原。

茶白星病类病原生物属半知菌亚门叶点霉属真菌，病斑上小黑点即分生孢子器。

分生孢子器球形或半球形，暗褐色，顶端有一孔口；分生孢子，椭圆形或卵圆形，无色单胞。

3．茶褐色叶斑病类

（1）症状。

主要发生于成叶和老叶，嫩叶少见。

感染初期，从叶缘、叶尖处开始出现褐色小点。

感染后期，逐渐变为圆形或半圆形至不规则形紫褐色至暗褐色病斑，其上生灰褐色小粒点，病健部分界不大明显，但其病斑紫黑色边缘较宽。

（2）病原。

茶褐色叶斑病类病原生物属半知菌亚门尾孢属真菌，病斑上霉点即病原菌子座组织，其上产生灰色霉层为病菌的分生孢子梗和分生孢子；分生孢子梗直或稍弯曲，且丛长在表皮下的子座上；分生孢子鞭状，基部粗，顶端渐细，无色至浅灰色。

（二）茶树常见枝干病害的识别

1．症　状

茶树常见枝干病害有茶枝梢黑点病类等，主要发生于当年生的半木质化枝梢上，种类较多，常见的有茶枝梢黑点病、寄生性种子植物和寄生藻类、茶膏药病、茶毛发病等；导致茶树养分和水分运输受阻，造成树势衰弱，且芽叶稀少。

感染初期，出现不规则形灰色病斑。

感染后期，逐渐向上、下扩展，长可达 10 ~ 15 cm，病斑呈现灰白色，其表面散生许多黑色带有光泽的小粒点，圆形或椭圆形。

2．病　原

茶枝梢黑点病的病原生物属子囊菌亚门内生盘菌属真菌，病斑散生的黑色小粒点即病菌的子囊盘；子囊盘初埋生于枝梢表皮下，逐渐突破表皮外露；子囊棍棒状，直或略弯，内生 8 个子囊孢子；子囊孢子椭圆形或长梭形，有的稍弯曲，无色，单胞。

（三）茶树常见根部病害的识别

1．症　状

茶树常见根部病害有茶树白绢病类等，主要发生于根部及根茎部；导致皮层腐烂，伴有白色棉毛状菌丝、并逐渐向四周及土面扩展，形成白色绢丝状菌索和菌膜层，后期病组织上产生菌核，或根部和根颈部出现瘤状突起。

感染初期，呈褐色斑，表面生白色棉毛状物，逐渐扩展绕根颈一圈，白色绢丝状菌膜，可向土面发生；

感染后期，感病组织变为油菜籽状菌核，由白色转黄褐色至黑褐色，严重时病株皮层腐烂，叶片枯萎、脱落，甚至全株死亡。

2. 病 原

茶树白绢病类病原生物属担子菌亚门薄膜革菌属真菌，菌丝体初白色；后期稍带褐色，密集，变为菌核；菌核球形或椭圆形，表面光滑、坚硬，黑褐色，于湿热条件下产生担子和担孢子。

五、结果分析

（1）根据观察数据，填写表 6-11 至表 6-13。

表 6-11 茶树叶部病害调查表

时间：　　　　填表人：

病征类型	病害症状	病原形态	发病时期

表 6-12 茶树枝干病害调查表

时间：　　　　填表人：

病征类型	病害症状	病原形态	发病时期

表 6-13 茶树根部病害调查表

时间：　　　　填表人：

病征类型	病害症状	病原形态	发病时期

（2）比较茶树常见叶部、枝干、根部病害的差别。

六、注意事项

（1）根据地方实际情况，选择常见叶部、枝干、根部病害及病原物玻片标本进行观察。

（2）茶根癌病、茶根结线虫病和茶白绢病等发生于苗期，常引起茶苗的大量死亡。

（3）仔细观察上述各类病害，如实填写。

实验九　茶树病害采集、鉴定及标本制作

一、实验目的

了解茶树病害采集、鉴定及标本制作的相关知识，掌握茶树病害采集、鉴定及标本制作的方法。

二、实验原理

茶树病害标本是茶树病害及其分布的实物性记载，标本的采集和制作是茶树病害研究和实验室的基本建设工作，为茶树病害识别奠定基础。

标本制作常采用干制法和液浸法，干制法适于一般大田作物及茶树的茎、叶、花及去掉果肉的果皮等；浸渍法适于根茎及果实等多汁液的器官。

三、实验材料与设备

1. 实验试剂

氯化锌、福尔马林、甘油、硝酸亚钴、氯化锡、福尔马林、酒精（95%）、二氧化硫、无水亚硫酸钠、亚硫酸（饱和溶液）、醋酸铜、硫酸铜、重酪酸钾等。

（1）赫斯娄浸渍液：氯化锌 50 g、福尔马林 25 mL、甘油 25 mL，蒸馏水溶解，定容至 1000 mL；

（2）瓦查浸渍液：硝酸亚钴 15 g、氯化锡 10 g、福尔马林 25 mL，蒸馏水溶解，定容至 2000 mL；

（3）普通防腐性浸渍液：福尔马林 50 mL、酒精（95%）300 mL，蒸馏水溶解，定容至 2000 mL；

（4）坡尔浸渍液：以二氧化硫通过福尔马林至饱和为止，稀释 20 ~ 40 倍使用；

（5）亚硫酸溶液：无水亚硫酸钠 16 g、5% ~ 6%亚硫酸溶液 45 mL，蒸馏水溶解，定容至 2000 mL，再滴入 20 mL 浓硫酸，密封贮藏。

2. 实验设备

分析天平、铅笔、玻璃棒、烧杯、纸等。

四、实验方法

（一）标本采集

1. 方　法

集中采集和平时田间活动随时分散采集相结合的方法进行。

2．要　求

为提高标本的使用价值，需注意如下几点：

（1）症状应具典型性：采集不同阶段的典型症状的标本。

注：有的病害还应有不同阶段的典型症状。

（2）真菌病害要采集带有子实体的标本。

注：不同的病原菌所致病状有类似地方，须进行病原菌分离、鉴定，才可知病害。

（3）标本上的病害种类要单一，以便正确鉴定和使用标本。

（4）标本采集时，注明寄主名称、发病情况、环境条件，及日期、地点、采集者等。

（二）标本的制作

1．干制法

（1）将采集样品分层压于标本夹中，一层样品，一层标本纸（每层 3～4 张，总厚度约 10 cm）；压紧，尽快置于通风干燥、阳光充足处干燥。

注：干燥越快，效果越好。

（2）夏季，前 3～4 d，每日换纸 1～2 次，后隔 2～3 d 换纸 1 次；春秋，可适当减少换纸的次数，直至到干燥为止。

注：若需人工加温快速干燥时，将标本放在 35～50 °C 烘箱中（勤换纸，至少 2 h 一次）；易变黑的叶片标本，平放于有阳光照射的热沙中，迅速干燥，以达到保持原色的目的；多汁或大型不好压制的标本，装挂于通风良好处风干或晒干。

2．浸渍法

（1）醋酸铜浸渍液：醋酸铜结晶，加入 50%的醋酸中至饱和；蒸馏水稀释 3～4 倍，备用；加热至沸腾，再放入标本，绿色漂去；待 3～4 min 恢复绿色，取出标本，清水漂净，保存于 5%的福尔马林中，或压制成干标本亦可。

（2）硫酸铜及亚硫酸浸渍法：标本浸于 5%硫酸铜中，6～24 h 取出；再清水漂洗数小时，保存于亚硫酸中，密封瓶口。

注：硫酸铜及亚硫酸浸渍法，每年更换亚硫酸浸渍液一次，较醋酸铜法更好地保持绿色叶片及果实颜色。

3．标本瓶瓶口封口法

（1）暂时封口法。

① 将蜂蜡、松香分别溶化混合，加入少量的凡士林调成胶状物，涂于瓶盖边缘，压紧标本瓶瓶盖；

② 取明胶 40 g 浸于蒸馏水中，数小时滤掉；加热熔化，并加入 10 g 石蜡，熔化混合后成为胶状物，趁热使用。

（2）永久封口法。

① 取酪胶、消石灰混合，加入蒸馏水调成糊状物，用于标本瓶封盖，待硬化密封即可；

② 取明胶 28 g 浸于蒸馏水中，数小时滤掉；加热熔化，并加入 0.324 g 的重酪酸钾及充分的熟石膏使成糊状，即可用于封口。

（三）标本鉴定

利用相关工具书，将植物病害标本进行对比、鉴定。

五、结果分析

（1）利用上述方法，将采集样品制作标本。
（2）比较上述方法的优缺点。

六、注意事项

（1）黄色和橘红色标本浸渍液：对于含有叶黄素和胡萝卜素的叶片、果实等，常用的5%～6%二氧化硫的亚硫酸保存。

注：亚硫酸过浓，有漂白作用，不能保色；亚硫酸过稀，防腐能力不足，或加少量酒精增加防腐能力，且加入少许甘油可以防止标本开裂。

（2）红色标本浸渍液：红色标本富含花青素，易溶于水和酒精。

（3）对于未知寄主植物，应采集枝、叶、花、果等部分，以便于鉴定寄主植物。

（4）干制法，需及时压制，避免叶片失水卷缩无法展平；且因其标本变软，第一次换纸，易于铺展。

（5）果实标本及柔软肉质类标本易腐烂，先以标本纸分别包裹，再放入标本箱中，且避免挤压、污染。

（6）黑粉病类标本，先以纸袋分装或用纸包好后，再放入采集箱中，以免混杂。

（7）标本采集5份以上，备份，以便用于鉴定、保存和交流等。

实验十　茶树常见病原菌生物学特性及其药剂防治

一、实验目的

了解常见病原菌生物学特性及其药剂防治的基本知识，掌握茶树常见病原菌生物学特性及其药剂防治技术。

二、实验原理

药剂防治是控制植物病害的有效方法之一，剂型和防治对象不同，其药效和药害的测定方法各异。如防治疫病、叶霉病，白粉病和锈病等地上部病害的杀菌剂，常采用温室盆栽实验测定。

三、实验材料和设备

1. 实验材料

（1）病原菌：疫霉菌、茶炭疽菌、灰霉菌、茶枝梢黑点病菌。

（2）茶树幼苗：茶苗 10 盆，每盆 10 株高感品种茶树幼苗。

2. 实验试剂

（1）杀菌剂：代森锰锌，80%可湿性粉剂；烯酰吗啉，69%可湿性粉剂；多菌灵，50%可湿性粉剂；百菌清，75%可湿性粉剂；腈菌 · 福美双，20%可湿性粉剂；甲基托布津，70%可湿性粉剂；苯醚甲环唑，10%水分散粒剂；甲基硫菌灵 · 硫黄，70%可湿性粉剂；霜脲 · 锰锌，72%可湿性粉剂；肟菌 · 戊唑醇，75%水分散粒剂；福 · 福锌（福美双 · 福美锌），80%可湿性粉剂；咪鲜胺锰盐，50%可湿性粉剂；恶霉灵，95%可湿性粉剂；多菌灵 · 福美双（多菌灵 · 福美双），64%可湿性粉剂；多菌灵 · 嘧霉胺，55%可湿性粉剂；丙环唑，250 g/L 乳油；石硫合剂，结晶；甲霜灵，72%可湿性粉剂；嘧菌酯，25%悬浮剂；霜霉威，722 g/L 水剂；咪鲜胺，25%乳油。

（2）化学试剂：柠檬酸，分析纯；氢氧化钠片，分析纯；碳酸钙，分析纯；七水硫酸亚铁，分析纯；七水硫酸镁，分析纯；氯化钾，分析纯；磷酸二氢钾，分析纯；麦芽糖，生化试剂；蔗糖，化学纯；葡萄糖，分析纯；D-果糖，生化试剂；乳糖，分析纯；D-木糖，生化试剂；甘露醇，分析纯；可溶性淀粉，分析纯；硝酸钠，分析纯；氯化铵，分析纯；硝酸钾，分析纯；脲，分析纯；硫酸铵，分析纯；磷酸三铵，分析纯；细菌学蛋白胨，分析纯；L-赖氨酸，生化试剂；甘氨酸，分析纯。

3. 实验设备

电子分析天平、三角烧瓶、酒精灯、培养皿、烧杯等。

四、实验方法

（一）实验准备

所用培养基配制方法参考方中达（1998）和郑小波（1997），具体使用如下：

（1）马铃薯葡萄糖琼脂培养基（PDA）：马铃薯（去皮、挖芽眼、洗净、煮沸）200 g，葡萄糖 20 g，琼脂 20 g，蒸馏水 1000 mL。

（2）马铃薯蔗糖琼脂培养基（PSA）：马铃薯 200 g，蔗糖 20 g，琼脂 20 g，蒸馏水 1000 mL。

（3）利马豆培养基（LB）：利马豆粉 60 g，琼脂 15 g，水 1000 mL。

（4）V_8 培养基：10 mL V_8 汁，$CaCO_3$ 0.02 g，琼脂 1.5 g，加去离子水补充至 100 mL。

（5）水琼脂培养基（WA）：琼脂粉 13 g，蒸馏水 1000 mL。

（6）胡萝卜培养基（CA）：新鲜胡萝卜 200 g，加去离子水捣碎，过滤并补足水至 1000 mL，加琼脂 15 g。

（7）燕麦培养基（OMA）：燕麦片 30 g，水 1000 mL，60 °C 水浴 1 h，过滤后补足水至 1000 mL，加琼脂 15 g。

（8）玉米粉培养基（CMA）：玉米粉 300 g，水 1000 mL，琼脂 15 g。方法如 OMA。

（9）番茄培养基（TA）：番茄汁 20 mL，$CaCO_3$ 0.4 g，琼脂 1.5 g，去离子水 80 mL。方法如 CA。

（10）大豆培养基（SBA）：大豆汁 10 mL，琼脂 1.5 g，去离子水 90 mL。60 g 大豆浸泡过夜，与 330 mL 去离子水混合捣碎，单层纱布过滤即得大豆汁。

（11）Czapek 培养基：蔗糖 30 g，硝酸钠 2 g，七水合硫酸镁 0.5 g，氯化钾 0.5 g，七水合硫酸亚铁 0.01 g，磷酸二氢钾 1.0 g，琼脂粉 15 g，蒸馏水 1000 mL。

注：区分实际使用成分和有效成分。

（二）生物学特性

1．培养基对病原菌菌丝生长和产孢量影响

用无菌打孔器在 PDA 平板边缘打取预培养 7 d、直径为 5 mm 的疫霉菌菌块，接种于已倒好的 PDA、PSA、CA、OMA、V_8 培养基、玉米粉培养基、番茄培养基、大豆培养基、利马豆培养基和 Czapek 培养基平板中央，置于 26 °C 恒温培养箱中培养。5 d 后用十字交叉法测量菌落直径，14 d（周志成，2005）后在显微镜下测定产孢量。每处理 3 皿，重复 3 次。对于产孢量的测定，由于培养皿的边缘和中心处产孢量不同，故分别计数，为菌落中心和菌落边缘；同时对孢子囊计数及对孢子囊和厚垣孢子的总数计数，文中表示为孢子囊和总量。由于本实验中产孢的数值无法精确计量，故以分类进行衡量产孢量的大小，具体标准如下：

未产孢子囊及厚垣孢子 –、极少量（1 ~ 9 个）+、少量（10 ~ 49 个）++、中等数量（50 ~ 99 个）+++、很多（100 ~ 199 个）++++、极多（>200 个）+++++来表示（疫霉菌产孢量计数标准下同）。

2．温度对病原菌菌丝生长、产孢量和孢子萌发影响

用直径为 5 mm 的无菌打孔器，沿菌落的边缘打取菌龄一致的菌饼，移入植于平板中央，分别置于 8 ~ 40 °C 以 2 °C 为梯度共 17 种不同温度下，培养一段时间后用十字交叉法测量菌落生长直径，并在显微镜下用血球记数板测定产孢量。疫霉菌于 OMA 中培养 5 d 后测量菌落生长直径，14 d 后测定产孢量（沈会芳等，2014）；灰霉菌接种在已将灭菌玻璃纸铺置均匀的 PDA 平板中，培养 4 d 后测量菌落生长直径，14 d 后用镊子揭下玻璃纸置于 65 °C 烘箱中 72 h 烘干至恒重，用分析天平称量得出生物量（周而勋等，2002）；炭疽菌于 PDA 培养 6 d 后测量菌落生长直径，21 d 后测定产孢量。每处理 3 皿，重复 3 次。

将灰霉菌接种在 PSA 培养基于 20 °C 下培养 14 d 后产生的分生孢子和炭疽菌接种在 PDA 培养基置于 26 °C 下培养 21 d 产生分生孢子分别用无菌水配制成孢子悬浮液，浓度为低倍镜下每视野孢子数 30 个左右。其中灰霉菌的孢子悬浮液在测定时添加少量梨汁培养液混匀制成，炭疽菌不添加任何物质（以下病原菌的孢子悬浮液配制相同）。然后滴于载玻片上，分别置于 8 ~ 40 °C 以 2 °C 为梯度共 17 种温度下保湿培养。灰霉菌在 6 h 和 12 h，炭疽菌在 12 h 和 24 h 时镜检萌发率（谢旭阳等，1991），每次检查约 300 个孢子，重复 3 次。

3．pH 对病原菌菌丝生长、产孢量和孢子萌发影响

把 PDA 和 OMA 培养基灭菌后，用 1 mol/L NaOH 和 1 mol/L HCl 调节 pH，获得 2 ~ 13

以 1 为梯度共 12 个 pH 的对应培养基平板。疫霉菌于 OMA 中 26 °C 下培养 7 d、灰霉菌于 PDA 中 20 °C 下培养 6 d、炭疽菌于 PDA 中培养 7 d 后，用直径为 5 mm 的无菌打孔器，沿菌落的边缘打取菌龄一致的菌饼（以下病原菌菌块的获得与此相同），分别置 12 个不同 pH 的 PDA 和 OMA 平板上。疫霉菌于 OMA 中 26 °C 下培养，5 d 后测量菌落生长直径，14 d 后测定产孢量；灰霉菌使用的 PDA 平板在调好 pH 后均匀铺好灭菌玻璃纸，接种后于 20 °C 下培养，4 d 后测量菌落生长直径，14 d 后取玻璃纸烘干至恒重，称量生物量；炭疽菌于 PDA 中 26 °C 下培养，6 d 后测量菌落生长直径，21 d 后测定产孢量。每处理重复 3 次。

用 0.1 mol/L 柠檬酸和 0.2 mol/L 磷酸盐配制 pH 为 2 ~ 9 的 8 种 pH 缓冲液，用 1 mol/L NaOH 配制 pH 10 ~ 13 的溶液，相邻 pH 梯度为 1，然后用不同 pH 溶液配制孢子悬浮液，滴于载玻片上，灰霉菌于 18 °C、炭疽菌于 26 °C 和 32 °C 条件下保湿培养。灰霉菌在 6 h 和 12 h，炭疽菌在 12 h 和 24 h 时镜检萌发率，每次检查 300 个孢子，重复 3 次。

4．光照对病原菌菌丝生长、产孢量和孢子萌发影响

用直径为 5 mm 的无菌打孔器，沿菌落的边缘打取菌龄一致的菌饼，移入植于平板中央，分别置于连续光照（3000 lx 日光灯）、12 h 光暗交替和完全黑暗 3 种光照处理下，培养后用十字交叉法测量菌落生长直径和显微镜下用血球记数板测定产孢量。疫霉菌于 OMA 中 26 °C 下培养，5 d 后测量菌落生长直径，14 d 后测定产孢量；灰霉菌接种在已将灭菌玻璃纸铺置均匀的 PDA 平板中，20 °C 下培养 4 d 后测量菌落生长直径，14 d 后取玻璃纸烘干至恒重，称量生物量；炭疽菌于 PDA 中 26 °C 下培养，6 d 后测量菌落生长直径，21 d 后测定产孢量。每处理重复 3 次。

将滴有病原菌分生孢子悬浮液的载玻片分别置于连续光照（3000 lx 日光灯）、12 h 光暗交替和完全黑暗 3 种光照处理，灰霉菌于 18 °C、炭疽菌于 26 °C 和 32 °C 条件下保湿培养。灰霉菌在 6 h 和 12 h，炭疽菌在 12 h 和 24 h 时镜检萌发率。每次检查 300 个孢子，重复 3 次。

5．高温对病原菌菌丝生长和孢子萌发影响

将装有 3 mL 无菌水的灭菌试管分别放入 40，45，50，55 °C 的恒温水浴锅中，打取直径为 5 mm 的均匀菌块放入各试管，分别处理 5，10，15，20，25，30 min 后迅速冷却，取出菌块置于平板上，疫霉菌于 OMA 中 26 °C 下培养，5 d 后测量菌落生长直径，14 d 后测定产孢量；炭疽菌于 PDA 中 26 °C 下培养，6 d 后测量菌落生长直径，21 d 后测定产孢量。以不经过温度处理的病原菌菌块为对照，每处理重复 3 次。

6．碳源对病原菌菌丝生长、产孢量和孢子萌发影响

以 Czapek 培养基（方中达，1998）为基础培养基，分别以相同含碳量的葡萄糖、D-果糖、麦芽糖、乳糖、木糖、可溶性淀粉和甘露醇替换其中的蔗糖，配制成含不同碳源的固体和液体培养基。打取直径为 5 mm 的均匀菌块移入不同碳源的固体培养基平板中央，灰霉菌使用的 PDA 平板在配好不同碳源后均匀铺好灭菌玻璃纸，接种后于 20 °C 下培养，4 d 后测量菌落生长直径，14 d 后取玻璃纸烘干至恒重，称量生物量；炭疽菌于 PDA 中 26 °C 下培养，6 d 后测量菌落生长直径，21 d 后测定产孢量。每处理重复 3 次。

分别用 1%蔗糖、1%葡萄糖、1% D-果糖、1%麦芽糖、1%乳糖、1%木糖、1%可溶性淀粉和 1%甘露醇加入病原菌孢子悬浮液中，配制成含不同碳源的孢子悬浮液，滴于载玻片上，

灰霉菌于 18 °C、炭疽菌于 26 °C 和 32 °C 条件下保湿培养，灰霉菌在 6 h 和 12 h，炭疽菌在 12 h 和 24 h 时镜检萌发率。每次检查 300 个孢子，重复 3 次。

7．氮源对菌丝生长、产孢量和孢子萌发影响

以 Czapek 培养基为基础培养基，分别以相同含氮量的硝酸钾、氯化铵、硫酸铵、脲、磷酸铵、蛋白胨、L-赖氨酸和甘氨酸替换其中的硝酸钠，配制成含不同氮源的液体和固体培养基。打取直径为 5 mm 的均匀菌块移入不同氮源的固体培养基平板中央，灰霉菌使用的 PDA 平板在配好不同氮源后均匀铺好灭菌玻璃纸，接种后于 20 °C 下培养，4 d 后测量菌落生长直径，14 d 后取玻璃纸烘干至恒重，称量生物量；炭疽菌于 PDA 中 26 °C 下培养，6 d 后测量菌落生长直径，21 d 后测定产孢量。每处理重复 3 次。

分别用 1%硝酸钠、1%硝酸钾、1%氯化铵、1%硫酸铵、1%脲、1%磷酸铵、1%蛋白胨、1% L-赖氨酸和 1%甘氨酸溶液加入病原菌孢子悬浮液中，配制成含不同氮源的孢子悬浮液，滴于载玻片上，灰霉菌于 18 °C、炭疽菌于 26 °C 和 32 °C 条件下保湿培养。灰霉菌在 6 h 和 12 h，炭疽菌在 12 h 和 24 h 时镜检萌发率。每次检查 300 个孢子，重复 3 次。

（三）药剂毒力测定

1．药剂配制

取一定量的苯莱特 50%可湿性粉剂、甲霜灵锰锌 2%可湿性粉剂、代森锰锌 70%可湿性粉剂、烯酰吗啉 69%可湿性粉剂、福-福锌 80%可湿性粉剂、百菌清 75%可湿性粉剂等杀菌剂于 50 mL 培养基中，使其最终浓度为 500 mg/L，再依次稀释为 50，5，1，0.5 mg/L 药剂。

2．十字交叉法

融化培养基，冷却一定温度（以不烫手为宜）时，加入一定量的上述不同浓度药剂；混匀，倒入培养皿，制成平板，每个处理重复 3 次；取病原菌平板，打取大小均匀的菌饼，并接种于上述不同浓度药剂平板，于 26 °C 培养箱中培养 7 d，测定药剂平板菌落生长的直径。

3．孢子萌发法

将孢子悬浮液与供试杀菌剂混合，滴于载玻片上或倒入培养皿中，每个处理重复 3 次；于 25 °C 下使孢子萌发，测定孢子萌发率。

4．抑菌圈法

融化培养基，冷却一定温度（以不烫手为宜）时，加入一定量的孢子悬浮液；混匀，倒入培养皿，制成平板，再放置浸过供试药剂的小圆形滤纸片，每个处理重复 3 次；于 25 °C 下培养 3 ~ 5 d，测定抑菌圈的大小、生长速率。

（四）药剂防治实验

1．致病性测定

根据柯赫氏法则（方中达，1998），将纯化的菌株人工接种在健康的植株上，以空白培养基为对照，待植株发病后观察所表现的症状，确定其致病性；然后再次分离培养，比较前后

分离病原菌菌落、分生孢子、孢子囊及厚垣孢子等的形态特征。

接种处理：

（1）分别选取离体和活体的健康大岩桐叶片、茎部和凤梨叶片，用清水对其清洗干净。

（2）在叶片及茎部合适位置用梅花针刺伤。

（3）病原菌处理：将病原菌单孢纯化后移入 PDA 培养基平板上 26 °C 下培养 6 d 后，用直径为 5 mm 的打孔器打取均匀菌块。将菌块长菌一面贴在处理过待接种伤口处，并用湿棉花团包住，在室温下保湿 24 h 后，去掉棉花。接种无病原菌的培养基块作为对照。每处理重复 3 次。接种后定期观察发病情况，同时再次进行组织分离病原物，重复 3 次。

2．杀菌剂对菌丝生长及产孢量的抑制作用测定筛选

采用菌丝生长速率测定法（谢昌平等，2007；尹德明等，2007），分别将杀菌剂按一定量加入定量的 PDA 培养基中，配制成浓度为 300 mg/L 和 800 mg/L 含不同杀菌剂的培养基平板，移入直径为 5 mm 的菌苔，以不加杀菌剂的处理作为对照。培养后用十字交叉法测量菌落生长直径，并在显微镜下用血球记数板测定产孢量，分别计算直径和产孢量的抑制率。疫霉菌于 OMA 中 26 °C 下培养，5 d 后测量菌落生长直径，14 d 后测定产孢量；灰霉菌使用的 PDA 平板在调好杀菌剂浓度后均匀铺好灭菌玻璃纸，接种后于 20 °C 下培养，4 d 后测量菌落生长直径，14 d 后取玻璃纸烘干至恒重，称量生物量；炭疽菌于 PDA 中 26 °C 下培养，6 d 后测量菌落生长直径，21 d 后测定产孢量。每处理重复 3 次。抑制率计算为：

抑制率＝（对照直径或产孢量 – 处理直径或产孢量）／对照直径或产孢量×100%

（五）温室盆栽实验

1．施药方法

将供试药剂分别配成 0、1×10^{-5}、1×10^{-4}、1×10^{-3} 的水溶液，每一浓度选用供试茶苗 2 盆（预防效果组和治疗效果组）；采用喷雾法施药，每盆约 5 mL，再置于温度 20 ~ 23 °C、相对湿度 65% ~ 70%培养 7 d，观察感病情况。

2．调查标准

（1）普遍率（或病叶率）：指病叶数占调查总叶片数的比例。

注：只调查下数三片叶，其余的叶片不能统计在内。

（2）严重度：指每片病叶上孢子堆数量的多少，以叶片上的孢子堆数占对照区叶片上最多数的比例表示。

（3）发病指数（病情指数）：指普遍率和病叶平均严重度的乘积。

（4）病斑型：描述品种的抗病性，药效测定时用的是感病品种，由于药剂的作用，可能会产生不同的病斑类型，如下：

0 级：高抗，没有可见病斑或菌丝；

1 级：高抗，叶片只有有限的菌丝体；

2 级：中抗，叶面菌丝体量中等，有一些分生孢子堆，组织轻微坏死或褪绿；

3 级：中感，菌丝体量很多，孢子产生量有限，有一些坏死和褪绿；

4 级：高感，孢子堆量很大，产生大量孢子，没有坏死。

五、结果分析

（1）根据观察数据，描述常见病原菌的生物学特性，填写表 6-14 至表 6-21。

表 6-14　不同培养基对病原菌菌丝生长和产孢量影响

培养基种类	菌丝生长速率/mm·d^{-1}	孢子囊产生多少	菌丝状况/菌落质地

表 6-15　不同温度对病原菌菌丝生长及孢子囊和厚垣孢子产生的影响

温度/°C	菌落直径/mm	菌落中心		菌落边缘	
		总量	孢子囊	总量	孢子囊

注：未产孢子囊及厚垣孢子 –、极少量（1～9 个）+、少量（10～49 个）++、中等数量（50～99 个）+++、很多（100～199 个）++++、极多（>200 个）+++++，下同。

表 6-16　不同 pH 对病原菌菌丝生长及孢子囊和厚垣孢子产生的影响

pH	菌落直径/mm	菌落中心		菌落边缘	
		总量	孢子囊	总量	孢子囊

表 6-17　不同光照对病原菌菌丝生长、生物量产生和孢子萌发的影响

光　照	菌落直径/mm	生物量/mg	孢子萌发率/%	
			6 h	12 h
连续光照				
光暗交替				
全 黑 暗				

表 6-18　高温对病原菌菌丝生长的影响

处理时间/min	40 °C		45 °C		50 °C		55 °C	
	菌落直径/mm	抑制率/%	菌落直径/mm	抑制率/%	菌落直径/mm	抑制率/%	菌落直径/mm	抑制率/%
5								
10								
15								
20								
25								
30								
CK								

表 6-19　高温对病原菌产孢子囊和厚垣孢子的影响

处理时间/min			5	10	15	20	25	30	CK
40/°C	菌落中心	总量							
		孢子囊							
	菌落边缘	总量							
		孢子囊							
45/°C	菌落中心	总量							
		孢子囊							
	菌落边缘	总量							
		孢子囊							
50/°C	菌落中心	总量							
		孢子囊							
	菌落边缘	总量							
		孢子囊							

表 6-20　碳源对病原菌菌丝生长、产孢量和孢子萌发影响

碳源	菌落直径/mm	生物量/mg	孢子萌发率/%	
			6 h	12 h

表 6-21　氮源对病原菌菌丝生长、产孢量和孢子萌发影响

氮源	菌落直径/mm	生物量/mg	孢子萌发率/%	
			6 h	12 h

（2）根据观察数据，计算常见病原菌的菌落直径、萌发率、致病性、抑制率及防治效果，填入表 6-22、表 6-23。

表 6-22　药剂毒力测定

杀菌剂/mg·L^{-1}	病原菌	菌落直径				抑制率/%
		Ⅰ	Ⅱ	Ⅲ	平均	
500						
50						
5						
1						
0.5						
CK						

表 6-23 不同杀菌剂对大岩桐灰葡萄孢菌丝生长的影响

杀菌剂	300 mg/L			800 mg/L		
	菌落直径/mm	生物量/g	抑制率/%	菌落直径/mm	生物量/g	抑制率/%

① 药剂处理对病菌菌丝生长抑制效果的计算公式：

菌丝生长抑制率（%）= 对照菌落生长直径 − 处理菌落生长直径×100%

② 药效测定：

防治效果（%）=（对照区发病指数 − 处理区发病指数）/对照区发病指数×100

若接种前各处理所用的茶苗发病不一致，计算公式如下：

防治效果（%）= [1 −（处理前发病指数 − 处理区处理后发病指数）]/（对照区发病指数 − 对照区处理前发病指数）×100

六、注意事项

（1）毒力：指杀菌剂对离体病原的直接毒杀或抑制作用。

（2）EC_{50}：引起 50%个体有效的剂量扩大多少倍，导致 50%的个体死亡（或中毒）。

（3）药效：指杀菌剂对病害的实际防治效果，其药效是杀菌剂与多种外界因子综合在一起后对病菌的毒杀效果，除毒力因子外还受多方面的因素影响，如喷施时期、施药方法、外界温度等。

（4）对人、畜的毒性：用 LD_{50} 致死量来表示。

（5）LD_{50}：指杀死一群实验生物的半数（50%）所需用的剂量。

如：多菌灵对白鼠急性口服 LD_{50}＞5000 mg/kg；敌敌畏对白鼠急性口服 LD_{50} 为 56～80 mg/kg。

实验十一 常见农业昆虫分类

一、实验目的

了解常见农业昆虫的主要特征，掌握常见农业昆虫的分类方法。

二、实验原理

昆虫种属关系接近，具有相似的形态结构、内部结构、生物学特性、环境条件、发生规律。常结合遗传学、生理学、解剖学、地理学生态学等相关学科的研究，以差别比较明显的形态学为依据，采用对比分析与归纳方法将其进行分类，确定种属关系及亲缘关系，建立正确的分类体系。

三、实验材料与设备

1. 实验材料

天牛、白蚁、蜻蜓、螳螂、蜚蠊、绿蝽、跳蚤、蓟马、蝗虫、蠼螋、胡蜂、草蛉、家蝇、鱼蛉、蝉、蛾、蝶等标本，直翅目、双翅目、膜翅目、同翅目、鞘翅目、半翅目、鳞翅目等标本盒，红蜘蛛、蚜虫等玻片标本。

2. 实验设备

显微镜、载玻片、放大镜、解剖针、解剖镜、镊子等。

四、实验方法

1. 观　察

将上述标本依次编号，观察上述昆虫标本，记录相关生物特征。

2. 鉴　定

昆虫分类检索表，鉴定标本。

注：鉴定时，先查出目，再从各目分科检索表检索到科。

3. 再观察

在显微镜下观察玻片标本。

五、结果分析

（1）检索各标本属于何目、何科。

（2）简述直翅目、双翅目、膜翅目、同翅目、鞘翅目、半翅目和鳞翅等生物学特征。

（3）根据观察制作直翅目、双翅目、膜翅目、同翅目、鞘翅目、半翅目和鳞翅目等成虫分类检索表（二项式）（表 6-24）。

表 6-24　昆虫分类检索

名称	生物学特征
原尾目 Protura	原尾虫，体极小，没有翅、触角和复眼，前足特长具有触角的功能，口器内藏式，体细长，腹部 12 节，无尾须
弹尾目 Cinura	观察长跳虫或圆跳虫的玻片标本，触角均为 4～6 节。长跳虫的腹部仅 6 个环节；圆跳虫 1～4 腹节愈合成球状均无尾须，环节更少，侧面观察，腹部腹面第一节有一个腹管（或称黏管 Collophore），第 3 节有握弹器（Tenaculum），第 5 节有弹器（Furcula）
双尾目 Diplura	铗尾虫或双尾虫，无翅和复眼，触角线状或念珠状，尾须发达呈钳状或线状，口器内藏式
缨尾目 Thysanura	衣鱼或石蛃，体长而末端尖削，触角细长而分节多，体被鳞片，口器咀嚼式外露，腹末还有三条细条的分节尾丝，腹部腹面（特别是末几节）存在有成对的刺突或泡囊

续表

名称	生物学特征
蜉蝣目 Ephemerida	蜉蝣，触角短，鬃状，口器咀嚼式，退化；前翅大，三角形，后翅很小，具有一对细长的尾须（有的还有中尾丝），前足颇长
蜻蜓目 Odonata	头和复眼大，触角鬃状，胸部大，侧板倾斜，腹部细长，前后翅不能收褶，脉纹网状，近顶角处翅膜厚起，形成翅痣，有翅结
襀翅目 Plecoptera	襀翅虫，头宽，口器咀嚼式，退化，触角线状，前胸大而能动，近似方形，翅膜质，后翅臀区发达；尾须一对，细长分节
纺足目 Embioptera	足丝蚁，头大，口器咀嚼式，胸部与腹部等长；雄虫有翅，前后翅相似，脉纹少，雌虫无翅，前足第一跗节膨大，能泌丝织网，故称足丝虫
蛩蠊目 Grylloblattodea	观察蛩蠊，体细长，无翅，头前口式，口器标准咀嚼式，触角线状，复眼退化，无单眼
革翅目 Dermaptera	观察蠼螋；体长形，坚硬，头扁宽，前口式，腹末有尾铗，前翅短小革质，后翅扇状膜质，可折叠置于前翅下，脉纹放射状
缺翅目 Zoraptera	缺翅虫，小型，触角 9 节，念珠状，口器咀嚼式，胸部长，腹部短，翅有或无，易脱落；尾须一节
蜚蠊目 Blattodea	观察蜚蠊，身体扁平；前胸背板很大，盖住头部，触角长，腹末有短而分节的尾，前翅覆翅，后翅扇状可以纵褶，但不能飞
螳螂目 Mantodea	观察螳螂，前胸极长，前足捕捉式，头三角形，前翅覆翅，后翅扇状可纵褶；腹部有尾须
等翅目 Isoptera	观察有翅白蚁，触角念珠状，翅基有横缝，称为“脱落缝”。前后翅形状及脉纹相似；上颚发达，有尾须
竹节虫目 Phasmida	竹节虫，体和足细长，口器咀嚼式，前胸短，中后胸长，翅退化或无，拟态成竹枝状或叶状
直翅目 Orthoptera	观察蝗虫，头下口式，标准咀嚼式口器，单眼 3 个，触角线状；前胸大而明显，中后胸愈合，前翅皮革质，成覆翅；后足跳跃足；产卵器发达
啮虫目 Psocoptera	啮虫，体小，头大，复眼着生在头的两侧，相距颇远，前胸狭小如瓶颈；有翅或无翅；口器咀嚼式，唇基大而突出
食毛目 Mallophaga	鸡虱体小，扁平，头大，口器为变形的咀嚼式，于头中央下方。前胸分离，中后胸愈合，气门位于腹面；足攀登式，无翅，为鸟类的外寄生昆虫
虱目 Anoplura	猪虱，体虱；体小，扁平，头小，口器为特殊刺吸式，胸部三节完全愈合，胸气门位于背面，腹部膨大，无翅，足短粗，足端有一爪，外寄生性
缨翅目 Thysanoptera	观察蓟马，体小，细长，头略带后口式；口器圆锥形，锉吸式，触角线状，翅狭长，边缘有很多长而整齐的缨状缘毛，足的末端有泡状的中垫，爪退化
半翅目 Hemiptera	观察蝽象，体壁坚硬而略扁；口器刺吸式，着生在头的前边，前翅半鞘翅
同翅目 Homoptera	观察蝉，体形和口器似半翅目，但区别在于同翅目的口器着生在头的后边，前翅质地均一
鞘翅目 Coleoptera	观察金龟甲，体壁坚硬，前翅加厚，成鞘翅，后翅膜质，折叠藏于前翅下，口器咀嚼式，触角鳃叶状，没有单眼
拈翅目 Strepsiptera	拈翅虫，雄虫只有一对后翅，脉纹放射状，前翅变为平衡棒，雌虫头胸部愈合坚硬，腹部囊状，短。寄生于同翅目、直翅目等昆虫体上
广翅目 Megaloptera	大齿蛉，大型，头前口式，前胸方形，翅膜质，后翅臀区大，翅脉网状，到边缘多不分叉；雄虫上颚极发达

续表

名称	生物学特征
蛇蛉目 Raphidodea	蛇蛉，口器咀嚼式，头前口式，前胸管状，前后翅相似，有翅痣；雌虫有细长的产卵器
脉翅目 Neuroptera	观察草蛉，体细长，前后翅膜质，形状相似，翅脉网状，翅脉在边缘分叉，头下口式
长翅目 Mecoptera	蝎蛉，头延伸呈喙状，口器咀嚼式，两对翅大小及脉纹都相似，翅面有微毛；有些种类雄性生殖器膨大，状如蝎尾
毛翅目 Trichoptera	石蛾，体形极像鳞翅目蛾类，但口器为咀嚼式，上颚退化；翅上无鳞片而具细长，翅脉接近模式脉序
鳞翅目 Lepidoptera	观察蝴蝶、小地老虎，身体及翅面被有鳞粉，口器虹吸式，翅上有由鳞片组成的花纹。前胸小，背面有2小型鳞片；中胸很大，生有一对肩板
双翅目 Diptera	观察家蝇，成虫只有一对发达的前翅，膜质而有简单的脉序，后翅退化成平衡棒。口器舐吸式
蚤目 Siphonaptera	跳蚤，体侧扁，体壁坚韧，口器刺吸式，头与胸部紧接，无翅，后足跳跃式
膜翅目 Hymenoptera	观察胡蜂、叶蜂，翅膜质，不被鳞片，前后翅以翅钩列连接，头活动，复眼大，单眼三个，触角线状，口器咀嚼式

六、注意事项

（1）注意螨与昆虫的区别。

（2）结合当地实际情况，选择常见昆虫示范浸液标本。

（3）仔细观察，如实填写。

实验十二　常见农业昆虫生物习性观察

一、实验目的

了解常见农业昆虫生物学特性，掌握常见农业昆虫生物习性的观察方法。

二、实验原理

昆虫种性是指在演化过程中形成的、稳定的昆虫生物学特性，其对昆虫分类和演化的理论研究有重要的意义。根据昆虫生殖、胚胎发育、胚后发育及成虫各时期生物特点和年生活史，可有效防治或控制害虫的发生。

三、实验材料与设备

1．实验材料

直翅目、同翅目、半翅目、鞘翅目、鳞翅目、双翅目、膜翅目等昆虫生活史标本、各种类型的卵、幼虫和蛹的标本。

2．实验设备

解剖针、解剖镜、培养皿、放大镜、镊子等。

四、实验方法

1．观察昆虫的变态类型

（1）不完全变态：包括渐变态、半变态和过渐变态。主要观察 3 个虫期，卵期、幼虫期和成虫期（表 6-25）。

表 6-25　不完全变态类型

类型	生物学特征
渐变态	昆虫幼虫期与成虫期在外部形态、栖境、生活习性等方面都很相似，幼虫翅和生殖器官（无论是外生殖器还是内生殖器官）没有发育完全；成虫翅和性器官完全成长
半变态	蜻蜓目昆虫，幼期营水生生活，在体型、呼吸器官、取食器官、行动器官等均有不同程度的特化，以致成虫和幼期具有明显的形态分化
过渐变态	缨翅目、同翅目中的粉虱科和雄性介壳虫等变态方式较为特殊，幼期在转变为成虫前，有一个不食不大动的类似蛹的虫龄，原有若虫龄数减少到三龄或更少，但翅仍在体外发生，和全变态类又有根本的差别

（2）完全变态：主要观察 4 个虫期，即卵期、幼虫期、蛹期和成虫期。

2．参观昆虫卵的类型

昆虫的卵粒有各种各样的，注意观察。

3．观察幼虫类型

全变态昆虫的幼虫可以分为 4 种类型，见表 6-26。

表 6-26　全变态昆虫的幼虫类型

类型	生物学特征
原足型	附肢和体节尚未分化完全，像一个发育不完全的胚胎。如内寄生蜂的幼虫
多足型	除具发达的胸足，还有腹足。如鳞翅目和叶峰幼虫
寡足型	胸足发育完全，腹部分节明显但无腹足。如金龟子幼虫
无足型	既无胸足也无腹足。如家蝇的幼虫

4．观察蛹的类型（表 6-27）

表 6-27　蛹的类型

类型	生物学特征
被蛹	蛹的触角和附肢等紧贴在蛹体上，不能活动，腹节多数或全部不能活动
离蛹	蛹的附肢和翅不贴附在身体上，可以活动，同时腹节间也能自由活动
围蛹	蛹体本身是离蛹，但是蛹体被末龄幼虫所脱的皮所包被

5．观察成虫性二型及多型现象（表 6-28）

表 6-28　成虫性二型及多型现象

类型	生物学特征
性二型现象	是昆虫雌雄差异，表现在性器官、个体大小、体型、颜色的变化等方面
多型现象	指同种昆虫同一性别具有两种或更多不同类型的个体的现象，并非表现在雌雄性的差异上，而是同一性别个体中不同类型的分化。如蜜蜂的多型现象

注：比较小地老虎雌虫和雄虫触角的不同，玉带凤蝶雌雄成虫颜色和斑纹的不同。

五、结果分析

（1）根据观察数据，填写表 6-29。

表 6-29　昆虫习性观察

序号	名称	目、科	变态类型	主要形态特征				备注
				卵	幼虫	蛹	成虫	

（2）区别鳞翅目幼虫和叶峰幼虫。

六、注意事项

（1）结合当地实际情况，选择相应的卵、幼虫和蛹进行示范浸液标本。
（2）仔细观察，如实填写。

实验十三　常见农业昆虫内部构造观察

一、实验目的

了解常见农业昆虫内部各器官系统位置、构造和形态，掌握农业昆虫内部构造观察方法。

二、实验原理

不同种属昆虫在演化过程中昆虫内部各器官系统位置、构造和形态各异，根据昆虫的内部形态可有效地识别种类，研究其生物学、生态学以及害虫防治和益虫利用。

三、实验材料与设备

1．实验材料

天牛、蝗虫及各器官系统的示范浸液标本。

2．实验设备

大头针、解剖针、解剖剪、蜡盘、镊子等。

四、实验方法

1．观察内部器官的位置

（1）取蝗虫浸液标本，剪去足和翅，从肛门沿背线左侧剪开体壁至前胸背板的前端，置于蜡盘内，分开体壁，再斜插体壁的两边使其固定于蜡盘上；加入蒸馏水淹没虫体，漂洗干净，再观察内部器官的位置。

（2）观察。

① 观察背中线上的背血管，身体两侧气门内，伸向内脏表面及身体各部的白色纤细的气管及体壁下的肌肉。

② 体腔中央有一条从口腔到肛门的管道——消化道，消化道的背上方覆盖着生殖系统的卵巢（雌）或睾丸（雄）。

③ 生殖系统的后端，消化道上许多细小游离的小管为马氏管，即昆虫的排泄器官。

④ 撕去生殖系统和腹膈膜，腹面有一串白色细管为中枢神经系统的腹神经索部位。

2．观察消化道的外形和构造

观察蝗虫的消化道，以消化道中段前方的6组囊状突起（即胃盲囊）和中段后方胸壁上的丝状细管（即马氏管）为标志，区分前肠、中肠和后肠（表6-30）。

表6-30　消化道的外形和构造

类型	生物学特征
前肠	胃盲囊着生点以前，由前到后分为咽喉、食道、嗉囊和前胃，棉蝗食道极短，咽喉和嗉囊明显膨大，前胃缩小，并为胃盲囊所掩盖
中肠	简单的直管
后肠	马氏管之后为后肠，包括回肠、结肠和直肠，细而略弯曲且很短的为结肠，其前面与马氏管相接一段为回肠，结肠后面厚，粗短的一段为直肠，其后端开口于肛门

3．观察中枢神经系统

中枢神经系统包括脑和腹神经索。

脑位于头腔内的背方；腹神经索纵贯在腹面中央，包括咽下神经节、3个胸神经节和5个腹神经节。

观察脑和腹神经索之间由两挑围绕咽喉的围咽神经索相连。

4．观察生殖系统的基本构造

（1）观察蝗虫雌性生殖系统。

① 蝗虫雌性生殖系统在消化道的前方有一对卵巢，左右紧密结合；每一卵巢由一群管状的卵巢小管组成，且小管端部有端丝，端丝合成悬带。

② 卵巢小管下端通卵巢萼，卵巢萼前端各有一条管状的附腺，其后端通入侧输卵管。

③ 2根侧输卵管从消化道上方绕到下方，与在消化道腹面的中输卵管相连，其开口称生殖孔，下接生殖腔（或阴道），其背面的一侧有受精囊，阴道的开口称授精孔。

（2）观察蝗虫雄性生殖系统：由一对睾丸、一对输精管、射精管及附腺组成，射精管末端通向交配器。

5．观察呼吸系统和背血管

（1）观察背血管。

① 解剖：从天牛幼虫背中线两侧处，由后向前剪开，将剪开的背壁翻转。

② 观察：沿背中线的背血管，前段为大动脉，后段为心脏；心脏由一系列心室构成，置于低倍显微镜下观察其形状和构造、心室开口和数目。

（2）观察呼吸系统。

将家蚕的体壁分开，固定于蜡盘上，观察从身体两侧的气门处向内延伸至身体各部分的黑色气管的分布情况（表6-31）。

表6-31　呼吸系统特征

部位	生物学特征
气门	自气门伸入体内至开始分开的短且粗的一段
侧纵干	自气门气管末端的分支，向前、向后延伸而联结各气门间的纵轴主干
微气管	由分支向背方、内脏表面和腹部的气管（即背气管、内脏气管和腹气管），其分出许多支气管伸向身体各部分（越分越细），再伸入组织

6．观察示范标本

观察几种昆虫的示范标本，填写表6-32。

五、结果分析

（1）根据观察数据，填写表6-32。

表6-32　常见昆虫内部形态观察

序号	名称	目、科	主要内部形态特征					备注
			形态特征	消化系统	中枢神经系统	生殖系统	呼吸系统	

（2）根据观察数据，绘制蝗虫消化道构造、腹部侧面图，并标明各部分名称。

六、注意事项

（1）结合当地实际情况，选择相应的天牛、蝗虫及各器官系统进行示范浸液标本。

（2）仔细观察，如实填写。

实验十四　常见农业昆虫外部形态观察

一、实验目的

了解农业昆虫外部形态、基本构造和特征，掌握常见农业昆虫外部形态观察方法。

二、实验原理

不同昆虫种群，其外部形态、基本构造和特征不同，根据昆虫的外部形态可有效地识别种类，研究其生物学、生态学意义以及害虫防治和益虫利用。

三、实验材料与设备

1．实验材料

金龟子、蜜蜂、家蝇、天蛾、蟋蟀、蝗虫、粉蝶、白蚁、蛴象、蝼蛄、螳螂、蓟马、夜蛾、步甲、蝉等标本及植物受害状植株。

2．实验设备

解剖镜、解剖针、培养皿、镊子、毛笔等。

四、实验方法

1．昆虫一般形态特征观察（表 6-33）

表 6-33　一般形态特征观察

部位	生物学特征
头部	分节现象消失，为一完整坚硬的头壳，其上生有复眼 1 对，单眼 3 个，2 复眼内侧着生有触角 1 对；复眼、单眼和触角均为感觉器官
胸部	分前、中、后胸 3 节，每一胸节有 4 块骨板，背板、腹板和 2 块侧板，具胸足 1 对，分别称前、中、后足，在背面有 2 对翅，前翅生于中胸，后翅位于后胸
腹部	腹 11 节，每节仅具 2 块骨板，背板和侧板，板与板之间，以及节与节之间有柔软膜质的侧膜和节间膜，雌性蝗虫第 8、9 节的腹板上生有产卵器

2．昆虫的头式观察（表 6-34）

表 6-34　头式观察

类型	生物学特征
下口式	口器朝下着生，头部的纵轴与身体的纵轴大致呈直角
前口式	口器在身体的前端并向前伸，头部的纵轴与身体的纵轴呈钝角或平行
后口式	口器由前向后伸，贴于体腹面，头部的纵轴与身体的纵轴呈锐角

3. 昆虫口器的类型观察（表 6-35）

表 6-35 口器的类型观察

类 型	生物学特征
咀嚼式口器	以蝗虫为例。位于头的下方，上唇位于唇基下方的 1 块薄片，上颚 1 对，坚硬，锥状或块状；下颚 1 对，下唇左右相互愈合为 1 片，各具有 1 对分节的下颚和下唇须；舌位于口的正中线中央，为 1 囊状物
刺吸式口器	以蝉的头部为例。触角下面的骨片是唇基，分为前、后两部分；后唇基异常发达，易被误认为“额”；前唇基下方有 1 三角形小片，为上唇；喙则演变成长管状的喙；内藏有由上、下颚所特化成的 4 根口针
虹吸式口器	外观如卷曲的钟表发条，由左、右下颚的外颚页延长特化、相互嵌合形成 1 中空的喙，为蝶、蛾昆虫所特有
舐吸式口器	双翅目的蝇类成虫所特有，外观是一粗短的“喙”，“喙”的端部是分成两瓣的端喙，即唇瓣（也称口盘），两唇瓣间的基部有 1 小孔，称为前口，与食物道相通
嚼吸式口器	一部分高等膜翅目昆虫所特有，如蜜蜂

4. 昆虫触角主要类型的观察

昆虫触角形状极其多样，甚至同种昆虫雌雄也不相同，触角分柄节、梗节、鞭节 3 部分。取金龟甲、蝴蝶、蜜蜂、天蛾、家蝇、白蚁、蝉，根据昆虫分类工具书进行判别。

5. 昆虫翅的主要类型观察

（1）取天蛾的翅，认识翅的 3 条边、3 个角和 4 个区。

用镊子取下天蛾的前、后翅，将翅置于培养皿中，滴几滴煤油浸润，用毛笔在解剖镜下将鳞片刷去，与模式脉相图相比较辨认各脉。

注：注意翅间连锁方式。

（2）观察金龟子、蝽象、家蝇、蓟马的翅，注意它们的质地以及翅上的附属物。

6. 昆虫足的主要类型观察

取水龟甲、蜜蜂、蝗虫、蝼蛄、步甲、螳螂，观察其前足或后足特征。

五、结果分析

（1）根据观察数据，描述常见昆虫外部形态特征，填写表 6-36。

表 6-36 常见农业昆虫外部形态观察

序号	名称	目、科	主要外部形态特征					备注
			一般形态特征	头式	触角	翅	足	

（2）绘制蝼蛄、蓟马、白蚁的外部形态图，并注明各部分名称。

六、注意事项

（1）结合当地实际情况，选择金龟子、蜜蜂、家蝇、天蛾、蟋蟀、蝗虫、粉蝶、白蚁、蝽象、蝼蛄、螳螂、蓟马、夜蛾、步甲、蝉等标本及植物受害状植株。

（2）仔细观察，如实填写。

实验十五　常见农业昆虫口器形态观察

一、实验目的

了解农业昆虫口器的类型及基本构造，掌握常见农业昆虫口器形态观察方法。

二、实验原理

根据口器在头部着生的位置，农业昆虫口器分类如表 6-37 所示。

表 6-37　常见农业昆虫口器

类型	观察要点
下口式	口器向下，与身体的纵轴垂直，如蝗虫、黏虫等
前口式	口器向前，与身体纵轴平行，如步行虫、草蛉幼虫等
后口式	口器向后斜伸，与身体纵轴成一锐角，不用时常弯贴在身体腹面，如蝽象、蝉、蚜虫等

三、实验材料与设备

1．实验材料

天蛾、家蝇、天牛、蝽象、蝇蛆、蝗虫、蜜蜂、蝉等。

2．实验设备

解剖镜、解剖针、扩大镜、蜡盘、镊子、玻片等。

四、实验方法

1．咀嚼式口器的基本构造

（1）解剖。

取蝗虫头一个，取下悬于唇基下面的一片上唇，左右方向取下上颚，将头部反转沿后头孔上下方向取下下颚（注意不要把基部拉断），再将下唇和舌取下，各部分依次排列于玻片上，待观察。

（2）观察（表 6-38）。

表 6-38　咀嚼式口器的基本构造观察

部分	观察要点
上唇	衔接于唇基前缘的一个双层薄片，前缘中央凹入，外壁骨化，内壁膜质有密毛和感觉器官为内唇
上颚	由头部第一对附肢演化而来，是一对坚硬的、中空的锥状构造，其基部具有磨碎食物的粗糙面（臼齿叶），端部具齿，用以切碎食物的为切齿叶
颚	由头部第二对附肢演化而来，位于上颚之后，分为轴节、茎节、内颚叶、外颚叶和下颚须五部分
下唇	由头部第三对附肢演变而来，分为后颏、前颏、侧唇舌、中唇舌和下唇须五部分
舌	是由形成头部的几个体节的腹板突出而成（蝗虫的舌为一袋状构造），位于下唇的前方

2．刺吸式口器的基本构造

（1）解剖。

以蝉为例，用解剖针从基部将四根口针从沟内挑出，先分开的两根为一对上颚，余下不易分开的两根为一对下颚。

（2）观察（表 6-39）。

表 6-39　刺吸式口器的基本构造观察

部分	观察要点
上颚口针	包在下颚口针的外面两侧
下颚口针	里面由两条槽形成的粗细两管，即吸收液体的食物管和分泌唾液的唾管
舌	位于口前腔内，其背壁与唇基形成食窦唧筒，其两侧即舌侧叶并入头壳，位于后唇基两侧

3．嚼吸式口器的基本构造

以蜜蜂为例，观察蜜蜂口器的上唇、上颚、下唇、下颚、轴节、亚颏等，找出它们的位置（表 6-40）。

表 6-40　嚼吸式口器的基本构造观察

部分	生物学特征
上唇	一横条状
上颚	发达，用于咀嚼花粉和筑巢
喙	下颚、下唇合并为一个取食——吮吸花粉和水分的主要器官

4．虹吸式口器的基本构造（表 6-41）

表 6-41　虹吸式口器的基本构造观察

部分	观察要点
上唇	仅有一狭条骨片
下颚	外颚极度延长
喙	下颚卷曲为“钟表发条”，内侧凹陷成槽，当两下颚嵌合在一起，便构成一个封闭的、管状的取食的食物道
下唇	须一般均甚发达

5．舐吸式口器的基本构造

以家蝇标本为例：

（1）头部腹面突出一个粗大的喙（由下唇形成的），喙的前端有两个椭圆形的瓣为唇瓣；

（2）在喙的基部（基喙）两侧有一对不分节的下颚须，喙的前壁凹成唇槽，一尖削的长片盖在唇槽的上面为上唇；

（3）用细针将上唇挑起，舌在唇槽中央，在唇瓣上有许多环沟，液体食物顺环沟流到前口，进入食物道。

6．观察几种幼虫口器类型

（1）蝇类幼虫的口器：蝇类幼虫（蝇蛆）的口器为刮吸式口器，蛆的头部不发达，缩入胸内，口器仅是一对口钩，口钩能上下活动，用以刮碎食物，然后借食窦咽筒的抽取作用，将液体食物吸入消化道。

（2）家蚕幼虫的口器：家蚕幼虫的口器为咀嚼口器，上唇及上颚正常，下唇、下颚和舌合并成为一个复合体，两侧为下颚，中央为下唇和舌，尖端具有突出的吐丝器。

五、结果分析

（1）根据观察数据，描述常见昆虫口器形态特征，填写表 6-42。

表 6-42　常见昆虫口器类型形态调查

序号	名称	目、科	主要口器类型					备注
			一般形态特征	刺吸式口器	嚼吸式口器	虹吸式口器	舐吸式口器	

（2）绘制咀嚼式口器构造图，并注明各部分名称。

（3）比较嚼吸式、咀嚼式、虹吸式、刺吸式口器的差别。

六、注意事项

（1）结合实际情况，选择天蛾、家蝇、天牛、蟒象、蝇蛆、蝗虫、蜜蜂、蝉等示范浸液标本。

（2）仔细观察，如实填写。

实验十六　常见农业昆虫采集、鉴定及标本制作

一、实验目的

了解农业昆虫采集、鉴定及标本制作的基本知识，掌握常见农业昆虫采集、鉴定及标本制作方法。

二、实验原理

标本是农业昆虫及其分布的实物性记录，其采集、鉴定和制作是有效地识别昆虫种类的基本建设工作，为研究其生物学、生态学以及害虫防治和益虫利用奠定基础。

三、实验材料与设备

1．实验材料

75%酒精、氰化钾等。

2．实验设备

捕虫网、昆虫针、解剖镜、放大镜、诱虫灯、镊子、毒瓶（氰化钾）、标签等。

四、实验方法

（一）昆虫采集

常见的昆虫采集方法有观察法、扫网法、灯诱法、马氏网法、陷阱法等，样线调查主要采用扫网法和马氏网法。所得的昆虫标本经形态学方法和 DNA 宏条形码技术对所采集到的标本进行鉴定，种类名称和数量记录并用于进一步的统计分析。

具体采样方法如下：

1．扫网法

在相应生境和区域内茶园中，沿样线匀速行走 200 m，于固定宽度 2 m 内对植物的正手位和反手位各扫网一次，重复 3 次，填入表 6-43。

大型鳞翅目昆虫（天蛾科、蚕蛾科等）标本用针管在其胸部注射 1 ~ 2 mL 100%酒精，于三角袋内保存；小型鳞翅目昆虫，用毒瓶杀死，于三角袋内保存；鞘翅翅目及半翅目昆虫（叶蝉等）直接保存于 70% ~ 80%的酒精；直翅目、广翅目、半翅目（蝉类）、膜翅目等，用毒瓶杀死，于棉层保存。

注：控制网口的水平，避免网内的昆虫逃逸。

2．马氏网法

在相应生境和区域内茶园中，于昆虫飞行路径上设置马氏网，用绳与钉子（或木桩）固定于较平整的地面，顶部倾斜为白色网，下部垂直面为黑色网，一面或多面向外开放让昆虫进入，并有一个垂直网面拦截昆虫飞行。

利用昆虫具有向上爬行或趋光的特性，在网内最高处设置一个盛有 100%酒精的收集瓶，5 d 后采集昆虫，收集方法详见扫网法，重复 3 次，填入表 6-43。

3．灯诱法

在相应生境和区域内茶园中，安装诱虫灯采集昆虫。

收集方法详见扫网法，重复 3 次，填入表 6-43。

注：（1）若无诱虫灯，可用撑杆挂白色幕布（3.0 m × 2.0 m），于幕布前方 0.1 m 处安置高压束灯（450 W），使高压束灯低于幕布上缘约 0.1 m；

（2）身体柔弱的膜翅目、广翅目以及小蛾类等，以及身体强壮的直翅目等昆虫，分别装入不同的毒瓶中进行毒杀；

（3）野外采集到的标本带回实验室后做进一步处理。

4．陷阱法

在相应生境和区域内茶园中，用塑料杯（高 9 cm，口径 7.5 cm）作为诱罐，杯中放置诱剂 40 ~ 60 mL，杯壁上方 1/4 处打一小孔；于诱罐口罩一塑料小碗，用铁丝将碗的一端固定好，铁丝另一端插入土中固定。

每个调查点设诱罐 30 个，由下而上开始设置，杯间隔 3 ~ 4 m；2 d 后收集各种昆虫，并更换诱剂，收集方法详见扫网法，重复 3 次，填入表 6-43。

注：常见诱剂为食醋（2.5 g/100 mL）、白糖、医用酒精（75%）和水的混合物，质量比为 2 : 1 : 1 : 20；塑料小碗的作用在于避免雨水过多使标本流失。

5．震落法

在相应生境和区域内茶园中，于茶树下铺白布或报纸，敲击树木使昆虫下落，并及时收集落下的昆虫，方法详见扫网法，重复 3 次，填入表 6-43。

或将捕虫网置于茶树枝条下，抖动枝条，使昆虫落入网内。

（二）昆虫鉴定

利用昆虫分类的工具书，将昆虫进行鉴定。

（三）多样性评估

1．基于形态学方法对茶树昆虫生物多样性评估

（1）多样性指数分析。

采用以下公式计算生物多样性指数（Shannon, 1949; Margalef, 1957; Pielou, 1966; Hunter & Gaston, 1988）：

Shannon-Wiener 多样性指数，表示的是生物多样性的综合指标，指数越大，说明多样性

越高，计算公式如下：

$$H' = \sum P_i \ln P_i,\ P_i = \frac{n_i}{N}(i = 1, 2, 3 \cdots s)$$

Margalef 丰富度指数，表示群落中物种数目的多少，丰富度指数越大，群落物种数目越多。计算公式如下：

$$d_s = \frac{s-1}{\ln N}$$

Pielou 均匀度指数，反映物种个体数目在群落中分配的均匀程度的指数。指数越高表示群落越均匀。计算公式如下：

$$E = \frac{H'}{H_{\max}},\ H_{\max} = \ln S$$

Simpson 指数，表示的是生物多样性的综合指标，侧重凸显群落的均匀性，指数值越大，群落均匀性越低，多样性越低。计算公式如下：

$$\lambda = \sum \frac{n_i - 1}{N(N-1)}$$

式中　n_i——样线内第 i 个物种的个体数；

N——样线内所有物种的个体数；

S——样线内调查到的物种数；

P_i——第 i 个物种个体数占总个体数 N 的比例，$P_i = n_i/N$。

采用单因素方差分析（One-way ANOVA）和 Duncan 检验比较 8 种不同生境类型内昆虫群落的个体数量及各生物多样性指数，显著性水平为 0.05。以 8 种生境类型内昆虫的个体数量、物种数量及各生物多样性指数作为基础，运用组间连接法进行聚类分析。以上分析在 SPSS 19.0 for Windows 中进行，结果可视化在 GraphPad Prism 6 中进行。

（2）聚类分析。

以 8 种生境类型内昆虫的个体数量、物种数量及各生物多样性指数作为基础，运用组间连接法进行聚类分析，得到树状关系形式用于可视化分析，分析在 SPSS 19.0 for Windows 中进行。

2．基于 DNA 宏条形码技术对茶树昆虫生物多样性评估

（1）稀疏性曲线。

对测序序列进行随机抽样，抽到的序列数与所能代表 OTU 的数目构建曲线，即为稀疏性曲线（Rarefaction Curve）。

（2）Rank-abundance 曲线。

Rank-abundance 曲线是分析多样性的一种方式。单一样品中，每一个 OTU 所含的序列数，将 OTUs 按丰度（所含有的序列条数）由大到小等级排序，再以 OTU 等级为横坐标，以每个 OTU 中所含的序列数（也可用 OTU 中序列数的相对百分含量）为纵坐标作图。

（3）Specaccum 物种累积曲线。

物种累积曲线图（Species Accumulation Curves）是用于描述随着样品量的加大物种增加的情况，被广泛用于样品量是否充分的判断以及物种丰富度的估计。

（4）多样性指数分析。

群落生态学中研究生物多样性，通过单样品的多样性分析（Alpha 多样性）可以反映生物群落的丰度和多样性，包括一系列统计学分析指数估计环境群落的物种丰度和多样性。

① 计算群落分布丰度（Co mmunity Richness）的指数有 Chao 指数和 Ace 指数。

Chao：用 Chao1 算法估计群落中含 OTU 数目的指数，chao1 在生态学中常用来估计物种总数，由 Chao (1984) 最早提出。计算公式如下：

$$S_{\text{chao1}} = S_{\text{obs}} + \frac{n_1(n_1-1)}{2(n_2+1)}$$

式中 S_{chao1}——估计的 OTU 数；

S_{obs}——实际观测到的 OTU 数；

n_1——只含有一条序列的 OTU 数目（如“single tons”）；

n_2——只含有两条序列的 OTU 数目（如“double tons”）。

Ace 是用来估计群落中 OTU 数目的指数，由 Chao 提出，是生态学中估计物种总数的常用指数之一，与 Chao 1 的算法不同。计算公式如下：

$$S_{\text{ACE}} = \begin{cases} S_{\text{abund}} + \dfrac{S_{\text{rare}}}{C_{\text{ACE}}} + \dfrac{n_1}{C_{\text{ACE}}}\hat{A}_{\text{ACE}}^2, \text{for } \hat{A}_{\text{ACE}} < 0.80 \\ S_{\text{abund}} + \dfrac{S_{\text{rare}}}{C_{\text{ACE}}} + \dfrac{n_1}{C_{\text{ACE}}}\hat{A}_{\text{ACE}}^2, \text{for } \hat{A}_{\text{ACE}} \geqslant 0.80 \end{cases}$$

式中

$$N_{\text{rare}} = \sum_{i=1}^{\text{abund}} in_i, C_{\text{ACE}} = 1 - \frac{n_i}{N_{\text{rare}}}$$

$$\hat{A}_{\text{ACE}}^2 = \max\left[\frac{S_{\text{rare}}\sum_{i=1}^{\text{abund}} i(i-1)n_i}{C_{\text{ACE}}N_{\text{rare}}(N_{\text{rare}}-1)} - 1, 0\right]$$

$$\hat{A}_{\text{ACE}}^2 = \max\left\{\hat{A}_{\text{ACE}}^2\left[1 + \frac{N_{\text{rare}}(1-C_{\text{ACE}})\sum_{i=1}^{\text{abund}} i(i-1)n_i}{N_{\text{rare}}(N_{\text{rare}}-C_{\text{ACE}})}\right], 0\right\}$$

n——含有 i 条序列的 OTU 数目；

S_{rare}——含有“abund”条序列或者少于“abund”的 OTU 数目；

S_{abund}——多于“abund”条序列的 OTU 数目；

abund——“优势”OTU 的阈值，默认为 10。

② 计算群落分布多样性（Co mmunity Diversity）的指数有 Shannon 指数、Simpson 指数和 Coverage 指数。

Shannon 指数：用来估算样品物种生物多样性指数之一。它与 Simpson 多样性指数常用于反映 alpha 多样性指数。Shannon 指数值越大，说明群落多样性越高。计算公式如下：

$$H_{\text{shannon}} = -\sum_{i=1}^{s_{\text{obs}}} \frac{n_i}{N} \ln \frac{n_i}{N}$$

式中　S_{obs}——实际观测到的 OTU 数；

n_i——第 i 个 OTU 包含的序列数；

N——所有个体数目，此处为序列总数。

Simpson 指数：用来估算样品中物种多样性指数之一，由 Edward Hugh Simpson (1949) 提出，在生态学中常用来定量描述一个区域的生物多样性。Simpson 指数值越大，说明群落多样性越低。计算公式如下：

$$D_{\text{simpson}} = \frac{\sum_{i=1}^{s_{\text{obs}}} n_i(n_i - 1)}{N(N-1)}$$

式中　S_{obs}——实际观测到的 OTU 数；

n_i——第 i 个 OTU 包含的序列数；

N——所有个体数目，此处为序列总数。

Coverage 指数：各样品文库的覆盖率，其数值越高，则样本中序列没有被测出的概率越低。该指数实际反映了本次测序结果是否代表样本的真实情况。计算公式如下：

$$C = 1 - \frac{n_i}{N}$$

式中　n_i——只含有一条序列的 OTU 数目（如“singletons”）；

N——所有个体数目，此处为序列总数。

以上数据处理在软件 mothur 中进行。

（5）基于物种丰度的聚类分析。

样本聚类树图可以通过树枝结构直观地反映出多组样品间的相似性和差异关系。首先根据 beta 多样性距离矩阵进行层次聚类（Hierarchical Cluatering）分析，再使用非加权组平均法（Unweighted Pair Group Method with Arithmetic Mean，UPGMA）算法构建树状结构，得到树状关系形式用于可视化分析。

（6）基于 UniFrac 的 PCoA 分析。

UniFrac 用于 beta 多样性的评估分析，即对样品两两之间进行比较分析，得到样品间的 unifrac 距离矩阵。PCoA (Principal Co-ordinates Analysis)是一种研究数据相似性或差异性的可视化方法，通过一系列的特征值和特征向量进行排序后，选择主要排在前几位的特征值，PCoA 可以找到距离矩阵中最主要的坐标，结果是数据矩阵的一个旋转，它没有改变样品点之间的相互位置关系，只是改变了坐标系统。通过 PCoA 可以观察个体或群体间的差异。

（7）RDA/CCA 分析。

冗余分析（Redundancy Analysis, RDA）或者典范对应分析（Canonical correspondence analysis, CCA）是基于对应分析发展而来的一种排序方法，将对应分析与多元回归分析相结合，每一步计算均与环境因子回归，又称多元直接梯度分析。主要是用来反映物种群落与环境因子之间的关系。RDA 是基于线性模型，CCA 是基于单峰模型。分析可以检测环境因子，样品，群落结构三者之间的关系或者两两之间的关系。

RDA 和 CCA 模型的选择原则：先用 Species-Sample 数据（97%相似性的样品 OTU 表）做 DCA 分析，看分析结果中 Lengths of gradient 的第一轴的大小，如果大于 4.0，就应该选 CCA，如果为 3.0 ~ 4.0，选 RDA 和 CCA 均可，如果小于 3.0，RDA 的结果要好于 CCA。

（四）昆虫标本制作

1．针插昆虫标本

按各种不同的昆虫种类，以不损坏分类特征为原则，用昆虫针以垂直角度插入虫体。

注：常见部位前胸背板后部、背中线稍右方处。

2．固定昆虫和标签的高度

固定昆虫的高度为第三级；第二级是固定采集标签的高度，体大的昆虫，标签高度可用第一级校正；第一级是固定学名标签和校正虫体背面的高度。

3．整姿展翅

触角向前伸，挑开足，前足向前，中足向后，后足弯曲，即保持自然状态。

若为蛾蝶、蜻蜓、蜂、蝇等带翅昆虫，将插针标本置于展翅板槽沟中，使虫体背面与两侧的板面水平；将前翅向前移，使其后缘平展与虫体纵轴垂直，用小纸片压住，再以大头针固定小纸片；将后翅也向前移，使其前缘平展与前翅后缘水平，同样方法固定。

4．烘　干

插好标签，于 40 ~ 50 °C 烘干或自然干燥，即可永久保存。

注：个体小的，3 ~ 4 d；虫体大的，5 ~ 7 d。

五、结果分析

（1）根据观察数据，填写表 6-43。

表 6-43　昆虫采集及观察记录

学名：　　　　　　　　　　　　　　　　　　　俗名：

采集对象：♂□，♀□　成虫□，蛹□，幼虫□，卵□，其他：		
时间：　年　月　日，日间（晴□阴□雨□）/夜间（星空□乌云□），晨□，昏□		
采集地：温度　°C，湿度　%，风速　m/min，海拔　m		
生态地：草原□湿地□水田□旱田□阔叶林□针叶林□矮树丛□池塘□湖泊□溪流□砂地□室内□其他＿＿＿＿		
栖所：有巢□自由游走□群聚□	巢型：	所利用材料：
寄主：	采集方法：	采集者：
标本暂时编号：	标本编号：	照相编号：
其他记载：		

（2）根据观察数据，评估观察点的生物多样性。

六、注意事项

（1）氰化钾，须妥善保管，小心使用；用过毒瓶后，必须洗手。

（2）采集蝶类标本时，可在网外先用手捏住胸部再放入毒瓶内，或放入三角袋后再毒杀；对捕到的蜂类，用镊子夹入毒瓶内，以免被刺中毒；对栖息于草丛中的昆虫可用扫网捕捉，对水栖昆虫则用水网捞捕。

实验十七　茶树主要虫害发生与危害程度的调查

一、实验目的

了解常见茶树主要虫害发生与危害程度及其发生动态，掌握茶树主要虫害发生与为害程度调查方法。

二、实验原理

农业有害昆虫的发生规律、种群数量，及虫口基数、生理状态等内因和温度、湿度、光照、风、雨、农事等外因综合作用，导致植物虫害。

依据科学的方法对病虫害的发生期、发生量、危害程度和扩散分布趋势进行准确的观察调查，从而适时采取恰当的防治措施而有效地控制病虫为害。

三、实验材料与设备

1．实验材料

虫害茶园茶树枝条。

2．实验设备

捕虫网。

四、实验方法

1．茶树虫害发生分布类型及调查取样

（1）分布类型。

① 随机分布：适用3点取样法或对角取样法；

② 聚集分布：取样时量可稍多，常用分行取样或棋盘式取样；

③ 嵌纹分布：取样时量可稍多，每个样点可适当小些，宜用“Z”形或棋盘式取样。

（2）取样方法。

常用的取样方法有 5 点取样、分行取样、Z 字形取样、单对角线取样、双对角线取样、棋盘式取样、平行跳跃取样。

（3）取样单位。

依据病害的分布类型，以调查病虫种群，采用相应的取样方法，常见取样单位如下：

① 长度：1 m 或 10 cm 枝条上病虫数量；

② 面积：m^2 等计数单位面积上病虫数量；

③ 体积：m^3 等计数单位体积内病虫数量；

④ 时间： min、h 等统计单位时间内观测到的病虫数量；

⑤ 部位：叶、芽、花、果或茎等寄主植物体组织；

⑥ 器具：捕虫网，计数每网捕捉到的昆虫数量。

2．茶树害虫调查统计方法

（1）列表法。

操作简单，信息量较大，包括序号、表题、项目、附注等，可表达多个变数的变化。

（2）图解法。

简明直观，可显示最高点、最低点、中点、拐点和周期等，表达出种群、群落或某个生理过程中语言难以准确描述的变化趋势。

五、结果分析

根据观察数据，计算茶树虫害密度、受害情况、病情指数等。

1．虫害密度

（1）易于计数时，可数性状用数量法，调查后折算成单位面积（或体积）的数量，如每平方米受害情况、每叶虫孔数以及每株害虫数等。

（2）不易计数时，采用等级法：

0 级为每叶 0 头；

1 级为每叶 1 ~ 50 头；

2 级为每叶 51 ~ 100 头；

3 级为每叶 101 ~ 150 头；

4 级为每叶 151 ~ 200 头；

5 级为每叶 200 头以上。

（3）茶树受害发生的基本情况，常用“+”的个数来表示数量的多少，如“+”表示偶然发现，“++”表示轻微发生，以此类推，分别表示较多、局部严重、严重发生等。

2．受害情况

$$\text{被害率} = \frac{\text{被害（茎、叶、花、果）数}}{\text{调查总株（茎、叶、花、果）数}} \times 100\%$$

3．病情指数

病害可造成芽、叶、花、果、茎以及根部的病变，把田间取样结果分级计数，代入公式：

$$病情指数=\frac{\sum(各级值\times相应级的叶数)}{调查总叶数\times最高级值}\times100\%$$

六、注意事项

（1）茶树虫害，可造成芽、叶、花、果、茎以及根部的病变。

（2）调查统计中常用的平均数、样本方差与标准差、变异系数等应用与分析请参考生物统计方面的教材。

实验十八　茶树主要害虫形态特征观察

一、实验目的

了解茶树主要虫害的形态特征和危害特点，掌握茶树主要害虫形态特征观察方法。

二、实验原理

茶树食叶类害虫是一类对茶叶生产威胁性较大的爆发性害虫，一般具有咀嚼式口器，其中以食叶类鳞翅目害虫、象甲类害虫和卷叶类鲜翅目害虫较为常见，主要的种类有茶丽纹象甲、茶尺蠖、茶小卷叶蛾和茶毛虫等。

茶树刺吸性口器害虫一般虫体小，全年发生的代数多，常有世代重叠的现象，多为蚜虫、椿象、小绿叶蝉、蚧虫雌虫等不完全变态，少数为蚧虫雄虫等完全变态。

茶树钻蛀性害虫，主要以幼虫钻蛀为害茶树枝梢、侧枝、主枝等，造成树势衰弱，芽梢枯萎，甚至整株枯死。

茶树地下害虫即在土壤内为害茶树地下部分或近地面嫩芽的害虫，常见的地下害虫主要有白蚁、小地老虎、金龟子（幼虫称蛴螬）和大蟋蟀等。

三、实验材料与设备

1．实验材料

茶树食叶性害虫的生活史标本或茶园叶片受害部分，茶树刺吸式口器害虫标本及茶树受害状植株，茶树钻蛀性害虫标本及茶树受害状植株，茶树地下害虫的标本及茶树受害状植株。

2．实验设备

双目体视显微镜、生物显微镜、光学解剖镜、解剖刀、放大镜、培养皿、蜡盘、镊子、挑针等。

四、实验方法

（一）茶树食叶性害虫形态特征观察

1．茶尺蠖类观察（表 6-44）

表 6-44　茶尺蠖类观察

部分	观察要点
成虫	体长约 11 mm，翅展约 25 mm，灰白，翅面散生黄褐至黑褐鳞粉，前翅有 4 条黑褐色波状纹，外缘有 7 个小黑点，后翅线纹与前翅隐约相连，外缘有 5 个小黑点
卵	椭圆形，鲜绿至灰褐色，常数十至百余粒堆成卵块，并覆有灰白色丝絮
成熟幼虫	体长约 30 mm，黄褐至灰褐，第 2～4 腹节背面有隐约的菱形花纹，第 8 腹节背面有明显的倒“八”字形黑纹
蛹	长约 12 mm，红褐色，第 5 腹节两侧有一眼形斑

2．刺蛾类观察

受害植物叶片被剥食叶肉或吃光叶片（表 6-45）。

表 6-45　刺蛾类观察

部分	观察要点
成虫	一般体较粗壮多毛，多黄、绿、褐色；喙退化，翅宽而密被厚鳞
幼虫	蛞蝓型，体上具枝刺，头内缩，胸足退化，腹足吸盘状

3．毒蛾类观察

受害植物叶片呈缺刻状或被食光（表 6-46）。

表 6-46　毒蛾类观察

部分	观察要点
成虫	一般翅较圆钝，鳞片很薄，雌虫腹末常有毛簇
幼虫	体多毒毛，常见毛瘤、毛丛或毛刷，腹部第 6～7 节各有 1 个翻缩腺

4．卷蛾类观察

（1）观察长卷叶蛾、褐卷叶蛾、双斜卷蛾的生活史标本及受害植物，识别其各虫态形态特征。

（2）受害植物叶片常被啃食成灰白色网状并被丝黏连成筒状。

（二）茶树刺吸式口器害虫形态特征观察

1．叶蝉类观察（表 6-47）

表 6-47　叶蝉类观察

部分	观察要点
成虫	体长约 3.5 mm，翅长约 3.8 mm，全体黄绿色，头顶中部隐约有 2 个暗绿色斑点、前方 2 个绿色小圆圈，前翅黄绿色半透明，腹部全部鲜绿色
卵	香蕉形，孵化前头端一对红点
若虫	浅黄至黄绿色，共 5 龄，翅随龄期增大而加长，喜在嫩梢芽叶上爬行

2．蚧类形态观察（表 6-48）

表 6-48　蚧类形态观察

部分	观察要点
雌虫	介壳灰白色，狭长略弯茄状，长约 1.5 mm，后端稍宽、前端有一褐色壳点
雄虫	体细弱，体淡紫色，具翅一对，腹未有交尾器
卵	椭圆形，淡紫色，产在介壳下
初孵若虫	椭圆形，可爬行，有足、触角，淡紫色，腹未有 2 根尾毛，固定后在体背分泌蜡质形成介壳

3．粉虱类观察（表 6-49）

表 6-49　粉虱类观察

部分	观察要点
成虫	体长约 1.2 mm，橙黄色，复眼红色；前翅紫褐色，周缘有 7 个白斑；后翅淡紫色，无斑纹，体表薄覆白色蜡粉
卵	香蕉形，有一短柄固着在叶背上，一端较圆钝；初产时乳白色，后渐转为黄褐色、紫褐色
幼虫	长椭圆形，可爬行，有足；初孵时淡黄色，后很快转黑色，背面出现 2 条白色蜡线呈“8”字形；随着虫体增大，背面出现黑色粗刺，周围出现白色蜡圈

（三）茶树钻蛀性害虫形态特征观察

1．茶枝镰蛾观察（表 6-50）

表 6-50　茶枝镰蛾观察

部分	观察要点
成虫	体、翅茶褐色，体长 15～18 mm，翅展 32～40 mm，触角黄白色丝状
卵	马齿形，长 1 mm，浅米黄色
末龄幼虫	中央生一个浅黄色“人”字形纹，体长 30～40 mm，头细小，头部黄褐色，胸部略膨大
蛹	长圆筒形，长 18～20 mm，黄褐色，腹末具突起 1 对

2．茶红颈天牛观察（表 6-51）

表 6-51　茶红颈天牛观察

部分	观察要点
成虫	头和前胸酱红色，腹部橙黄色，前胸背板中部有 1 疣突，体长 9～11 mm；复眼黑色；触角柄节酱红色，第 3、4 节基部橙黄色，其余皆为黑色；鞘翅蓝色带紫色光泽，散生粗刻点；各足跗节及胫节端部 1/3～2/3 黑色，其余橙黄色；全体多毛；5 月上旬至 6 月中旬出现成虫，取食叶片使叶背主脉呈黄褐色纵条状斑纹；产卵前成虫在树干上咬成一个八字形裂纹，将卵产于皮层下，导致树势衰退，枝干枯萎
卵	圆柱形，乳黄色，长约 2 mm，两端稍尖
幼虫	于枝干内越冬，次年 4 月上旬至 5 月中旬化蛹
老熟幼虫	半透明，黄白色，表皮薄，体长约 20 mm

3．茶枝小蠹虫观察

一年发生 3 ~ 6 代，世代重叠，幼虫在虫道口内越冬；成虫喜干怕湿，干旱季节茶树易受害（表 6-52）。

表 6-52　茶枝小蠹虫观察

部分	观察要点
成虫	圆筒形，褐色至黑褐色，体长 2.4 mm；头半圆体，头向下呈半球状，隐蔽于前胸下方；前胸背板发达，背面隆起；1 ~ 2 月和 4 ~ 6 月为危害盛期，以成虫蛀食离地面 0.5 m 内的主干或 1 ~ 2 级分枝茶树枝干木质部，形成较规则的分支状蛀道，孔口有米黄色粪便堆呈圆柱状
卵	椭圆形，长 0.6 mm，白色至浅黄色
幼虫	肥而多皱，体略弯曲，体长 2 ~ 4 mm，头黄色，体白色，无足
末龄幼虫	较肥胖，体长 3 ~ 4 mm，体白色，头黄褐色，足退化
蛹	椭圆形，雌蛹 2.4 mm，雄蛹 1.2 mm，初为乳白色，后变黄褐色

（四）茶树地下害虫形态特征观察

1．黑翅土白蚁观察

（1）白蚁为多型性社会性昆虫，营巢群栖，有生殖蚁、非生殖蚁和有翅蚁、无翅蚁之分；具翅者 2 对翅狭长，膜质，大小、形状及翅脉相同。

（2）生殖蚁分为长翅型、短翅型、无翅型 3 类：长翅型为原始繁殖蚁，有长翅，1 个蚁巢内一般有 1 对雌雄长翅生殖蚁，即蚁王和蚁后；短翅型为补充繁殖蚁，只有 2 对发育不全的翅芽，由少数若蚁发育而成，生殖力较小；无翅型无繁殖能力，完全无翅，形似肥大的工蚁。

（3）非生殖蚁无繁殖能力，完全无翅，为蚁巢中数量最多的工蚁和为数较少的兵蚁。

2．金龟子观察

（1）金龟子体椭圆形，多中大型，触角鳃叶状末端 3 ~ 5 节膨大成片状，可自由张合，前足胫节扁而宽，适于掘土。

（2）幼虫蛴螬型，体白至黄白色，腹部末端腹板宽大，肛门横列，其前肛毛数量和排列是幼虫分种的重要依据。

3．大蟋蟀观察

（1）成虫体大型，长 30 ~ 40 mm，黄褐色，头大，复眼黑色；前胸背板宽广，前缘宽于后缘，中央有 1 纵线，足腿节膨大，胫节内侧下部具 2 列粗刺，各 4 ~ 5 个。

（2）雌虫产卵器较其他蟋蟀为短，约 5 mm。

五、结果分析

（1）根据观察数据，描述茶树食叶性害虫的形态特征及危害状，填写表 6-53。

表 6-53　茶树食叶性害虫调查

序号	害虫名称	目、科	主要形态特征			主要危害状	备注
			成虫	幼虫	卵		

（2）根据观察数据，描述茶树刺吸式口器的形态特征及危害状，填写表 6-54。

表 6-54　茶树刺吸式口器调查

序号	害虫名称	目、科	主要形态特征			主要危害状	备注
			成虫	幼虫	卵		

（3）根据观察数据，描述茶树钻蛀性害虫的形态特征及危害状，填写表 6-55。

表 6-55　茶树钻蛀性害虫调查

序号	害虫名称	目、科	主要形态特征			主要危害状	备注
			成虫	幼虫	卵		

（4）根据观察数据，描述茶树地下害虫的形态特征及危害状，填写表 6-56。

表 6-56　茶树地下害虫调查

序号	害虫名称	目、科	主要形态特征			主要危害状	备注
			成虫	幼虫	卵		

（5）绘制茶尺蠖、叶蝉类、茶枝镰蛾、黑翅土白蚁形态特征，并注明各部分名称。

六、注意事项

（1）结合地方实际情况，选择常见食叶性、刺吸式口器、钻蛀性、地下害虫的标本及茶树受害状植株进行观察。

（2）仔细观察，如实填写。

（3）水土流失、管理粗放、偏施氮肥茶园中长势较差、抗逆性较弱的茶树受害较重。

实验十九　基于代谢组与微生物组研究茶树-病害互作机理

一、实验目的

了解代谢组-微生物组及茶树-病害互作的相关知识，掌握基于代谢组与微生物组研究茶树-病害互作机理的方法。

二、实验原理

采用 16S rDNA 技术，对植物病害组织微生物多样性进行分析，旨在对植物组织感染过程中差异微生物进行功能注释和代谢途径分析，为抗病害植株筛选提供参考依据；利用代谢组学分析从整体上检测植物组织感染过程中代谢产物的变化，并着重于组织感染中特征微生物的调控和产物的变化分析。

三、实验材料与设备

1．实验材料

茶树病害组织。

2．实验试剂

甲醇，色谱纯；乙腈，色谱纯；乙醇，色谱纯；标准品，色谱纯；交联聚乙烯吡咯烷酮（Polyvinylpyrrolidone cross-linked，PVPP）；苯甲基磺酰氟（Phenylmethylsulfonyl fluoride，PMSF）；乙二胺四乙酸（Ethylene diamine tetraacetic acid，EDTA）、三氯乙酸（Trichloroacetic acid，TCA）、碘代乙酰胺（Iodoacetamide，IAM）、2-D Quant Kit（GE Healthcare）、二硫苏糖醇（D, L-Dithiothreitol，DDT）、低分子量 Marker（97，66，43，31，20，14 kD）、脱色液（25% Ethanol，8% Acetic acid）、染色液（0.2% Coomassie blue R-250，10% Acetic acid，50% Formic acid）、Bradford Protein Assay Kit 试剂盒、8-plex i TRAQ 标记试剂盒（Applied biosystems）、四乙基溴化铵（Tetraethylammonium bromide，TEAB）、甲酸（Formic acid，FA）、胰蛋白酶（TPCK-Trypsin，Promega）、乙腈（Acetonitrile，ACN）等。

RNAplant Plus RNA 提取试剂盒（TIANGEN BIOTECHCO，LTD）、ReverTra Ace qPCR RT Kit 和 SYBR® Green Realtime PCR Master Mix-Plus qRT-PCR 试剂（TOYOBO 公司）等。

注：标准品以二甲基亚砜（DMSO）或甲醇作为溶剂溶解后，－20 °C 保存，质谱分析前用 70%甲醇稀释成不同梯度浓度。

3．实验设备

冷冻离心机 Centrifuge 5804R（Eppendorf 公司）；电泳仪；DYY-in 型稳压仪；紫外凝胶成像系统（Bio IMAGING SYSTEM）；SMA3000 分光光度计；PCR 仪（Personalcycler，Bionietra

公司），qRT-PC 仪器，Roche Light Cycler 480 Ⅱ；RNA 质量检测，Agilent Technologies 2100 Bioanalyzer、Illu mina Cluster Station 和 Illu mina Hi Seq™2000 系统；LTQ-Orbitrap HCD、LC-20AB HPLC Pump system、LTQ Orbitrap Velos（Thermo）、Nano Drop 分光光度计等。

四、实验方法

（一）代谢组

参考第四章实验二十三。

（二）微生物组

1．DNA 提取

取 100 mg 样品离心后，加入 1.4 mL 裂解缓冲液（ASL），混合均匀，用 GENEWIZ 公司粪便 DNA 提取试剂盒抽提样品微生物的总 DNA，详细步骤参照说明书进行。

2．PCR 扩增

以 30 ~ 50 ng DNA 为范本，采用包“CCTACGGRRBGCASCAGKVRVGAAT”序列的上游引物和包含“GGACTACNVGGGTWTCTAATCC”序列的下游引物扩增 V3 和 V4 区。另外，通过 PCR 向 16SrDNA 的 PCR 产物末端加上带有 Index 的接头，以便进行 NGS 测序。

3．生物信息学分析

使用 Agilent 2100 生物分析仪（Agilent Technologies，Palo Alto，CA，USA）检测文库质量，并通过 Qubit2.0 Fluorometer（Invitrogen，Carlsbad，CA）检测文库浓度。DNA 文库混合后，按 Illu mina MiSeq（Illu mina，San Diego，CA，USA）仪器使用说明书进 PE250/300 双端测序，由 MiSeq 自带 MiSeq Control Software（MCS）读取序列信息。

五、结果分析

通过整合代谢组学和 16S rDNA 测序分析，可以对微生物与代谢物之间的相互关系进行研究，如微生物菌群与其生存环境的关系，代谢物对微生物稳态的影响，菌群改变在复杂疾病中的作用机理，微生物菌群的生理作用与其代谢产物及其代谢功能之间的相互作用关系及微生物菌群参与的多种代谢调控途径等。

目前，关于微生物多样性与植物组织代谢表型的关系，以及微生物如何影响植物组织代谢功能的研究是代谢组学与16S测序整合分析研究的一个非常典型的案例；此外，还有研究表明不同的植物病害症状中微生物群落和代谢物种类之间具有很高的相关性，可通过代谢组学和16S rDNA测序整合分析的方法研究代谢物-微生物-病害之间的关系（图6-2）。

（1）代谢组分析。

① WGCNA 软件对代谢物聚类分析；

② OTU 相对表达量筛选；

③ 代谢物模块与 OTU 相关性分析；

④ 代谢物模块-OTU 聚类分析；

⑤ 代谢物模块-OTU 网络调控分析；

⑥ 代谢物 WGCNA 聚类分析，确定代谢物聚类模块。

（2）16S rDNA 分析。

① OTU 分析及物种注；

② 样本复杂度分析（Alpha Diversity）；

③ 多样本比较分析（Beta Diversity）；

④ 组间群落结构差异显著性分析；

⑤ 环境相关分析；

⑥ 进阶相关分析；

⑦ 高级分析（Beta Diversity）；

⑧ 组间群落结构差异显著性分析。

（3）通过相关性分析找到代谢物模块与功能基因的相互作用。

（4）逐一抽取法提取核心功能基因对应的主要微生物。

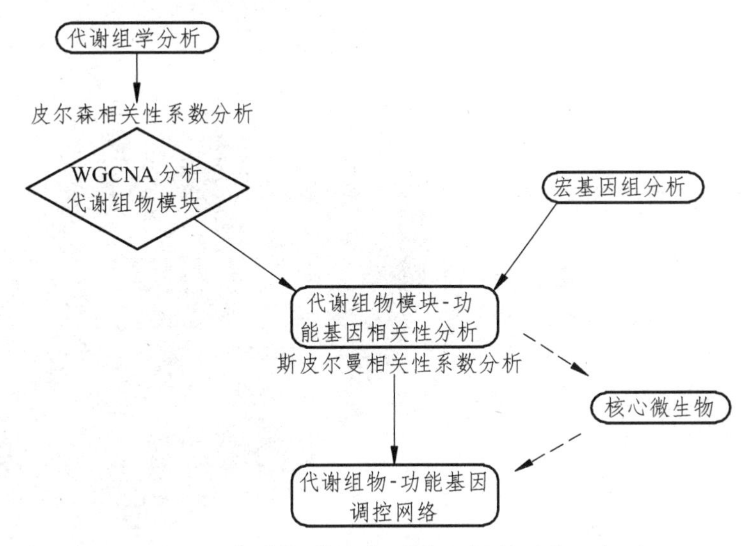

图 6-2　代谢物-微生物-病害之间关系的研究

六、注意事项

（1）挥发性或腐蚀性液体离心时，应使用带盖的离心管，并确保液体不外漏，以免腐蚀机腔或造成事故。

（2）戴一次性手套，若不小心溅上反应液，立即更换手套；

（3）操作时设立阴阳性对照和空白对照，即可验证 PCR 反应的可靠性，又可以协助判断扩增系统的可信性；

（4）重复实验，验证结果，慎下结论。

03 溯源篇

第七章 茶叶质量安全溯源体系

第一节 茶叶质量安全溯源

一、概 念

1．可追溯性（traceability）

从供应链的终端（产品使用者）到始端（产品生产者或原料供应商）识别产品或产品成分来源的能力，即通过记录或标识追溯农产品的历史、位置的能力。

2．农产品流通码（code on circulation of agricultural products）

农产品流通过程中承载追溯信息向下游传递的专用系列代码，所承载的信息是关于农产品生产和流通两个环节的。

3．农产品追溯码（code on tracing of agricutural products）

农产品终端销售时承载追溯信息直接面对消费者的专用代码，是展现给消费者具有追溯功能的统一代码。

二、国外溯源系统发展

2000 年 1 月欧盟发布了《食品安全白皮书》，以控制“从农田到餐桌”全过程为基础，明确了所有相关生产经营者的责任，截至当前，欧盟颁布了 178/2002 号法令，加拿大强制执行了牛肉标识制度，美国宣布了《鱼贝类产品的原产国标签暂行法规》，韩国执行了农产品追溯系统，日本规定了所有农产品追溯系统。具体情况见表 7-1。

表 7-1 各发达国家和地区农产品及食品的追溯情况

国家/地区	年份	具体内容
欧盟	2000	发布《食品安全白皮书》
欧盟	2002	颁布 178/2002 号法令
加拿大	2002	活牛及牛肉制品标识制度
美国	2002	通过《生物反恐法案》
美国	2005	鱼贝类产品的原产国标签暂行法规
日本	2005	所有农产品实行可追溯系统
韩国	2006	全国执行农产品可追溯系统

三、我国溯源系统建设与发展

（一）农产品质量安全现状及发展现状

从20世纪90年代开始，农产品质量安全问题便逐渐引起消费者的注意，各类由农产品所引发的病症层出不穷，如疯牛病、口蹄疫、禽流感等。中国近年来也发生了多例影响较大的农产品质量安全事件，较为严重的如表7-2所示。

表7-2　近年来中国食品安全事件

年份	食品质量安全事件
2004	阜阳劣质奶粉事件造成12名婴儿死亡
2005	苏丹红事件在全社会造成了不良影响
2006	上海市发生疑似瘦肉精食物中毒事故
2008	“三鹿”事件几乎动摇了整个中国奶粉业
2010	“地沟油”事件引发社会震荡
2011	“瘦肉精”事件致使公众对肉制品需求的减少 中国台湾地区300多家品牌旗下900多种塑化剂超标
2013	硫黄熏制“毒生姜”推高生姜价格
2014	上海福喜过期肉大事件 中国台湾地区顶新黑心油大事件 沃尔玛“过期肉”和“真假驴肉”事件
2015	走私“僵尸肉”流入餐桌事件 中国台湾地区含避孕药牛奶事件 赖中超卤味烤肉店加工、销售有毒有害食品案 秦晋中医糖尿病研究所生产、销售有毒有害食品案 “7·21”特大生产、销售有毒有害食品案 桂坤酒厂等生产、销售有毒有害配制酒案
2016	医疗垃圾制作一次性餐具
2017	无矾油条铅超标 九江大米镉污染
2018	山西平遥陈醋造假事件

为了及时确保某一具有质量安全隐患的目标退出市场，减少产品的召回量，同时增加产业的透明度，保护消费者的知情权、选择权等合法权益。始于2002年，我国已对农产品溯源进行研究，已构建了商品条码食品安全追溯平台及相关配套设施，初步形成了部、省、县相互配套、互为补充的农产品质量安全检测体系，为加强农产品质量安全的监管提供了技术支撑。由于农产品传统经营模式的局限性，我国农业和食品业受到了较大的影响，与发达国家相比还有一定的差距，大力履行和推广溯源系统以确保农产品质量已刻不容缓。

（二）农产品和食品质量安全溯源系统的关键技术

1．环境因素检测技术

农作物的生长及农产品和食品的加工、运输、存储等过程，与环境因素的分析和控制息息相关；在茶叶供应链中所需要考虑的温度、湿度、光照、海拔、降雨量等环境因素，相关指标的检测方法准确度及设备精密度是评价环境因素的关键点。

2．地理空间科学与技术

地理信息系统（Geographic Information Systems，GIS）、全球定位系统（Global Positioning Systems，GPS）等技术的研究和发展，为农产品溯源提供了极大的可能性。GIS 是指用于采集、存储、管理、处理、检索、分析和表达地理空间数据的计算机系统，拥有很高的空间信息管理的综合分析能力；GPS 具有高精度定位功能，与 GIS 配合使用，为及时、有效、准确、全面地获取农田或畜牧场环境信息打下了扎实的技术基础，同时也为及时掌握重点区域的环境质量状态以及对其进行动态评价提供一种新的技术手段。

3．农产品和食品的标识技术

目前，农产品和食品的标识技术常采用条码和射频识别（RFID）作为数据载体。条码，多为一维码或二维码，通过一系列的数字和字母对产品特征信息进行编码；RFTD 可唯一标识每一个产品，对农产品和食品从生产、加工、存储、运输等进行全过程全方位的监控和管理，可实现“从农田到餐桌”全过程的跟踪和追溯。

4．质量安全检测技术

当产品出现质量问题时，准确地悉知问题所在并及时召回相应产品是评价溯源系统是否成功的一个重要指标；而前者是先决条件，通常利用检测仪器、应用程序等对产品保质期、质量、安全状态进行精确的检测，常用仪器有嫩度计、硬度计、压力敏感系统检测、磁共振检测等无损检测技术。

5．基因分析技术

基于聚合酶链式反应（Polymerase Chain Reaction，PCR）进行农产品的基因检测技术，其基本原理类似于 DNA 的天然复制过程，具有特异、敏感、产率高、快速、简便、重复性好、易自动化等突出优点。

6．溯源系统软件平台构建技术

常见溯源系统组件，包括通过标准程序进行的数据采集、信息分析、存储和转换及可向下或向上跟踪产品的控制系统，其软件平台主要包括服务器操作系统、客户端和网络数据库系统三个部分；以上各种技术的结合依赖于特定信息的应用程序和计算机系统，旨在于实现整条追溯链与中心数据库链接。

（三）农产品质量安全溯源系统的组成要素

农产品质量安全溯源系统主要包括跟踪和追溯两个方面，即在整个农产品供应链中可向下或向上查询产品的相关数据。整个农产品和食品供应链的溯源系统主要由基地、茶青、加工、贮运、检测、销售等 6 个要素组成。

1．产　前

（1）基地追溯系统：确定基地的海拔、土壤、经纬度及茶树种植和茶园管理等信息。

（2）茶青追溯系统：确定茶叶产品的茶树鲜叶信息，包括茶青的类型、来源和成分。

2．产　中

（1）加工追溯系统：确定茶叶从茶树鲜叶采摘到茶叶加工过程中影响了茶叶产品的物理、化学和环境等因素。

（2）贮运追溯系统：确定茶叶贮藏及运输过程中影响茶叶产品质量安全的相关因素。

3．产　后

（1）检测追溯系统：确定茶叶品质的感官评价和理化检测及农残、重金属、真菌毒素等茶叶质量安全指标检测的影响因素。

（2）销售追溯系统：确定销售过程中影响茶叶质量安全的因素，便于库存管理和产品售后及产品召回、运输，以上信息和数据均可由消费者通过客户终端查询。

第二节　茶叶质量安全溯源体系

茶叶质量安全溯源是指悉知及维护茶叶在整个或部分生产与储运、评鉴链上所获取产品质量安全信息的全部数据和作业，该溯源体系主要包括追溯系统（追溯和查询）和管理系统（追溯管理、平台管理、监督管理），其建设需从系统构成、平台搭建、信息采集、溯源编码等方面进行。

一、系统构成

明确企业、组织或机构需溯源茶叶的品牌、品种、生产规模、加工特点，划分追溯单元，确定生产、加工、流通过程中各环节的追溯精度，确定茶叶质量安全溯源系统构成。

（一）系统模块

茶叶质量安全溯源系统主要由两个模块构成，分别为系统管理和溯源管理。

1．系统管理

系统管理模块是对用户进行管理并分配角色，具有相应权限的管理员登陆系统管理平台，可进行用户信息管理、种植基地管理、生产加工管理、仓储物流管理、销售管理、监督管理和平台管理等操作。

（1）用户管理：即管理所有用户的功能，负责给不同用户分配权限；不同的用户登录系统，系统只显示用户所拥有权限的管理界面。

（2）角色管理：即后台某个用户的权限集合，进入角色管理，根据需要添加新角色，进行角色权限分配和功能修改更新。

2．溯源管理

溯源管理模块可以对茶叶产品在农事管理、鲜叶采摘、鲜叶收购及茶加工、包装、仓储、出厂和运输等环节进行功能设置、信息采集等操作管理。

该模块属于茶叶产品的业务，其包括：农事管理、采青、做青、杀青、揉捻、干燥、合堆、去梗、色选、包装、仓储、出厂和运输、二维码生成等环节，及其时间、温度、湿度、批次号、责任人、设备型号、技术参数等相关信息登记和溯源码的生成。

（二）模块功能

1．基地管理模块

基地环节主要记录茶树整个生长过程中的信息，是茶叶溯源体系中信息来源的第一环节，也是直接影响茶叶品质的重要环节。基地管理模块要分为品种信息管理、种植情况管理、施肥情况管理、农药使用情况管理、茶场作业记录管理、采摘记录管理和系统管理等七个模块：

（1）品种信息。

基地管理者通过此功能采集和维护所有茶园种植的茶树品种信息。

（2）种植情况。

基地管理者通过此功能采集和维护茶园种植的茶树基本种植情况，如品种来源、种植面积、种植规格等。

（3）施肥情况。

基地管理者通过此功能采集和维护茶树种植过程中的施肥记录。

（4）农药使用情况。

基地管理者通过此功能采集和维护茶树种植过程中的农药使用记录。

（5）茶场作业记录。

基地管理者通过此功能采集和维护茶树种植过程中的相关作业记录。

（6）采摘记录。

基地管理者通过此功能采集和维护茶树鲜叶采摘相关情况进行记录。

（7）系统管理。

系统管理主要包括对相关人员的管理、日常维护工作以及二维码生成。基于之前记录的基本产品信息，进行本环节的基本信息二维码的生成，贯穿于茶叶加工、销售等环节。

2．加工管理模块

加工环节是茶叶生产过程中重要的组成部分，涉及众多加工工序及机器设备，也是最容易出现问题的环节，通过对加工环节业务流程和关键指标的分析，得出加工管理子系统模块：

（1）茶青批次。

在收购茶青的过程中，按鲜叶批次的形式，将茶青原料的批次、数量、等级、日期及人员情况等相关信息数据的进行采集和维护。

（2）加工批次。

在茶叶初加工过程中，按加工批次的形式，将茶叶产品的加工批号、工艺流程、原料来源、日期及负责人等相关信息数据的进行采集和维护。

（3）包装批次。

在茶叶包装过程中，按产品批次的形式，将茶叶包装的批次信息、产品批号、包装方式、包装材料、等级、规格及日期等相关信息数据的进行采集和维护。

（4）包装装箱打码。

包装完成后，通过此功能打印条形码和二维码标签，供成品包装箱盒贴标。

（5）成品库存管理。

利用此模块可以对成品入库、出库进行记录处理。

（6）系统管理。

同基地管理模块。

3．运输管理模块

运输管理模块主要包括运输管理、运输企业、系统管理三个模块，其中运输管理主要包括对运输环境的管理、运输地及其运输时间的管理。

4．销售管理模块

销售环节是茶叶溯源系统最后一个环节，是直接面对消费者的环节，也是至关重要的。销售管理模块主要包括销售管理、系统管理两个子模块，其中销售管理用来记录销售环境信息、销售过程和销售企业等重要的销售信息。

5．编码管理模块

各环节数据最终通过批次建立起链接，生成一张映射图，追溯查询环节，消费者根据流通商品包装上粘贴的二维码，读取后台存储的商品信息，建立系统商品的唯一性与可追溯性。

二、平台搭建

（一）建设思路

茶叶溯源系统对茶树种植及茶叶生产、加工、流通和质检等过程进行全面实施监督检查，通过该系统平台准确地采集和维护各个环节的信息，从种植到零售的每一环节信息跟踪溯源，具有实时监控和预警的功能。通过溯源码和二维码查询完成信息溯源，确保信息透明，让消费者建立消费信息；利于企业创建品牌，维护声誉，同时也给消费者一定的保障；对涉及的人或物流公司、分销商、经销商，责任明确，能够保障自身的权益，避免质量责任事故；便于国家相关部门进行监管，打击假冒伪劣产品和不法商家。

（二）系统建设

1．建设目标

（1）基于网络平台建立的一套茶叶生产管理、信息追溯体系，该体系涵盖茶树种植及茶叶的加工、贮运、销售等环节追溯，实现茶叶在生产与流通环节的关键环节信息化管理。

（2）既满足当前管理业务的需求，又能适应未来业务需求和技术的发展，保证系统具有灵活的适应性与功能的易扩展性。

（3）整体需求分析。

① 系统功能需求。

a. 用户接入：接入管理的需求主要应对生产者、消费者和系统管理者；生产者，经统一的认证接口进入系统，通过具有通信能力的设备进行茶叶生产过程中的数据读写；系统管理员，需要安全认证方法进行系统的调试维护，为各类数据库进行跟踪管理。

b. 编码：由茶树种植及茶叶的类别、批次、工艺等构成的唯一标识，编码必须按照相应编码原则进行。

c. 溯源：不同形式的溯源码是为了方便系统用户进行数据查询操作，查询管理的需求辐射到系统的各类用户，根据查询数据的时间属性可以分为实时查询和历史查询。

② 系统性能需求。

a. 整体性：系统技术要求统一规划设计和建设，充分考虑系统中心集成平台以及茶叶溯源管理系统、传感采集、视频监控、智能控制之间的相互关系，将各系统统一纳入一个操作管理平台，实现统一的调度与管理，实现多个终端的远程操控。统一数据接口、规范通信传输标准，实现子系统间的数据互通。

b. 先进性与实用性：采用先进的技术、设备和材料，使整个系统在一定时期内保持技术的先进性，并具有良好的发展潜力，以适应未来发展和技术升级的需要，客户界面需要强调视觉效果，操作简便、直观，便于用户的理解，方便用户的使用。

c. 安全性：系统需要设计相关的安全措施，需要对系统的所有用户进行权限控制，实现安全的接入管理，RFID 阅读器进行数据采集时的操作权限管理。

2. 架构设计

以实现茶叶产品流通及其信息流传递的统一为目标，以茶叶产品编码规则为基础，以条形码标签为纽带，建立覆盖种植生产、收购加工、销售各环节的溯源系统。通过收集生产阶段的茶叶产品信息，各流通阶段的商户和质检信息等，建立基地管理及茶叶加工和产品销售的数据库，开发基地管理及茶叶加工和产品销售子系统，以中央溯源信息数据库为后台，建立一套适应茶叶产品质量安全溯源的原型系统，溯源系统框架如图 7-1 所示。系统通过集中式管理方法来管理各环节系统模块的溯源信息，消费者可通过查询终端来追溯所消费茶叶产品的信息，执法人员可通过监管终端查询茶叶产品流通各环节的信息，以便实现对茶叶产品供应的整个流程的有效监管。

3. 技术要求

（1）系统软件平台。

① 服务器操作系统：考虑到易用性及广泛的软硬件支持和易用性，采用美国微软公司的 Windows 2008 版操作系统。

② 数据库：数据库软件选用 Windows 平台上的 MySQL5.6，同时，系统也支持 SQLServer、Oracle、DB2 等其他大型关系数据库。

（2）系统硬件配置。

整个系统运行需要相关硬件支撑，例如 Web 服务器、数据服务器、条形码自动打码机、二维码自动打码机、条形码扫描器、二维码扫描器、数据录入 PC 终端等设备。

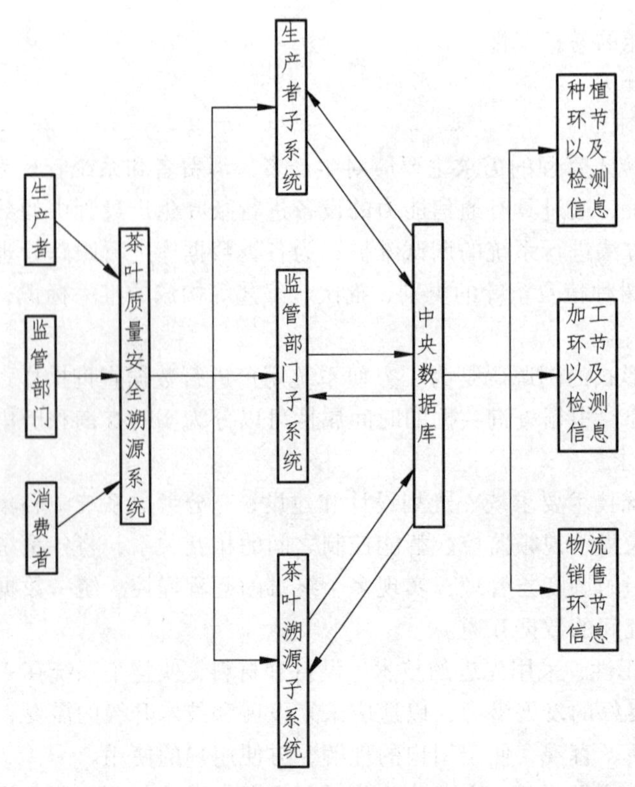

图 7-1 溯源系统框架

三、溯源信息

（一）溯源信息采集

茶叶生产过程中主要溯源信息包括：

（1）产地信息：基地名称、地址、技术人员等相关信息；

（2）种植信息：品种信息、土壤类型、种植环境、肥料信息、农药信息等；

（3）原料信息：鲜叶采摘时间、天气、等级等相关信息；

（4）加工信息：茶叶类别、工艺、日期、批次、设施、产量、等级等相关信息；

（5）包装信息：类型、批次、日期、规格、数量、责任人等相关信息；

（6）贮藏信息：贮藏的日期、设施、方式、环境条件、责任人等相关信息；

（7）物流信息：运输信息、运输方式、来源地信息、目的地信息等；

（8）销售信息：商品名、经销商、进货时间、上架时间等相关信息；

（9）检验信息：产品来源、检测日期、检测机构、检验结果等相关信息。

（二）溯源信息录入

通过对茶叶所有溯源信息的收集，确定的溯源关键环节和溯源信息框架。

茶叶质量安全跟踪与追溯主要有 7 个环节：建立茶叶质量安全溯源体系就是把茶叶所有种植、管理、采摘、加工、储存、运输、销售等过程信息，进行收集和保存。

1. 种植管理子系统信息录入

茶叶质量安全溯源系统的关键控制环节和关键溯源信息确定后，将茶园基本情况信息录入种植管理子系统里面，便于监管茶园的种植和农事活动的规范性。茶树种植管理阶段是整个溯源系统中耗时最长的一个阶段，其施肥、农药的使用、除草剂的使用等茶园管护过程均对茶叶质量安全具有潜在的影响。因此，根据实际情况应当将溯源信息的收集重点依托于信息采集专员，收集并监督该种植管理阶段中信息的真实性和完整性。

根据涉及茶叶质量安全的种植管理方面相关因素，确定了如下关键指标信息：

（1）溯源基本信息：基地（或茶园）的责任人、通信地址、技术人员、品种名称、品种来源、种植面积、周边环境等。

（2）影响质量安全信息：种植区域土壤类型、土壤重金属含量、肥料使用情况、农药使用情况等。

2. 采摘管理子系统信息录入

根据茶树鲜叶在采摘过程中会受到一些因素影响的特点，如鲜叶采摘日期、采收时的天气状况、采摘品种、采摘人员等，确定如下关键指标信息：

（1）溯源基本信息：基地（或茶园）的责任人、通信地址、品种名称、采摘等级、采摘方式等相关信息。

（2）影响质量安全信息：采摘时间、采摘天气、采摘用具、贮运设备等。

3. 加工管理子系统信息录入

茶树鲜叶采摘后，加工方法不同，得到的茶叶类型各异，而工艺参数、加工设备、环境条件等因素，对茶叶质量及安全影响较大。

（1）溯源基本信息：加工厂的责任人、食品生产许可证及茶树品种、茶青等级、采摘时间、入库信息等。

（2）影响质量安全信息：茶叶加工方式、加工设备、入库时间、贮藏方式等。

4. 销售管理子系统信息录入

茶叶质量安全溯源的第一环节为销售，也是质量安全跟踪的最后一个环节，该过程应建立完整的资料信息，包括生产厂家、基地信息、加工信息、贮运、销售批次等方面的详细信息，确保出现问题时能得到及时、快速的处理。而贮运销售阶段的基本信息主要包括：来源地企业、存储方式、销售目的地、运输方式、运输时间、物流信息等。

四、溯源编码

溯源编码是茶叶产品信息载体的身份代码，统一的溯源编码设计是实现供应链追溯的基础，是实现茶叶安全生产、追溯和监管的重要环节。溯源编码应满足以下原则：

（1）唯一性原则。一个产品追溯单元对应一个编码，一个编码仅表示一个追溯单元。

（2）开放性原则。包括通用性、全局性和可扩展性，保障编码在开放的环境中使用，便于供应链中的参与方加入。

（3）实用性原则。追溯单元由供应链中的参与方实际情况决定，不同追溯单元决定了不同追溯成本，应尽最大化利用各参与方已有的软件、硬件设施，减少参与方的追溯成本。

依据《EAN.UCC系统应用标识符》《农产品追溯编码导则》《农产品产地编码规则》《信息分类和编码的基本原则与方法》所规定的内容，结合茶叶生产过程实际情况，需对种植、加工、贮运、销售等主要环节进行编码。

（一）种植环节

1. 产地编码

对不同地块的进行编码，一个基地可包含多个地块，地块划分以种植时间、种植品种、生产措施相对一致的地理区域为同一地块。

地块信息码代表的每一基地的地块编码，根据生产者的4位基地地块顺序号生成，前两位为基地编号，后两位为该基地不同地块的编号。应确保其唯一性，且相同代码地块的茶树在同种植周期内的种植过程完全相同，其具体生成办法是先将田间操作记录、种植过程相同的田地划分为同一地块，再对每一地块依次编上顺序号。地块编码可由数字、字母或数字与字母混合组成。若地块属于农户，可采用农户编码+地块编号的形式，如00301代表编号是003的农户的1号地块；若地块属于企业，可以采用产区+编号的形式，如DS001表示东山产区1号地块。

地块编码需关联的信息有茶园基本信息、农事活动信息和投入品使用信息。以地块为单位建立地块编码档案，内容应包括种植基地名称、地块编号、面积、产地环境、责任人、植保员等。记录内容见表7-3。

表7-3　茶园产地记录表

基地名称：

地块编号	种植面积/亩	栽培品种	产地自然环境	植保员	负责人

注：产地自然环境应包括：年平均温，湿度，年最高、低温度；年降水量；土地pH；土壤类型等。

2. 种植者编码

对茶树种植者进行编码，并建立种植者编码档案，种植者编码档案应包含以下信息：姓名（种植户名或种植组名）、种植区域、种植面积、种植品种。记录内容见表7-4。

表7-4　茶园种植者记录表

姓名	种植者编码	种植面积/亩	种植品种	种植者地块号

3. 农事管理编码

（1）农事活动信息内容应包括作业内容、作业人及作业日期。农事活动内容应符合

《DB 52/T 624—2010　贵州无公害茶叶栽培技术规程》的规定。记录内容见表 7-5。

表 7-5　茶园农事记录表

地块编号：　　　　　　　　　　　　　　　　内部检查员：

日期	农事活动内容	作业人

注：农事活动内容包括采摘、修剪、施肥、除草、耕作、防治病虫害、灌溉等。

（2）应做好农产品的管理和使用详细记录，内容应至少包括投入产品类别、名称、采购数量、入库人员、领用人、使用日期、使用面积等。记录内容见表 7-6 和表 7-7。

表 7-6　茶园投入品管理记录表

类别	名称	购买日期	购买数量/kg	采购人	库房收货人	领用人	领用量/kg	领用时间

表 7-7　茶园投入品使用记录表

地块编号：　　　　　　　　　　　　　　　　内部检查员：

类别	名称	主要成分	使用日期	使用面积/亩	使用量/kg	投入生产商	操作人

4．采摘者编码

对采摘者进行编码，并建立采摘者编码档案，采摘者编码档案应包含以下信息：采摘者姓名（户名或组名）、采摘数量、采摘区域、采摘面积、采摘品种、采摘级别。记录内容见表 7-8。

表 7-8　茶园采摘记录表

日期	姓名	采摘者编号	采摘数量/kg	地块编号	采摘面积/亩	品种	级别	负责人

（二）加工环节

（1）环节分类。加工环节包括初加工、精加工、拼配、包装等。茶叶加工企业可以包括所有环节，也可包括其中几个环节，还可以单独按环节设厂。

（2）茶青批次编码。应对不同生产批次编码，内容至少包括采摘者、鲜叶数量、鲜叶级别、运输方式等。记录内容见表 7-9。

表 7-9　鲜叶收购批次记录表

收购批次：　　　　　　　　　　　　　　收购日期：

采摘者编号	鲜叶数量/kg	级别	运输方式	承运人	验青员

（3）加工批次编码。应对不同加工批次编码，内容至少包括加工工艺或代号等。记录内容见表 7-10。

表 7-10　茶叶产品加工记录表

加工批次编码：　　　　　　　　　　　生产日期：

收购批次	鲜叶量/kg	加工工艺	干茶量/kg	等级	产品名称	负责人

（4）包装批次编码。应对不同包装批次编码，内容至少包括生产批号、产品检测结果等。记录内容见表 7-11。

表 7-11　茶叶包装批次记录表

包装批次：

日期	产品名称	生产批号	产品数量/kg	产品检测结果	包装编码	负责人

（5）分包批次编码。应对不同分包批次编码，并记录大包装追溯编号，形成小包装追溯编号。记录内容见表 7-12。

表 7-12　茶叶分包记录表

大包装编号	分包车间温湿度	小包装编号	分包负责人	分包产品库房	库房收货人

（三）贮运环节

（1）贮藏设施编码。应对贮藏设施按照位置编码，其内容包括贮藏设施位置、通风防潮状况、环境卫生安全等。记录内容见表 7-13。

表 7-13　茶叶产品库房记录表

库房编号	库房面积/m^2	湿度/%	温度/°C	除湿设备	保洁员	负责人

（2）贮藏批次编码。应对不同贮藏批次编号，并记录入库产品来自的运输批次或逐件记录。记录内容见表 7-14。

表 7-14　茶叶产品贮藏批次记录表

入库日期	产品名称	入库数量	小包装编号	贮藏批次编号	交货人	收货人

（四）销售环节

（1）出库批次编码。应对不同出库批次编码，记录出库产品来自的库存设施或逐件扫描记录。记录内容见表 7-15。

表 7-15　茶叶产品出库记录表

出库日期	出库产品编号	产品名称	出库数量/kg	提货人	负责人

（2）销售编码。销售编码可用以 2 种方式进行：企业编码的预留代码位加入销售代码，为追溯码；或在企业编码外标出销售代码。

第三节　茶叶质量安全溯源操作规程

一、实施原则

1．合法性原则

遵循国家法律、法规和相关标准的要求。

2．完整性原则

追溯信息应覆盖茶叶产品生产、加工、流通全过程；信息内容应包括本环节操作时间、地点、责任主体、产品批次等质量安全相关内容。

3．对应性原则

应对茶叶产品质量安全追溯过程中各相关单元进行代码化管理，确保茶叶产品追溯信息与产品的唯一对应。

4．高效性原则

应充分运用网络技术、通信技术、条码技术等，建立高效、精准、快捷的茶叶质量安全溯源系统。

二、企业制度

企业应建立健全茶叶产品流通追溯信息系统规划、实施、检查和改进等的管理制度，以企业制度规范和标准化作业程序，支持相关产品流通信息溯源系统运行。

三、实施要求

建立茶叶产品质量安全追溯体系的企业或组织或机构应符合以下要求：

（1）依据茶叶质量安全溯源操作规程制订产品质量安全追溯实施计划，明确追溯产品、追溯目标、追溯深度、实施内容、实施进度、保障措施、责任主体等内容；

（2）在产业链各实施主体间建立茶叶质量安全溯源系统协调机制，明确责任主体在各环节记录信息的责任、义务和具体要求；

（3）由指定部门或人员负责茶叶质量安全溯源系统各环节的组织、实施与监控，承担信息的记录、核实、上报、发布等工作；

（4）配置必要的计算机、网络设备、标签打印设备、条码读写设备及相关软件等；建立茶叶质量安全产品追溯制度。

四、体系实施

（一）确定追溯产品

应明确企业（或组织或机构）可追溯茶叶产品的品牌、品种、生产规模、生产加工特点，划分追溯单元，确定生产、加工、流通等环节的追溯精度。

（二）追溯标识

（1）茶叶产品经过生产、加工、包装等过程后形成最终产品时应同时形成追溯标识，作为茶叶质量安全追溯信息的载体或查询媒介。

（2）追溯标识内容应包括茶叶产品追溯码、信息查询渠道、追溯标志。

（3）追溯标识载体根据包装特点采用不干胶纸制标签、锁扣标签、捆扎带标签等形式，标签规格大小由企业（或组织或机构）自行决定。

（三）编　码

1．从业者编码

应采用组合码对茶叶产品的生产、加工、流通过程中相关从业者进行分级分类编码管理。企业（或组织或机构）应记录其贸易项目代码或组织机构代码，个体应记录居民身份证号。

2．产地编码

（1）编码方法按 NY/T 1430 规定执行，对追溯单元所包含的地块实行编码管理，建立统一、规定的茶叶产品产地编码。

（2）国有农场产地编码采用 31100+全球贸易项目代码+7 位地块代码组成。地块代码采用固定递增格式层次码，第一位、第二位代表管理区代码，第三位、第四位代表生产队代码，第五位至第七位代表地块顺序代码。

3．产品编码

采用组合码对茶叶产品进行分级分类，编码管理。

4．批次编码

应采用并置码对茶叶产品的生产、加工、流通各个环节的物流状况进行定点、定时、定量管理。批次编码应表达环节特征、设施、日期信息。

5．追溯信息编码

茶叶质量安全追溯编码是用于茶叶产品追溯信息查询的唯一代码企业（或组织或机构）应从下面 3 种方式中选择适宜的编码方法：

（1）按 NY/T1431 规定执行，由 EAN.UCC 编码体系中全球贸易项目代码 AI（01）和产品批号代码 AI（10）等应用标识符组成；

（2）以批次编码作为质量安全追溯编码；

（3）企业（或组织或机构）自定义质量追溯信息编码。

（四）信息采集

（1）信息应包括产地、生产、加工、包装、储运、销售、检验等与质量安全有关的环节内容。

（2）信息记录应真实、准确、及时、完整、持久，易于识别和检索。采集方式包括纸质记录和计算机录入等。

五、信息管理

（一）基本要求

1．信息整理

对采集的信息进行分类、归类、分析、汇总，保持信息的真实性。

2．信息存储

对整理后的信息应及时进行存储和备份。信息存储期应与追溯产品的保质期一致；保质期不足 2 年的，追溯信息应至少保存 2 年。

3．信息传输

上一环节操作结束时，应及时通过网络、纸质记录等形式，将信息传输给下一环节。企业（或组织或机构）汇总各环节信息后传输到溯源系统。

4．信息查询

凡经相关法律法规规定，应向社会公开的质量安全信息，均应建立一个技术平台，用于公众查询。

（二）信息记录

根据茶叶生产流程状况，信息记录可分为茶园管理及鲜叶采摘、茶叶加工、茶叶流通、茶叶销售 4 个环节。

1．茶园管理及鲜叶采摘环节

信息记录点见表 7-16。

表 7-16　茶园管理及鲜叶采摘环节信息记录点

溯源信息	描　述	信息类型	
		基本追溯信息	扩展追溯信息
生产基地信息	茶园名称、茶园负责人、联系电话、地址	★	
	茶园资质认证、茶园周边环境、茶园编号、茶园面积、茶树品种、植保员、水质及土壤检测报告		★
茶园灌溉和施肥信息	灌溉和施肥日期、灌溉和施肥人、时间、肥料品种、肥料生产商信息	★	
	肥料成分、肥料使用量、使用方式、气温		★
病虫草害防治信息	使用日期、使用药物名称、药物生产商、药物生产许可证号、药物批号	★	
	病虫草害名称、危害程度、使用方式、使用人、药物有效成分、药物生产日期、有效期、使用浓度、使用量、安全间隔期		★
鲜叶采摘信息	采摘时间	★	
	天气状况、产品认证信息（如有机食品、绿色食品或无公害食品等）、采摘量、采摘方式、采摘工具、采摘工具卫生状况		★
原料运输信息	运输起止时间、运输起止地点	★	
	运输工具、运输工具卫生状况、运输方式、天气状况、运输人员		★

注：★表示描述的信息属于此类信息。

2．茶叶加工环节

信息记录点见表 7-17。

表 7-17　茶叶加工环节信息记录点

溯源信息	描　述	信息类型	
		基本追溯信息	扩展追溯信息
加工企业信息	企业名称、法人代表、联系电话生产地点、地址或者组织机构代码	★	
	企业资质		★
原料来源	生产厂家、产品名称、生产日期	★	
	产品质量情况、规格、数量、产品检验报告		★
产品信息	产品名称生产日期、批号、产品的唯一性编码与标识	★	
	产品信息、产品认证信息、产品数量、规格、保质期、产品检验报告		★

续表

溯源信息	描　述	信息类型	
		基本追溯信息	扩展追溯信息
初加工过程和精加工过程	加工起止时间、产品名称、加工负责人	★	
	加工方式、加工工艺、加工后半成品或成品数量、初加工产品精加工过程、质量情况、加工机械及卫生状况、包装材料及卫生状况、原料用量、产量检验人员、产品保质期		★
拼配过程信息	拼配用半成品名称、批号、拼配负责人、生产日期	★	
	产品质量情况数量、拼配后成品数量拼配时间、检验人员、卫生状况		★
包装信息	包装负责人、产品批号、包装时间	★	
	包装人员、包装方式、包装材料及卫生状况		★
出入库信息和仓储信息	出入库时间、流向、产品批号、检验报告编号	★	
	产品质量状况、仓库卫生状况、入库单号、入库数量、检验方式、原料及成品检验单号、出库单号、出库数量、仓库温、湿度		★

注：★表示描述的信息属于此类信息。

3．茶叶流通环节

信息记录点见表 7-18。

表 7-18　茶叶流通环节信息记录点

溯源信息	描　述	信息类型	
		基本追溯信息	扩展追溯信息
加工企业信息	企业名称、法人代表、联系电话生产地点、地址或者组织机构代码	★	
	企业资质		★
产品来源	生产厂家、产品名称、生产日期	★	
	产品质量情况、规格、数量、产品检验报告		★
产品信息	产品名称、生产日期、批号、产品的唯一性编码与标识	★	
	产品质量情况、产品认证信息、产品数量、规格、保质期、产品检验报告		★
包装信息	包装负责人、产品批号、包装时间	★	
	包装人员、包装方式、包装材料及卫生状况		★
产品送出入库信息和仓储信息	出入库时间、流向	★	
	出入库数量、仓库温度和湿度、仓库卫生状况		★
产品运输信息	运输起止时间、运输起止地点	★	
	运输工具、运输工具卫生情况、天气状况、运输方式、运输人员、运输数量、运输过程温度和湿度		★

注：★表示描述的信息属于此类信息。

4．茶叶销售环节

信息记录点见表 7-19。

表 7-19　茶叶销售环节信息记录点

追溯信息	描　述	信息类型	
		基本追溯信息	扩展追溯信息
经销商信息	经销商名称、法人代表、生产者、联系电话、地址或者组织机构代码	★	
	经销商资质、销售点		★
产品来源	生产厂家、产品名称、生产日期	★	
	产品质量情况、规格、数量、产品检验报告		★
产品信息	产品名称、生产批号、产品的唯一性编码与标识	★	
	产品质量情况、产品认证信息、产品数量、规格、保质期、产品检验报告		★
产品送出入库信息和仓储信息	出入库时间、流向	★	
	出入库数量、仓库温度和湿度、仓库卫生状况		★
产品运输信息	运输起止时间、运输起止地点	★	
	运输工具、运输工具卫生情况、天气状况、运输方式、运输人员、运输数量、运输过程温度和湿度		★
零售信息	零售负责人、零售时间	★	
	零售数量、零售区域环境卫生状况、温度、湿度、零售方式		★

注：★表示描述的信息属于此类信息。

六、体系运行自查

企业（或组织或机构）应建立溯源体系的自查制度，定期对茶叶质量安全溯源体系的实施计划及运行情况进行自查，以确定计划的可操作性、完善性与实施程度，测评追溯信息的真实性、及时性、有效性。检查结果应形成记录，必要时提出溯源体系的改进意见。

七、质量安全问题处置

（1）茶叶产品的生产、加工、流通各环节企业（或组织或机构）应对上一环节提供的产品进行验收、对追溯信息进行核实。若发现问题，必须按相关规定对该批次产品采取召回或销毁等措施。

（2）茶叶产品出现质量安全问题时，企业（或组织或机构）应依据溯源体系，迅速界定茶叶产品涉及范围，提供相关记录，确认追溯深度，确定茶叶产品质量安全问题发生的地点、时间、追溯单元和责任主体，为问题处理提供依据。

第四节　茶叶质量安全溯源管理规范

一、基本要求

（1）应按照《食品安全法》的要求，建立和实施茶叶质量安全管理制度、从业人员健康管理制度、进货查验记录制度、产品出厂检验记录制度、产品召回制度，确保茶叶产品安全。

（2）所有原料应新鲜、无毒无害，原料供应商及其相关产品的有效资质证明齐全。

（3）应建立溯源管理系统，对原料、半成品和成品进行标识，并予以记录、建档。

（4）所有记录、档案应完整，字迹端正，若有其他证明文件时，应记录或说明并将附件整理成册。

（5）所有文件记录、档案应至少保留 2 年。

二、人员管理

1．基本要求

（1）知识水平要求：系统管理、平台维护等从业人员应具备计算机和信息系统运行维护知识、数据处理技术、安全性知识等。工作人员应具备系统功能需求的提出、系统建成后的使用与维护等基础知识。

（2）责任到人，在企业（或组织或机构）内指定人员承担溯源工作并覆盖相应岗位，可参照图 7-2 设置组织管理架构。

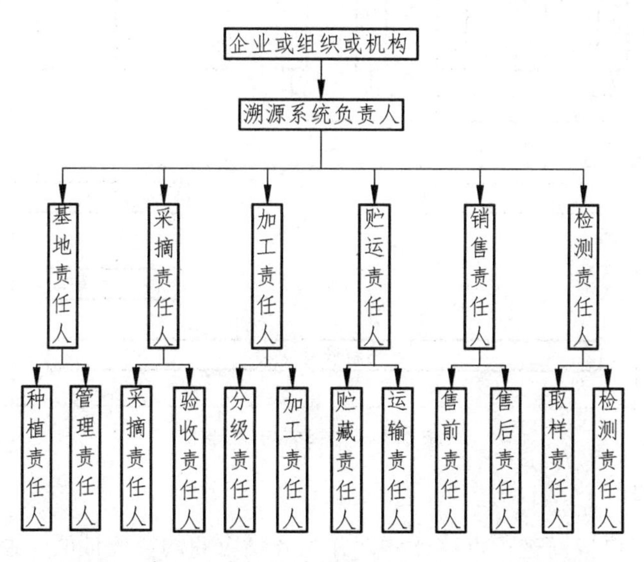

图 7-2　企业（或组织或机构）溯源人员设置架构

（3）质量检验负责人、仓管负责人、生产负责人、销售负责人分别对所属岗位人员填报的数据进行审核，对数据的真实性以及完整性负责。

2．管理岗位人员

（1）管理岗位人员应具备使系统正常运行的管理能力，建立顺畅的沟通渠道，准确地将运行需求传递到技术岗位人员。

（2）应具备规划、检查运行维护服务的能力，对系统运行和维护能力的策划、实施、检查、改进的范围、过程、信息安全和成果负责。

3．技术岗位人员

（1）运行维护服务中负责技术支持的人员，应具备网络维护、系统操作、硬件维护、信息安全维护等方面的专业技术。

（2）技术岗位人员应根据管理规范和工作手册，执行运行维护服务各过程，并对其执行结果负责：应对运行维护服务过程中的请求、事件和问题做出响应，遵守信息技术人员职业道德，保障信息并对处理结果负责。

三、原料管理

1．管理流程

原料进货验收管理流程应按图 7-3 要求进行。

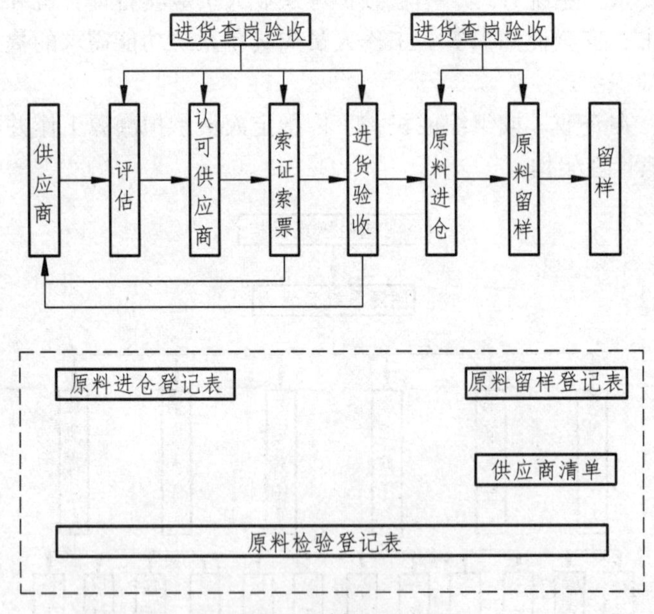

图 7-3　原料管理流程

2．供应商评估

（1）采购部门对供应商进行审核评估，并收齐供应商的资质证明，通过审核评估的供应商列为认可供应商。

（2）首批货物到达并检验合格后，由进货查验岗对供应商的资质证明进行记录，制作《供应商清单》（表 7-20）。

表 7-20　供应商清单

单号：

名称	类型	地址	联系人	联系电话	原材料	备注

3．原料验收

（1）所有原料应经确认合格后方可投入生产。

（2）原料进仓时应附有相应的检验合格证明。

下列材料可视为合格证明：① 批次原料生产厂家的自检报告；② 有资质的检验机构出具的检验报告；③ 由出入境检验检疫机构出具的该批次进口原料的检验检疫卫生证书。

（3）当供应商无法提供合格证明时，企业应按照相关的国家标准、行业标准等确定检验项目，对该原料进行自行检验并填写《原料检验登记表》（表 7-21）或委托有资质的检验机构进行检验，检验合格后方可投入使用。

表 7-21　原料检验登记表

检验编号：

原料名称		原料编号	
原料类型	□原料 □辅料 □包装 □其他______		
留样编号		检验人	
检验时间		结论	□合格 □不合格
检验明显			
检验指标	检验标准	检验结果	备注

填报人：　　　　　　　　　　　　　时间：

4．原料留样

（1）进货查验岗位人员负责填写《原料留样登记表》（表 7-22）。

表 7-22　原料留样登记表

留样编号：

原料名称		原料编号	
供应商		生产日期	
留样类型	□原料 □包装材料 □辅料 □其他______		
留样人		留样时间	
留样数量		计量单位	
保存期限		贮藏要求	
备注			

填报人：　　　　　　　　　　　　　时间：

（2）对重要的原料，企业应自行留样，留样量应满足原料执行标准规定的检验需要量，留样期限应不低于该原料制成的成品保质期。

5．存储管理

（1）原料入库时，由进货查验岗核对供应商清单、原料批次检验合格报告，并详细填写《原料进仓登记表》（表 7-23）。《原料进仓登记表》保存时间应不少于产品保质期，且不得少于 2 年。

表 7-23　原料进仓登记表

进仓编号：

原料名称		原料编号	
原料类型	□原料 □辅料 □包装 □其他______		
供应商		进仓人	
进仓数量		计量单位	
产地		成分	
品牌		规格	
仓管人员		进仓时间	
保质期		生产日期	
检验单编号		检验人	
相关证件			
原料介绍			

填报人：　　　　　　　　　　　　时间：

（2）供应商未列入《供应商清单》或无对应批次的合格检验报告的原料，不得入库或者投入使用。

（3）原料入库应按不同批次和不同进货时间记录该原料唯一的原料批号。

四、生产管理

1．管理流程

生产过程管理流程如图 7-4 所示。

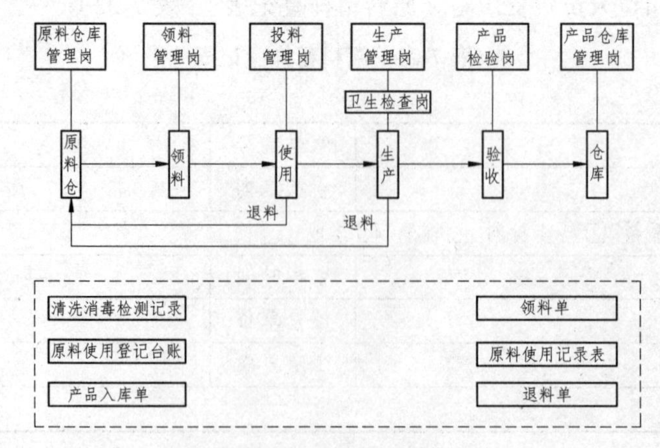

图 7-4　生产管理流程

2．清洗消毒

（1）设备设施的清洗消毒工作和生产人员洗手消毒应有相关记录。

（2）卫生查验岗位人员应定期对清洗消毒工作情况进行检查，并填写《清洗消毒检查记录》（表 7-24）。

表 7-24　清洗消毒检查记录

检验编号：

检验时间		检验地点	
审核人		检验时间	
检验明细			
卫生指标	卫生标准	检查结果	备注

填报人：　　　　　　　　时间：

3．生产过程

（1）原料出库，生产部门应填写《领料单》（表 7-25），投料管理岗位应填写《原料使用登记台账》（表 7-26）。

表 7-25　领料单

领料编号：

原料名称		原料编号	
原料类型	□原料 □辅料 □包装 □其他______		
领料数量		计量单位	
领料时间		领料人	
仓库编号		仓管员	
备注：			

填报人：　　　　　　　　时间：

表 7-26　原料使用登记台账

领料编号：

原料名称		原料编号	
原料类型	□原料 □辅料 □包装 □其他______		
领用数量		领用人	
计量单位		领用时间	
仓库编号		仓管员	
备注：			

填报人：　　　　　　　　时间：

（2）投料管理岗位将原料投入生产时应填写《投料记录表》（表 7-27）。

表 7-27　投料记录

投料编号：

原料名称		原料编号	
原料类型	□原料 □辅料 □包装 □其他______		
投料人		投料时间	
（半）成品名称		（半）成品批号	
原料使用情况：			
备注：			

填报人：　　　　　　　　　　　　时间：

（3）生产管理岗在生产过程中应填写相关生产记录。生产记录应包括产品名称、生产日期、生产批号、批量等追溯性内容。

（4）生产过程中的关键工序的技术参数指标的检查情况应填写《生产过程关键工序检查记录》（表 7-28）。

表 7-28　生产过程关键工序检查记录

检查编号：

原料名称			原料编号		
（半）成品			（半）成品批号		
生产日期		生产数量		计量单位	
填报人			填报日期		
序号	关键控制点		检查时间	结果	备注
	名称	要求			

填报人：　　　　　　　　　　　　时间：

（5）产品入库，产品仓库管理岗位应填写《产品入仓单》（表 7-29），记录产品名称、生产批号、数量等追溯性内容，并做好标识，在产品检验合格前，不得销售。

表 7-29　产品入仓单

入仓编号：

（半）成品名称		（半）成品编号	
（半）成品类别			
原料编号		仓库编号	
产地		成分	
规格		供应商	
入仓时间		仓管员	
数量		计量单位	
生产工单号		生产责任人	
保质期		生产日期	
检验单号		检验员	
相关证件：			
原料介绍：			

填报人：　　　　　　　　　　　　时间：

（6）生产中有剩余原料，投料管理岗或生产管理岗位应填写《退料单》（表 7-30），将余料退回仓库，原料仓库管理岗核对《退料单》，并做好标识入库；或者由生产管理岗保管并做好标识、记录。

表 7-30　退料单

退料编号：

退料名称		原料编号	
退料数量		计量单位	
退料人		退料时间	
仓库编号		仓管员	
备注：			

填报人：　　　　　　　　　　　　时间：

五、检验管理

（1）产品检验岗位负责产品留样工作，留样量应满足该产品全部项目检验需要，留样期限应不低于该产品的保质期。应填写《产品留样记录》（表 7-31）。

表 7-31　产品留样记录

产品留样编号：

（半）成品名称		（半）成品编号	
留样人		留样类型	
留样编号		留样时间	
留样数量		计量单位	
保存期限		贮藏要求	
备注：			

填报人：　　　　　　　　　　　　时间：

（2）产品检验岗位应按标准进行出厂检验，做好各检测项目的原始记录，并填写《产品出厂检验记录》（表 7-32）。

表 7-32　产品出厂检验记录

检验编号：

留样编号		留样类型	
（半）成品名称		（半）成品编号	
检验人		检验时间	
结论		审核人	
检验明细			
检验指标	检验标准	检验结果	备注

填报人：　　　　　　　　　　　　时间：

（3）质量检验负责人应对《产品出厂检验记录》进行审核。

六、出厂管理

（1）成品出厂管理流程如图 7-5 所示。

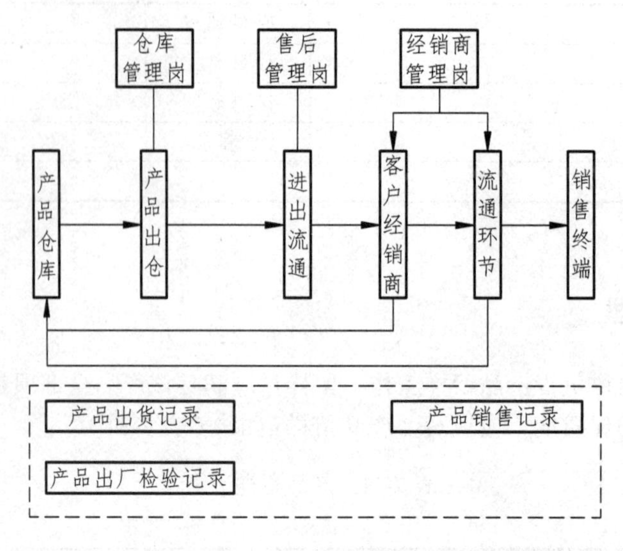

图 7-5　出厂管理流程

（2）产品经检验合格方可销售。产品出库产品仓库管理岗位应填写《产品出货记录》（表 7-33）。

表 7-33　产品出货记录

出货编号：

产品名称		产品编号	
出货类型			
出货数量		计量单位	
产地		规格	
品牌		进仓时间	
仓管员		生产时间	
保质期		出仓时间	
检验编号		检验员	
相关证件			
原料介绍			

填报人：　　　　　　　　　　时间：

（3）产品进入流通环节应填写《产品销售记录》（表 7-34）。

表 7-34　产品销售记录

销售编号：

产品名称		出货编号	
产品类别		产品编号	
销售数量		计量单位	
产地		规格	
品牌		生产时间	
保质期		销售区域	
承运单位		承运员	
检验编号		检验员	
相关证件			
原料介绍			

填报人：　　　　　　　　　　时间：

七、溯源标识管理

（1）产品最小销售包装上应有可追溯标识，能有效区分不同投料批次。

（2）可采用电子标签作为内部流转和产品运输包装的追溯标识。

八、运行与维护管理

1．实施要求

系统管理人员应建立畅通的与用户交流的渠道。应对运行维护工作进行整体规划，提供必要的技术资源支持，实施运行维护能力管理。应按照业务要求实施管理活动并记录，确保运行和维护过程可追溯，维护结果可计量或可评估。

2．检查要求

应定期或不定期检查运行维护工作是否按照计划要求和质量目标进行：应重视系统用户满意度调查，并对系统稳定性和相关功能进行统计分析。

3．改进要求

应不断改进运行维护工作过程中的不足，持续提升运行维护能力，应建立运行和维护的改进机制，对不符合要求的情形进行调查分析，根据分析结果确定改进措施，制订服务能力改进计划并建立解决问题的方案或手册。

4．过程要求

（1）应至少建立的过程包括：运行与维护报告、事件管理、问题管理、配置管理、变更管理、发布管理和安全管理。

（2）应建立解决问题的相关技术关键指标，其特性包括：解决问题的技术指标或标准的有效性、解决问题的方案或手册的可用性、测试环境与运行环境的匹配度、测试标准和方法的有效性。

（3）应在运行维护服务过程中注重信息的保密性、可用性和完整性。

（4）应保证系统安全和信息安全，对系统基本功能应采取控制手段，以避免软硬件受到篡改或欺骗性访问。

5. 应急管理要求

（1）应建立流通追溯信息系统应急预案，日常应做好数据备份工作：应有常用备件如主板、硬盘、光驱、网线等；应配置不间断电源，不间断电源应可在断电后维持工作 1 h 以上。

（2）遇到紧急情况时应保护现场、日志文件及重要数据，及时通知有关单位并上报主管部门。

第八章　茶叶质量安全溯源系统操作实例

打开浏览器，在地址栏输入网址（http://108p.cn），进入茶学课堂，技术研究板块包括“审评系统”“鉴定系统”“追溯系统”（图 8-1）。

技术研究
SYSTEMS

评审系统　　鉴定系统　　追溯系统

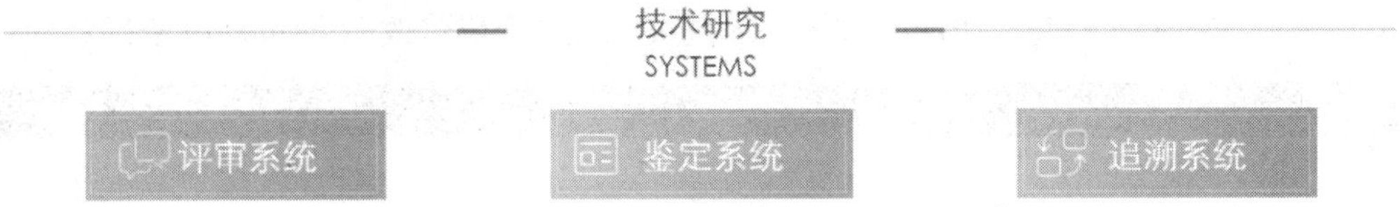

图 8-1　茶学课堂

第一节　管理系统

一、系统登录

点击技术研究“追溯系统”，进入追溯系统页面，包括“管理系统”“追溯系统”“检测系统”“监督系统”“资料下载”“平台介绍”（图 8-2）。点击“管理系统”，输入用户名、密码和验证码，进入管理系统界面（图 8-3）。

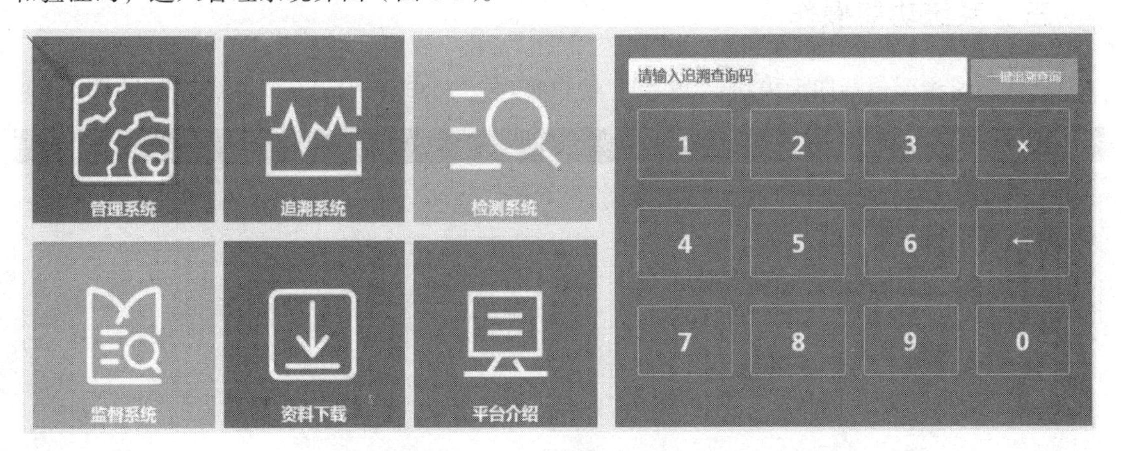

图 8-2　追溯系统页面

图 8-3　登陆管理系统

二、账号管理

点击右上角“个人信息”，即可查看个人信息，点击“密码修改”，即可修改密码（图 8-4）。

图 8-4　个人信息管理

三、系统功能操作

追溯系统主要包括四大模块：“设置”“用户管理”“门户管理”“追溯系统管理”（图 8-5）。

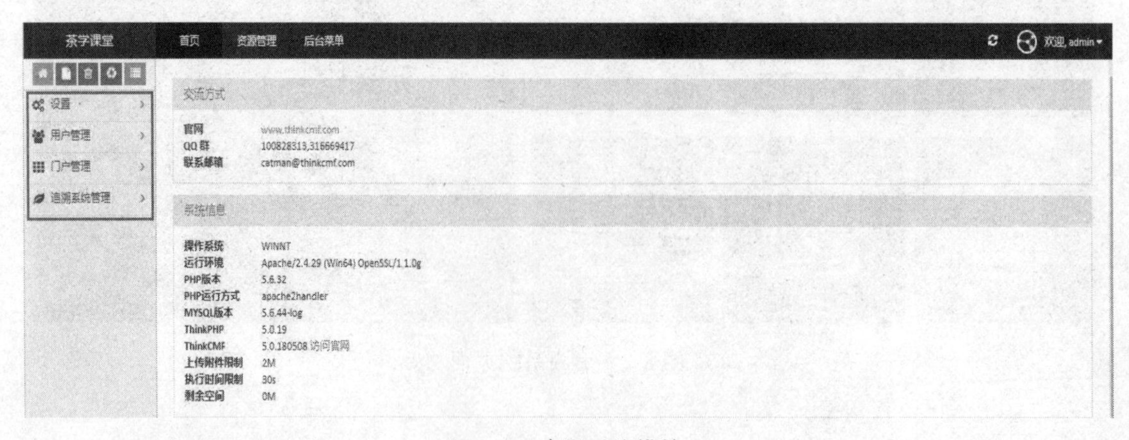

图 8-5　追溯系统模块

（一）设　置

管理系统设置

点击“设置”，下拉列表会出现“网站信息”“邮箱配置”“模板管理”“导航管理”等（图 8-6）。

茶学课堂　友情链接　网站信息　模板管理　导航管理　欢迎，admin

设置

网站信息

邮箱配置

模板管理

导航管理

幻灯片管理

友情链接

上传设置

用户操作管理

地区管理

广告管理

用户管理

门户管理

选项系统管理

网站信息　SEO设置　用户注册设置　CDN设置

*网站名称　茶学课堂

后台加密码

英文字母数字，不能为纯数字

设置加密码后必须通过以下地址访问后台,请劳记此地址，为了安全，您也可以定期更换此加密码!

后台登录地址：http://tea.xshfly.com/admin

后台风格　flatadmin

ICP备　黔ICP备19001866号 经营许可证

公网安备　11000002000002023号

地址　贵州省都匀市黔南师范学院

电话　15348582016

QQ　1968568234

站长邮箱　1968568234@qq.com

统计代码

保存

图 8-6　设置列表

1．网站信息

点击左侧栏目“设置”下的“网站信息”，可以查看网站的具体信息，也可以对“SEO 设置”“用户注册设置”和“CON 设置”进行操作。

2．邮箱配置

点击左侧栏目“配置”下的“邮箱配置”，可以看到邮箱配置基本信息和邮件模板。

3．模板管理

点击左侧栏目“配置”下的“模板管理”，即可以对网站模板进行操作。

4．导航管理

点击左侧栏目“配置”下的“导航管理”，弹出“所有导航”和“添加导航”两个栏目。

点击“所有导航”的操作项目，包括“菜单管理”“编辑”“删除”，点击“菜单管理”，可对导航菜单进行操作，例如“添加子菜单”“编辑”“删除”。

点击“添加菜单”，可添加新的菜单。

点击“编辑”，可编辑导航。

点击“删除”，弹出删除对话框，点击“确定”按钮，即删除导航。

点击“添加导航”，即可添加新的导航。

5．幻灯片管理

点击左侧菜单栏“设置”下的“幻灯片管理”，即可对幻灯片进行“编辑”“管理页面”和“删除”的操作。

6．友情链接

点击左侧菜单栏“设置”下的“友情链接”，可以看到“所有友情链接”和“添加友情链接”，点击“所有友情链接”，可对友情链接进行“编辑”和“删除”。

点击“添加友情链接”，即可添加新的友情链接。

7．上传设置

点击左侧菜单栏“设置”下的“上传设置”，即可对上传数据进行设置。

8．用户操作管理

点击左侧菜单栏“设置”下的“用户操作管理”，可对用户登录进行“编辑”。

9．地区管理

点击左侧菜单栏“设置”下的“地区管理”，可对所有省份进行“查看下属城市”“编辑”和“删除”操作。

点击“添加省份”，即可添加新的省份。

10．广告管理

点击左侧菜单栏“设置”下的“广告管理”，可对所有广告进行 “编辑”和“删除”操作。

（二）用户管理

用户管理

“用户管理”包含两个菜单栏：“管理组”和“用户组”（图 8-7）。

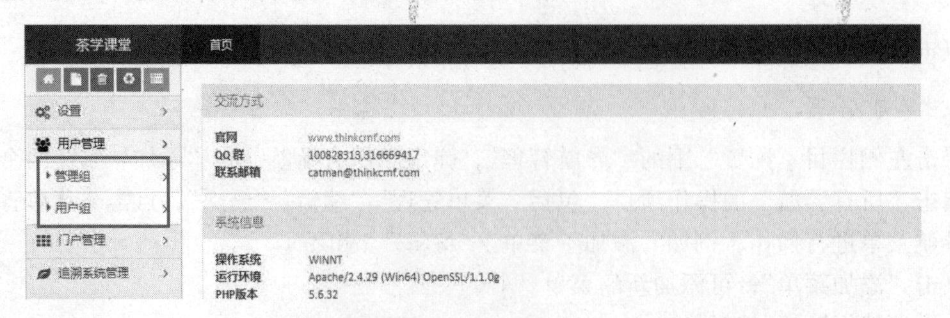

图 8-7 用户管理

1．管理组

（1）角色管理。

点击左侧菜单栏“管理组”下的“角色管理”，可对管理员进行“权限设置”“编辑”和“删除”操作。

点击“权限设置”，可进行以下操作：

点击“编辑”，进入“编辑角色”界面，可“开启”或“禁用”角色。

点击“删除”，即删除该角色。

点击“添加角色”，即可添加新的角色。

（2）管理员。

点击左侧菜单栏“管理组”下的“管理员”，可对管理员进行“编辑”“删除”和“拉黑”操作。

点击“编辑”，可对管理员的“用户名”“密码”“邮箱”“角色”等进行编辑操作。

点击“删除”，即可删除该管理员。

点击“拉黑”，即可拉黑该管理员。

点击“管理员添加”，即可添加新的管理员。

2．用户组

（1）本站用户。

点击左侧菜单栏“用户组”下的“本站用户”，即可查看本站用户和对其进行“拉黑”操作。

点击“添加用户”，管理员为符合入驻条件的茶叶企业在总后台开户，包括“账号”“密码”“茶园名称”“茶园负责人”“茶园联系电话”等信息。

（2）第三方用户。

点击“第三方用户”，即可对“第三方用户”进行操作。

（三）门户管理

门户管理

点击左侧菜单栏的“门户管理”，出现子菜单“文章管理”“分类管理”“页面管理”“文章标签”“图片管理”“产品管理”“留言管理”（图 8-8）。

图 8-8　门户管理

1．文章管理

点击左侧菜单栏“门户管理”下的“文章管理”，可对所有文章进行“编辑”和“删除”。

点击“添加文章”，可添加新的文章。

2．分类管理

点击左侧菜单栏“门户管理”下的“分类管理”，可进行“添加子分类”“编辑”和“删除”操作。

点击“添加分类”，即可添加新的分类。

3．页面管理

点击左侧菜单栏“门户管理”下的“页面管理”，可对页面管理进行“编辑”和“删除”操作。

点击“添加页面”，即可添加新的页面。

4．文章标签

点击左侧菜单栏“门户管理”下的“文章标签”，可对所有标签进行 “禁用”和“删除”操作。

点击“添加标签”，即可添加新的标签。

5．图片管理

点击左侧菜单栏“门户管理”下的“图片管理”，可对所有图片进行“编辑”和“删除”操作。

6．产品管理

点击左侧菜单栏“门户管理”下的“产品管理”，可对所有产品进行 “编辑”和“删除”操作。

点击“编辑”，即可对产品进行编辑。

点击“删除”，即可删除产品。

点击“添加产品”，即可添加新产品。

7．留言管理

点击左侧菜单栏“门户管理”下的“留言管理”，可对留言进行 “查看”和“删除”操作。

点击“查看”，可对留言进行处理。

（四）追溯系统管理

追溯系统管理

点击左侧菜单栏的“追溯系统管理”，出现子菜单“基地管理”“采摘管理”“加工管理”“出库管理”“公司管理”(图 8-9)。

图 8-9　追溯系统管理

1．基地管理

点击左侧菜单栏“追溯系统管理”下的“基地管理”，可以查看入驻茶叶企业的基本信息，对茶企进行“发布”“取消发布”及违规“删除”的处理。

2．采摘管理

点击左侧菜单栏“追溯系统管理”下的“采摘管理”，可以查看入驻相关茶企的采摘信息、追溯编码及二维码展示和提取。

3．加工管理

点击左侧菜单栏“追溯系统管理”下的“加工管理”，可以查看入驻相关茶企的茶叶加工信息、追溯编码及二维码展示和提取。

4．出库管理

点击左侧菜单栏“追溯系统管理”下的“出库管理”，可以查看入驻相关茶企的茶叶出库信息、追溯编码及二维码展示和提取。

5．公司管理

点击左侧菜单栏“追溯系统管理”下的“公司管理”，可以查看企业入驻申请状态列表。

第二节　追溯系统

一、系统登录

追溯系统登录

点击“追溯系统”，没有注册的输入用户名、密码和验证码，自行进行账户注册（图 8-10），也可以让平台管理员在后台注册（具体操作见第一节第三小节第二条）。

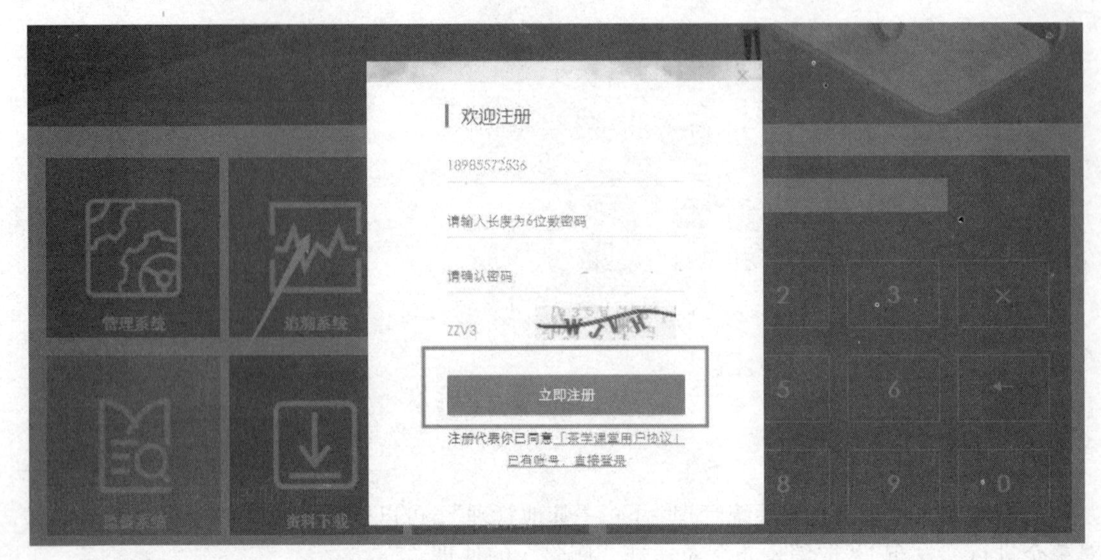

图 8-10　追溯系统注册

注册成功后，商家在后台补充完整审核资料，提交申请。

入驻申请资料确认提交后，等待管理总后台审核状态。

登录进入茶叶企业账户后台，查看审核结果，入驻申请被审核通过，则状态显示为“已通过”，并且“茶园管理权限”自动打开。

二、系统功能操作

（一）基地管理

基地管理

1．添加基地

基地管理包含“添加基地”和“基地列表”两个菜单栏，点击“添加基地”，填写茶园基地信息、土壤、环境、品种和管理 5 个栏目，填写完成后点击“立即提交”按钮，即可完成茶园基地的添加。

2．基地列表

点击“基地列表”，可查看添加的地基信息、审核状态，以及对基地进行“编辑”和“删除”的操作。

（二）采摘批次管理

采摘批次管理

1．添加采摘批次

采摘批次管理包含“添加采摘批次”和“采摘批次列表”两个菜单栏，点击“添加采摘批次”，填写采摘时间、基地名称、鲜叶要求、采摘季节等信息，填写完成后点击“立即提交”按钮，即可完成采摘批次信息的添加。

2．采摘批次列表

点击“采摘批次列表”，可查看采摘批次信息及追溯码，二维码系统自动生成（图 8-11）。

图 8-11　采摘批次信息

3．采摘批次追溯查询

（1）采摘追溯码查询。

将采摘追溯码复制到追溯码查询框，点击“一键追溯查询”，可查询到产品的基地管理信息、采摘批次信息等（图 8-12）。

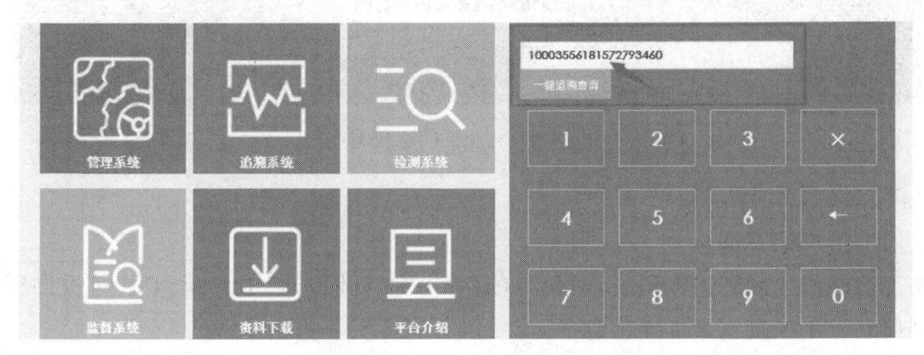

图 8-12　采摘追溯码查询

（2）鲜叶采摘二维码查询。

手机微信 App 或浏览器扫描采摘二维码，也可查询产品采摘批次等信息。

（三）加工管理

加工管理

1．添加加工厂

加工管理包含“添加加工厂”“加工厂列表”“添加加工”“加工列表”四个菜单栏，点击“添加加工厂”，填写加工厂名称、简介、地址、联系人等信息，填写完成后点击“立即提交”按钮，即可完成加工厂信息的添加。

2．加工厂列表

点击“加工厂列表”，可查看加工厂信息，以及对加工厂进行“编辑”和“删除”的操作。

3．添加加工

点击“添加加工”，填写生产日期、加工厂、基地名称、采摘批次、加工工艺等内容，即可添加加工批次信息。

4．加工列表

点击“加工列表”，可查看加工批次信息及追溯码，二维码系统自动生成（图 8-13）。

图 8-13　加工批次信息

5．加工追溯查询

（1）加工追溯码查询。

将加工追溯码复制到追溯码查询框，点击“一键追溯查询”（图 8-14），可查询到产品的基地管理信息、采摘批次、加工信息等。

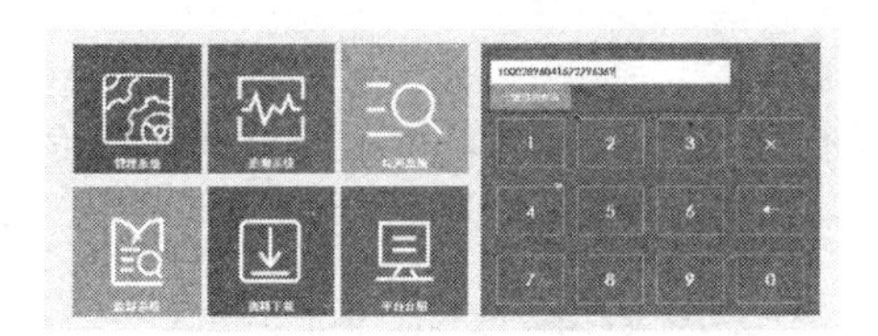

图 8-14　加工追溯码查询

（2）加工二维码查询。

手机微信 App 或浏览器扫描加工二维码，也可查询产品加工管理等信息。

（四）出库管理

出库管理

1．添加出库

出库管理包含“添加出库”和“出库列表”两个菜单栏，点击“添加出库”，填写出库时间、采购商名称、负责人、加工列表等信息，填写完成后点击“立即提交”按钮，即可完成成品出入库信息的添加。

2．出库列表

点击“出库列表”，可查看成品出库信息及追溯码，二维码系统自动生成（图 8-15）。

图 8-15　出库信息

3．成品追溯查询

（1）成品追溯码查询。

将成品追溯码复制到追溯码查询框，点击“一键追溯查询”（图 8-16），可查询到成品的基地管理信息、采摘批次、加工信息等。

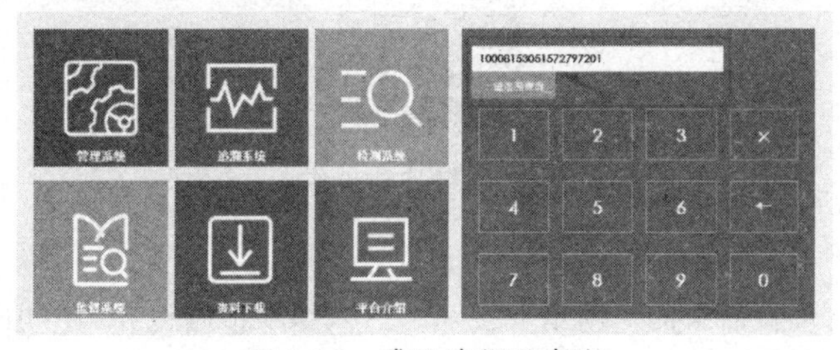

图 8-16　成品追溯码查询

（2）成品二维码查询。

手机微信 App 或浏览器扫描成品二维码，也可查询成品所有信息。

第三节　监测系统

一、监测系统登录

监测系统登录

1．注册登录

单击“监测系统”（图 8-17）进入系统注册界面，再在账号密码文本框输入正确的账号密码，单击“登录”按钮进入系统（图 8-18）。

图 8-17　监测系统

图 8-18　登录监测系统

2．账号、密码找回

在登录页面点击登录输入框的“登录遇到问题”，页面调转到找回密码和账号页面，按页面提示输入信息找回密码和账号。

二、监测系统功能操作

监测系统功能操作

1．新增检测项

单击检测项包管理页面中的“新增”按钮，进入新增检测包界面。填写检测包名称，通过下拉选项选择所属行业。单击检测项文本框，在弹出的选择检测项勾选需要添加的检测项，单击“确认”按钮确定添加，在弹出的对话框中单击“确认”按钮确认添加。最后单击“保存”按钮保存信息。

2．查询检测项

在检测包配置页面的查询栏中输入检测包名称，通过行业下拉列表设置所属行业，然后单击“查询”按钮将符合条件的信息展示在列表中。

3．查看检测项

在检测包管理列表中找到要查看的检测包，然后单击“数据操作”列中的“查看”按钮查看详细信息，单击“关闭”按钮退出查看详情。

4．修改检测项

在检测包列表中找到要查看的检测包，然后单击“数据操作”列中的“修改”按钮进入修改检测包界面修改信息，然后单击“保存”按钮保存数据。

5．删除检测项

在检测包列表中找到并勾选需要删除的检测包，然后单击“删除”按钮，在弹出的对话框中点击“确认”按钮删除检测包。

参考文献

[1] 陈宗懋，杨亚军. 中国茶经[M]. 上海：上海文化出版社，2011.

[2] 陈宗懋. 中国茶叶大辞典[M]. 北京：中国轻工业出版社，2000.

[3] 郑登舟，黄青松. 茶叶在种植环节的质量安全问题及对策分析[J]. 农业开发与装备，2018（06）：37.

[4] 冉定勇. 茶叶在种植环节的质量安全问题及对策分析[J]. 乡村科技，2017（34）：69-70.

[5] 陈木清. 探析我国茶叶在种植环节的质量安全问题及对策[J]. 农技服务，2017，34（09）：32.

[6] 梅际平. 我国茶叶在种植环节的质量安全问题及对策[J]. 农业与技术，2017，37（06）：130.

[7] 杨曌. 茶叶在种植环节的质量安全问题及对策分析[J]. 农业与技术，2017，37（03）：107-108.

[8] 叶建军，吴玉平. 茶叶加工过程中质量安全的问题及对策[J]. 南方农业，2016，10（12）：251-252.

[9] 陈义，郭桂义. 茶叶质量安全标准现状及几点建议[J]. 食品研究与开发，2014，35（19）：133-137.

[10] 刘新，张颖彬，潘蓉，等. 我国茶叶加工过程的质量安全问题及对策[J]. 食品科学技术学报，2014，32（02）：16-19.

[11] 韩文炎，鲁成银，刘新. 我国茶叶在种植环节的质量安全问题及对策[J]. 食品科学技术学报，2014，32（02）：12-15.

[12] 许凌. 我国茶叶质量安全分析及提升研究[D]. 杭州：浙江农林大学，2018.

[13] 林璐. 基于消费者感知的茶叶质量安全影响因素实证研究[D]. 福州：福建农林大学，2016.

[14] 郑国建，高海燕. 我国茶叶产品质量安全现状分析[J]. 食品安全质量检测学报，2015，6（07）：2869-2872.

[15] 谢鸿泽. 中国茶叶出口国际竞争力研究[D]. 贵阳：贵州财经大学，2015.

[16] 凌甜. 我国茶叶质量安全现状与控制对策分析[D]. 长沙：湖南农业大学，2014.

[17] 郭燕茹. 我国茶叶质量安全现状、问题及保障体系构建[J]. 林业经济，2014，36（07）：98-101.

[18] 陈巧锋. 茶叶质量安全控制行为及其影响因素分析[D]. 神州：福建农林大学，2014.

[19] 袁自春，杨普，彭邦发，等. 中国茶叶品质危害因素分析及对策研究进展[J]. 食品科学，2013，34（05）：297-302.

[20] 张文锦，王峰，翁伯琦. 中国茶叶质量安全的现状、问题及保障体系构建[J]. 福建农林大学学报（哲学社会科学版），2011，14（04）：27-31.

[21] 席群波. 茶叶产业链质量可追溯体系研究[D]. 长沙：湖南农业大学，2010.
[22] 吕帆. 茶叶质量安全认证管理中的政府作用研究[D]. 武汉：华中农业大学，2010.
[23] 朱仲海. 我国茶叶标准化体系研究[D]. 北京：中国农业科学院，2010.
[24] 郭东旭. 我国茶叶产业国际竞争力分析[D]. 南京：南京财经大学，2010.
[25] 冯娟娟. 中国茶叶质量安全体系研究[D]. 合肥：安徽农业大学，2009.
[26] 吴迪. 茶叶质量安全追溯体系的研究与建立[D]. 北京：中国农业科学院，2009.
[27] 谭正初，萧力争. 我国茶叶质量安全现状与控制[J]. 茶叶通讯，2008（01）：18-20+23.
[28] 罗理勇. 茶叶质量安全认证现状及发展研究[D]. 长沙：湖南农业大学，2007.
[29] 鲁成银. 茶叶质量安全[J]. 茶叶，2004（02）：67-69.
[30] 江用文,陈宗懋,鲁成银. 我国茶叶的安全质量现状与建议[J]. 中国农业科技导报,2002（05）：24-27.
[31] 陈宗懋. 茶树害虫化学生态学[M]. 上海：上海科学技术出版社，2013.
[32] 杨亚军. 中国茶树栽培学[M]. 上海：上海科学技术出版社，2005.
[33] 陈亮，杨亚军，虞富莲，等. 茶树种质资源描述规范和数据标准[M]. 北京：中国农业出版社，2005.
[34] 杨亚军，梁月荣. 中国无性系茶树品种志[M]. 上海：上海科学技术出版社，2014.
[35] 许文耀. 普通植物病理学实验指导[M]. 北京：科学出版社，2006.
[36] 王建林. 作物学实验实习指导[M]. 北京：中国农业大学出版社，2014.
[37] 王景明. 土壤学实验指导[M]. 南昌：江西科学技术出版社，2011.
[38] 杨青云. 农业技术职业教程[M]. 郑州：中原农民出版社，2014.
[39] 杨玉红，王虹玲，汪琢. 生命科学综合实验指导[M]. 沈阳：东北大学出版社，2016.
[40] 姚美芹. 茶树栽培技术[M]. 昆明：云南大学出版社，2015.
[41] 于龙凤编. 茶树栽培技术[M]. 重庆：重庆大学出版社，2013.
[42] 余有本. 茶学专业实践教学指导[M]. 咸阳：西北农林科技大学出版社，2017.
[43] 袁榴娣. 高级生物化学与分子生物学实验教程[M]. 南京：东南大学出版社，2006.
[44] 郑炳松. 现代植物生理生化研究技术[M]. 北京：气象出版社，2006.
[45] 中国科学院南京土壤研究所土壤地理研究室分析室. 土壤肥料与作物养分简易测定[M]. 南京：江苏科学技术出版社，1978.
[46] 王学奎，黄见良. 植物生理生化实验原理与技术[M]. 北京：高等教育出版社，2015.
[47] 王学奎. 植物生理生化实验原理和技术[M]. 北京：高等教育出版社，2006.
[48] 文启孝，等. 土壤有机质研究法[M]. 北京：农业出版社，1984.
[49] 吴洵. 茶园土壤管理与施肥技术[M]. 北京：金盾出版社，2009.
[50] 谢晓梅. 土壤与植物营养学实验[M]. 杭州：浙江大学出版社，2014.
[51] 徐树建. 土壤地理学实验实习教程[M]. 济南：山东人民出版社，2015.
[52] 蔡庆生. 植物生理学实验[M]. 北京：中国农业大学出版社，2013.
[53] 陈建勋，王晓峰. 植物生理学实验指导[M]. 广州：华南理工大学出版社，2006.
[54] 黄意欢. 茶学实验技术[M]. 北京：中国农业出版社，1997.
[55] 李秀霞. 生物学实践指导（上）[M]. 沈阳：东北大学出版社，2014
[56] 鲁剑巍，曹卫东. 肥料使用技术手册[M]. 北京：金盾出版社，2010.

[57] 鲁剑巍. 测土配方与作物配方施肥技术[M]. 北京：金盾出版社，2006.
[58] 骆耀平. 茶树栽培学[M]. 北京：中国农业出版社，2008.
[59] 孟和，沈明泉. 农业生物基础实验教程[M]. 上海：上海科学技术文献出版社，2006.
[60] 潘剑君. 土壤资源调查与评价[M]. 北京：中国农业出版社，2004.
[61] 彭正萍，刘会玲. 肥料科学施用技术[M]. 北京：北京理工大学出版社，2013.
[62] 秦遂初. 作物营养施肥与诊断实验[M]. 北京：农业出版社，1991.
[63] 施木田，陈少华. 园艺植物营养与施肥技术[M]. 厦门：厦门大学出版社，2002.
[64] 唐荣南，等. 林茶复合经营技术[M]. 北京：中国林业出版社，1997.
[65] 刘锐. 农产品质量安全[M]. 北京：中国农业大学出版社，2017.
[66] 罗斌. 国内外农产品质量安全标准检测认证体系[M]. 北京：中国农业出版社，2007.
[67] 贾玉娟. 农产品质量安全[M]. 重庆：重庆大学出版社，2017.
[68] 四川省绵阳农业学校. 茶树病虫害防治学实验实习指导[M]. 北京：农业出版社，1987.
[69] 苏昕. 我国农产品质量安全体系研究[M]. 北京：中国海洋大学出版社，2007.
[70] 孙复初. 汉英科学技术辞海[M]. 北京：国防工业出版社，2003
[71] 岳海梅. 植物病理学实验及研究技术[M]. 北京：中国农业大学出版社，2015.
[72] 中国农学会遗传资源学会. 中国作物遗传资源[M]. 北京：中国农业出版社，1994.
[73] 牛盾. 国家奖励农业科技成果汇编（1978—2003 年）[M]. 北京：中国农业出版社，2004.
[74] 朱军，等. 生命科学研究与应用[M]. 杭州：浙江大学出版社，1996.
[75] 李远华. 茶学综合实验[M]. 北京：中国轻工业出版社，2018.
[76] MEI X, ZHOU CB, ZHANG W, et al. Comprehensive analysis of putative dihydroflavonol 4-reductase gene family in tea plant [J]. PLoS ONE, 2019,14(12): e0227225.
[77] ZHOU CB,MEI X, ROTHENBERG D O, et al. Metabolome and transcriptome analysis reveals putative genes involved in anthocyanin accumulation and coloration in white and pink tea (Camellia sinensis) flower [J]. Molecules, 2020, 25(1): 190.
[78] 乔大河，郭燕，杨春，等. 贵州省主要栽培茶树品种指纹图谱构建与遗传结构分析[J]. 植物遗传资源学报，2019，20（02）：412-425.
[79] 张逸. 茶树花芽分化及花器官发育的形态学研究[D]. 西安：陕西师范大学，2012.
[80] 迟琳. 川渝选育茶树品种的 RAPD 和 ISSR 分析[D]. 雅安：四川农业大学，2013.
[81] 李振刚. 乌龙茶种质资源的 RAPD 分析与离体保存[D]. 福州：福建农林大学，2011.
[82] 潘庆. 陕西茶树种质 RAPD 分析及珍稀茶树种质紫阳 1 号的研究[D]. 咸阳：西北农林科技大学，2007.
[83] 王会. 早生优质和特异性状茶树品种资源筛选及 RAPD 分子标记分析[D]. 杭州：浙江大学，2006.
[84] 梁月荣，田中淳一，武田善行. 茶树品种资源遗传多态性 RAPD 分析[J]. 浙江林学院学报，2000（02）：97-100.
[85] 刘阳，董树刚. 植物生理学实验中溶液培养研究性实验的建立研究[J]. 生物学杂志，2015，32（01）：107-109.
[86] 岳翠男，王治会，江新凤，等. 茶树组培技术研究进展[J]. 蚕桑茶叶通讯，2018（03）：27-31.

[87] 夏春华，王月根，朱全芬. 茶树种子生活力丧失的生理因素[J]. 茶叶科学，1965（04）：50-56.
[88] 黄昌兴，尹杰，何丹，等. 贵州野生茶树优系适制性分析[J]. 浙江农业科学，2017，58（08）：1324-1327.
[89] 曹烁. 贵州茶树的遗传多样性分析研究[D]. 贵阳：贵州师范大学，2018.
[90] 常家东. 基于转录组与代谢组学研究增加 CO_2 和升高温度对紫金牛生理和酚类合成途径的影响[D]. 杭州：浙江理工大学，2017.
[91] 陈勤操. 代谢组学联合蛋白组学解析白茶的品质形成机理[D]. 武汉：华中农业大学，2019.
[92] 陈新平，张福锁. 养分胁迫引起自由基对植物细胞膜伤害的机理[J]. 土壤学进展，1994，22（06）：14-19.
[93] 方华英，冯小霓. 用丙酮提取液直接分光光度法测定绿茶中叶绿素的含量[J]. 福建茶叶，1982（01）：14-17.
[94] 盖中帅. 基于多组学的茶树种质资源及抗旱性研究[D]. 烟台：烟台大学，2019.
[95] 葛菁，庞磊，李叶云，等. 茶树可溶性糖含量的 HPLC-ELSD 检测及其与茶树抗寒性的相关分析[J]. 安徽农业大学学报，2013，40（03）：470-473.
[96] 胡帅. 基于微生物组学及代谢组学技术的青砖茶渥堆过程品质形成机制研究[D]. 武汉：华中农业大学，2019.
[97] 李春芳. 茶树类黄酮等次生代谢产物的合成及基因的表达分析[D]. 北京：中国农业科学院，2016.
[98] 李勤. 安吉白茶新梢生育期间蛋白质组学及茶氨酸体外生物合成的研究[D]. 长沙：湖南农业大学，2011.
[99] 李智. 不同环境因子调控茶树紫色芽叶形成的分子机制研究[D]. 泰安：山东农业大学，2014.
[100] 刘健伟. 基于组学技术研究氮素对于茶树碳氮代谢及主要品质成分生物合成的影响[D]. 北京：中国农业科学院，2016.
[101] 刘君星，闫冬梅，周奎臣. 分子生物学仪器与实验技术[M]. 哈尔滨：黑龙江科学技术出版社，2009.
[102] 刘祖生. 茶树新梢与叶片生长动态的初步观察[J]. 浙江农业科学，1962（09）：414-417.
[103] 马晓晶. 叶面喷施尿素对不同基因型小麦植株氮浓度和群体动态的影响[D]. 郑州：河南农业大学，2017.
[104] 王丹. 基于转录组比较探究茶树对茶尺蠖抗性分子机制[D]. 北京：中国农业科学院，2015.
[105] 王辉，孙耀清，杨乐，等. 3 种茶花叶片可溶性糖与可溶性蛋白含量的年变化[J]. 江苏农业科学，2017，45（11）：105-107.
[106] 徐同，陈翠莲. 植物抗逆性测定（脯氨酸快速测定）法[J]. 华中农学院学报，1983（01）：94-95.
[107] 杨晨. 基于代谢组学的不同花色种类白茶滋味品质研究[D]. 北京：中国农业科学院，2018.

[108] 杨节. 茶树中过氧化氢酶的初步研究[D]. 杭州：浙江大学，2014.
[109] 向芬，李维，刘红艳，等. 茶树叶绿素测定方法的比较研究[J]. 茶叶通讯，2016，43（04）：37-40.
[110] 杨艳. 珙桐种子层积过程中脯氨酸含量的变化[J]. 科技信息，2011（25）：570+581.
[111] 杨艳君，冯志威，赵红梅，等. 除草剂胁迫下谷子脯氨酸含量及代谢酶活性的比较[J]. 山西农业科学，2019，47（09）：1501-1504+1550.
[112] 岳川. 茶树糖类相关基因的挖掘及其在茶树冷驯化中的表达研究[D]. 北京：中国农业科学院，2015.
[113] 周才碧，周才富，周小露，等. 黔南州茶园土壤优势菌株浅蓝灰曲霉的分离、纯化及鉴定[J]. 贵州农业科学，2018，46（09）：15-18.
[114] 周小露，周才富，刘丽明，等. 黔南州茶园土壤中优势菌株变幻青霉分离及鉴定[J]. 福建茶叶，2018，40（11）：10-11.
[115] 张茜，卜德懿，田永鑫，等. 胶原纤维的酶解液中羟脯氨酸含量测定方法的优化[J]. 皮革科学与工程，2019，29（03）：25-30.
[116] 赵旭. 基于多组学联合分析的香菇高温胁迫研究[D]. 合肥：中国科学技术大学，2019.
[117] 产祝龙. 果实对酵母拮抗菌和外源水杨酸诱导的抗病性应答机理[D]. 北京：中国科学院植物研究所，2006.
[118] 陈庆园，游兴林，刁朝强. 杀菌剂生物测定方法研究进展[J]. 贵州农业科学，2007（05）：154-156.
[119] 陈文义. 常宁市茶树病虫害综合防治系统研究与设计[D]. 长沙：中南林业科技大学，2019.
[120] 杨信廷，钱建平，孙传恒. 农产品质量安全管理与溯源：理论、技术与实践[M]. 北京：科学出版社，2016.
[121] 宗会来，金发忠. 国外农产品质量安全管理体系[M]. 北京：中国农业科技出版社，2003.
[122] 冯修胜. 务川县茶树常见病害的发生症状与防治方法[J]. 农技服务，2009，26（12）：70-71.
[123] 葛贻韬. 茶叶做青过程中 AQPs 表达活动研究及转录组分析[D]. 兰州：浙江农林大学，2019.
[124] 古祟. 茶树根部病害防治要从秋冬抓起[J]. 农药市场信息，2010（18）：44-45.
[125] 黄志磊. 基于转录组学的大麦抗叶斑病生理机制研究及抗病基因筛选[D]. 兰州：甘肃农业大学，2019.
[126] 李艳波，史怀. 利用代谢组学方法分析生防菌抑菌机理模式的初步建立[J]. 热带作物学报，2017，38（01）：155-159.
[127] 罗勇，吴江，陈健. 茶树主要病害症状识别与防治[J]. 植物医生，2010，23（01）：17.
[128] 钱彩云. 基于图像分析的梨树叶部病害识别系统研究[D]. 合肥：安徽农业大学，2017.
[129] 冉伟. 基于代谢组学的蚜虫为害降低茶树对茶尺蠖的抗性机制研究[D]. 北京：中国农业科学院，2018.
[130] 沈伯葵. 松树叶部病害的识别[J]. 森林病虫通讯，1991（02）：41-43
[131] 田丽. 茶树主要病虫害绿色防控技术[J]. 现代农村科技，2018（03）：26.

[132] 王力坚. 基于质量认证的农产品可追溯系统研究[D]. 扬州：扬州大学，2015.
[133] 王伟伟. 茶树对茶尺蠖的抗性评价及其抗性机制研究[D]. 武汉：华中农业大学，2018.
[134] 杨普香，谢小群，陈锐，等. 不同茶树品种间害虫种群数量及为害比较[J]. 蚕桑茶叶通讯，2016（01）：29-31.
[135] 叶云. 农产品质量追溯系统优化技术研究[D]. 广州：华南农业大学，2016.
[136] 张笑宇. 马铃薯抗黑痣病鉴定技术及其抗病机制研究[D]. 呼和浩特：内蒙古农业大学，2012.
[137] 顾斌. 农产品安全溯源体系平台的构建与应用研究[D]. 杭州：浙江工商大学，2018.
[138] 张蕴玺. 基于 GIS 的农产品跟踪及追溯系统的设计与实现[D]. 石家庄：河北科技大学，2019.
[139] 朱思吟. 基于 RFID 的农产品追溯系统的研究与实现[D]. 扬州：扬州大学，2018.
[140] 张苏嘉. 基于移动终端设备的农家食品溯源系统设计[D]. 厦门：华侨大学，2018.
[141] 赵文娟. 农产品质量安全追溯平台的设计与实现[D]. 西安：西安电子科技大学，2018.
[142] 韦付芝. 农产品质量安全追溯系统的设计与实现[D]. 贵阳：贵州大学，2018.
[143] 张家鸿. 基于 UML 普洱茶质量追溯管理系统的研究与分析[D]. 昆明：云南大学，2015.
[144] 朱燕妮. 基于二维码的黑茶产品溯源模式构建与实现[D]. 长沙：湖南农业大学，2014.
[145] 刘翔. 基于 WebGIS 的龙井茶溯源与产地管理系统研究[D]. 杭州：浙江大学，2014.
[146] 黄彬红，周洁红. 农产品食品质量安全治理以追溯体系建设为切入点[M]. 杭州：浙江大学出版社，2015.
[147] 国家标准化管理委员会. 现代农业标准化（上）[M]. 北京：中国质检出版社，2013.